"十二五"职业教育
国家规划教材修订版

ICVE 智慧职教
高等职业教育
新形态一体化教材

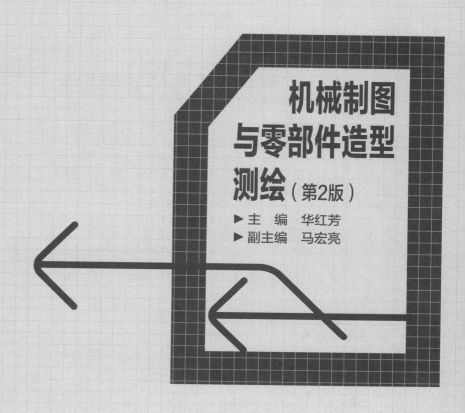

机械制图
与零部件造型
测绘（第2版）

▶ 主　编　华红芳
▶ 副主编　马宏亮

U0325861

高等教育出版社·北京

内容提要

本书为"十二五"职业教育国家规划教材修订版。

本书根据教育部最新的职业教育教学改革精神和机械制图课程教学基本要求编写而成,采用了最新的技术制图与机械制图等相关国家标准。

教材内容分为两大模块,其中单元一、二为制图基础模块,主要内容包括:平面图形的绘制及简单零件三视图的绘制,以培养制图的基本技能为重点,注重基础知识的学习及运用;单元三至单元五为机械零部件造型与测绘模块,主要内容包括:典型零件的测绘与造型、标准件与常用件的绘制,以及机械部件的识读与测绘,注重实践,强化工程实际应用能力的培养。

本书可作为高等职业院校机械类和近机类机械制图课程的教材,也可作为应用型本科、成人教育、自学考试、电视大学、中职学校及培训班的教材,同时也可作为企业技术人员和绘图人员的参考工具书。

教师如需要本书配套教学课件资源,可发送邮件至邮箱 gzjx@pub.hep.cn。

图书在版编目(CIP)数据

机械制图与零部件造型测绘 / 华红芳主编 . --2 版 . --北京:高等教育出版社,2021. 11

ISBN 978-7-04-056616-1

Ⅰ. ①机… Ⅱ. ①华… Ⅲ. ①机械制图-高等职业教育-教材②机械元件-测绘-高等职业教育-教材 Ⅳ. ①TH126②TH13

中国版本图书馆 CIP 数据核字(2021)第 153879 号

Jixie Zhitu yu Lingbujian Zaoxing Cehui

策划编辑	吴睿韬	责任编辑	吴睿韬	封面设计	于 博	版式设计	杜微言
插图绘制	邓 超	责任校对	高 歌	责任印制	刁 毅		

出版发行	高等教育出版社	网 址	http://www.hep.edu.cn	
社 址	北京市西城区德外大街 4 号		http://www.hep.com.cn	
邮政编码	100120	网上订购	http://www.hepmall.com.cn	
印 刷	肥城新华印刷有限公司		http://www.hepmall.com	
开 本	787mm×1092mm 1/16		http://www.hepmall.cn	
印 张	20.75	版 次	2016 年 7 月第 1 版	
字 数	460 千字		2021 年 11 月第 2 版	
购书热线	010-58581118	印 次	2021 年 11 月第 1 次印刷	
咨询电话	400-810-0598	定 价	49.80 元	

物 料 号 56616-00

AR教材
一书在手，全部拥有

内容精选，理实一体，贴近职业教育实际。

双色印刷，图文并茂，机械形体生动具体。

AR 技术，随扫随学，即时获取立体三维模型，

激发学生学习兴趣。

1. 使用手机扫描下方二维码，下载并安装"高教AR"客户端。

2. 成功安装后，点击"高教AR"APP进入应用，允许APP调用手机摄像头，选择相应教材，输入书后防伪码激活教材并下载配套资源。

3. 下载完成后，进入扫描界面，翻开教材，扫描带有"AR"标识的插图，展开自己的3D学习之旅。

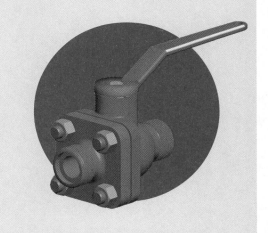

"高教 AR"增强现实 APP

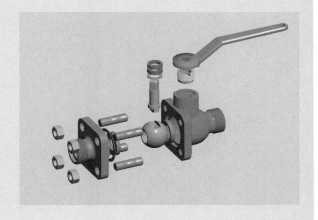

第 2 版前言

本书是在第 1 版的基础上，根据教学实践和现代制图教学改革需要，结合使用者的反馈意见修订而成的。主要修订内容如下：

1. 根据最新《技术制图》和《机械制图》等国家标准，对原教材有关内容、图例、标记及数据等进行了修订，全面贯彻推广最新国家标准。

2. 对原教材计算机绘图部分中 AutoCAD 版本的内容进行了升级更新。

3. 根据新形态一体化教材的特点，在教材原有数字资源的基础上新增了微课、操作视频、动画及部分三维实体模型（AR 技术）等数字资源，读者可扫描二维码在线辅助学习，对课程的学习和理解变得更加方便。

4. 在每个单元的学习中嵌入思政要素，全力贯彻与推进课程教材的"思政"建设。

本书着眼于对高职阶段高素质技能型人才的最新培养目标进行修订，紧密结合企业元素，将课程中的理论知识融入到大量真实的案例之中，理论部分强调基本绘图技能的培养，综合应用部分凸显实践技能的强化，充分体现了高职教育的特点。在课程思政环节，紧扣"产品图样规范对标，产品按图严控质量"的要素，培育学生"遵章守纪、精工至上"的工匠精神。通过学习，力求使课程能更好地服务于专业，为后续专业课的学习奠定良好基础，培养和提升学生的工程技术职业素养。

本书由无锡职业技术学院华红芳担任主编并完成修订统稿工作，马宏亮担任副主编。参加本书修订工作的有：无锡职业技术学院华红芳[绪论、单元一、单元三（部分）、单元四、单元五及附录]，马宏亮[单元二、单元三（部分）]。无锡职业技术学院陈平、单佳莹参与了教材数字资源的制作。全书由孙燕华教授审阅。在教材修订过程中，得到了合作企业技术人员的大力支持和帮助，在此表示感谢。

本书是高等职业教育教材编写的一次探索与尝试，编写中出现的疏漏及不妥之处，恳请读者批评指正。

编　者
2021 年 1 月

第1版前言

机械制图课程是高职高专院校制造大类专业开设的一门技术基础课,是工程界进行设计思想、技术交流的共同语言。本书按照教育部最新的高职高专教育目标、知识结构、能力结构和素质结构要求,针对应用型人才的实践能力和职业技能的训练要求出发编写而成。教材编写简明实用,对于基本理论以应用为目的,以够用为度;对于后续专业课程要讲授的知识采用广而不深、点到即止的叙述方法,以培养识图能力为重点,制图的基本技能贯穿整个教学的全过程。通过课程学习,力求能更好地服务于专业,为后续专业课的学习奠定良好基础,与工作岗位近距离接触。

本书将机械工程图学理论方法、仪器绘图、计算机绘图及最新的国家标准等有机地融为一体,采用机械行业中的典型零件和装配体为题材,由浅入深,注重实践,较好地实现了传统机械制图二维图样与现代设计技术三维造型的相互融通,有利于学生现代信息技术应用能力的提升,在一定程度上激发学生对后续专业课程的学习兴趣。

本书的内容重点突出,具有很强的实用性,能满足不同类型、不同专业和不同学时数的实际教学需要。本书具有以下几个特点:

(1)将课程中的理论知识点融入到真实的机械案例中,通过配备大量企业生产实际中的零部件产品的真实图片及三维造型,以例代理,生动直观,信息量大,使课程的学习变得容易理解与掌握。

(2)本书共分为5个学习单元,其中单元一、二侧重于制图投影理论的学习及运用,以培养制图的基本技能为重点;单元三至单元五侧重于对理论知识的综合应用,通过案例实施突出实际应用能力的训练,凸显"做中学"模式。

课程学习单元与建议学时如下表所示:

学习单元	建议学时
单元一　平面图形的绘制	40~60
单元二　简单零件三视图的绘制	
单元三　典型零件的测绘与造型	50~80
单元四　标准件与常用件的绘制	
单元五　机械部件的识读与测绘	

（3）全书采用最新的技术制图及机械制图相关国家标准，全面贯彻、推广与本课程有关的国家标准。

（4）本书配有数字化课程教学资源和精品课程网站，能满足各院校多个专业实际课程教学的需要。同时，本书在重点、难点处配有微视频资源，可通过扫描相应的二维码进行在线学习。在课程各单元学习的过程中，建议多采用现场教学、多媒体演示等现代教学手段，并通过向学生推荐相关工具书（如各类设计手册、专业及课程标准等），指导学生利用网络搜寻专业信息等方式，有意识地培养学生的工程技术职业素养。

本书由无锡职业技术学院华红芳任主编、马宏亮任副主编，由华红芳最终统稿，其中单元一、单元四、单元五、附录由华红芳编写，单元二由马宏亮编写，单元三由马宏亮、华红芳共同编写。参加编写的还有黄志辉、陈桂芬。

全书由无锡职业技术学院孙燕华教授审阅，并提出了许多宝贵意见；在编写过程中，还得到了张小红、姚民雄等同仁及友好合作企业技术人员的大力支持和帮助，在此一并表示衷心感谢。

由于编写时间及编写水平有限，疏漏及不妥之处在所难免。恳请广大读者提出宝贵意见和建议，以便下次修订时做进一步的调整与改进。

编　者

2016 年 3 月

目　录

绪　论

　　语言和文字是交流思想的工具,人们可以用语言或文字来表达自己的思想,把一件事描述得生动感人。但是,如果用它们来表达物体的形状和大小是很困难的,如图 0-1 所示的机床尾架,就无法用合适的语言去表述其几何结构、材质、尺寸,以及技术指标等相关信息。因此,一张表达物体形状和大小的图样,就成为了生产中不可缺少的技术文件。

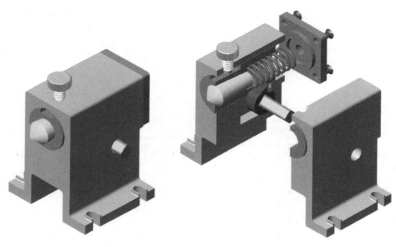

图 0-1　机床尾架

　　由于图 0-1 所示部件的三维造型绘制烦琐,且难以将零件的内部结构和每个细节都表达清楚,更不便于尺寸标注,因此,工程上采用了一种利用正投影原理绘制的图样。如图 0-2 所示的机床尾架中的尾架体零件图,它不但可以将零件的内外结构表达得十分清楚,而且尺寸也容易标注。这种图样绘制方便,标注尺寸清晰,每个细节都能清楚地表达,不足的是缺乏立体感。要看懂它,并以此进行制造、加工、检验、装配等工作,必须要经过专门的训练。这就是本门课程要学习的内容和技能。

　　工程图样是工程界的技术语言,是制造业最重要的技术信息。工程上用图样来"说话",才不会引起误解。设计者通过图样来表达设计对象;制造者通过图样来了解设计要求,并依据图样来制造机器(零件);使用者也通过图样来了解机器的结构和使用性能;在各种技术交流活动中,图样也是不可缺少的。人们在工厂里经常听到这样一句话,那就是"按图施工",

如果没有掌握制图的知识,就无法做到按图施工。这就从一个侧面告诉我们,图样在工业生产中有着极其重要的地位和作用。作为一个工程技术人员,如果不懂得画图,不懂得看图,在单位里就无法从事技术工作。

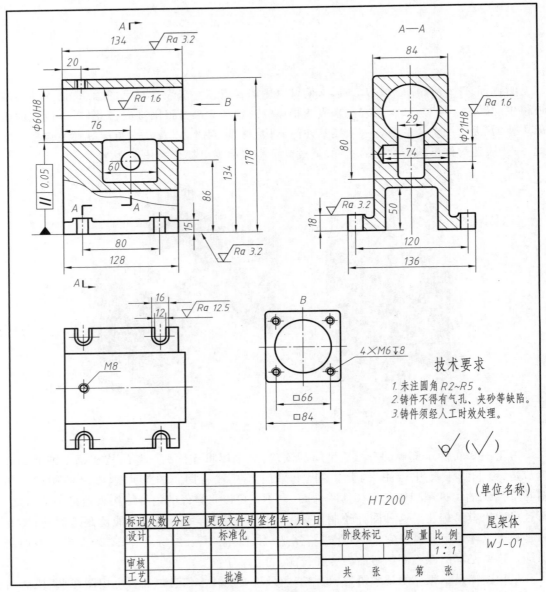

图 0-2　机床尾架中的尾架体零件图

我国在工程图学方面有着悠久的历史,三千多年前我国劳动人民就创造了"规、矩、绳、墨、悬、水"等绘图工具。宋代刊印的《营造法式》是我国较早的建筑典籍之一,书中印有大量的建筑图样,这些图样与近代工程制图表示方法基本相似。随着科学技术的突飞猛进,制图理论与技术等得到很大的发展。尤其是在电子技术迅速发展的今天,计算机绘图已经在工业生产的各个领域得到了广泛的应用。随着各种先进的绘图软件的推出,工程制图技术必将在我国的现代化建设中发挥出越来越重要的作用。

不同的生产部门对图样有不同的要求,建筑工程中使用的图样称为建筑图样,机械制造业中所使用的图样称为机械图样。所谓机械,就是执行机械运动的装置,用来变换或传递能量、物料和信息,如交通运输机械、工程机械、冶金机械、动力机械、轻工食品机械等。机器、仪器和机械装备都是根据机械工程图样进行制造和装配的。机械制图就是研究机械图样的一门课程,是高等院校机械制造类专业必修的一门技术基础课程。本课程与专业后续课程(如机械加工与工艺、机械设备课程等)有着密切的联系,承担着专业课程中机械图样的绘制与识读的重任。学习本课程的目的就是要掌握绘制和识读机械工程图样的理论、方法和技术,具备正确绘制和识读满足生产要求的机械工程图样。

本课程的主要任务有:

■ 熟悉机械制图的国家标准,掌握投影制图、计算机三维造型的理论和方法,能熟练地进行徒手绘图、仪器绘图和计算机绘图,能正确绘制满足设计和制造要求的机械图样。

■ 学习和掌握典型机械零部件的方案表达,与图样表达相关的加工和装配工艺,极限和配合等技术要求,标准化等基础知识,能够正确绘制和熟练地识读符合生产要求的机械图样。

本课程的特点是既有系统的理论知识,又具有很强的实践性,同时要求具备较强的空间想象和分析能力。因此,学习过程中应注意以下两点:

(1)学习好本课程的基本理论,掌握基本方法,熟练基本技能,有意识地培养自己的空间想象能力、逻辑思维能力,逐步形成对空间几何形体的思维、图示能力,不断提高画图能力及识图能力。

(2)掌握作图思路和作图方法,勤动手、多练习。画图时,努力培养耐心细致的工作作风和严肃认真的工作态度,这也是一名工程技术人员应有的工作素养。

如果对机械制图这门课程有着浓厚的兴趣和学习积极性,相信能够学好这门课程,可以把机械行业的"第一门行话"熟练运用到专业后续课程的学习中去。

单元启迪

制造业与人们的生活息息相关,无论一个社会的文明发展到何等程度,都离不开机械制造,它是人们生活用品供应的基本保障。日常生活中小到一双筷子的制造,大到万吨巨轮的制造,都离不开机械专业。要制造就得先有工程图。图样作为一种工程界进行交流的技术语言,是传递设计思想的信息载体,是生产过程中加工(或装配)和检验(或调试)的依据。图样出错,生产的产品将成废品,给企业生产带来损失甚至是严重的生产事故。工程图样的作用和价值是巨大的,我们应养成严肃认真对待图纸,一"线"一"字"都不能马虎的习惯,从学习课程之初培养作为一名工程技术人员的责任感和使命感。

制造业是国民经济的主体,是立国之本、兴国之器、强国之基。中国制造业近年来虽然取得了一些成绩,如国产大型客机 C919、复兴号动车组列车及北斗卫星导航系统等中国制造的超级工程。但与世界制造强国相比,中国的一些制造行业还缺少核心技术或关键技术,中国要实现制造强国必须正视中国制造业面临的压力。

单元拓展
中国工程图学发展史简介

单元拓展
《中国制造 2025》计划

单元一

平面图形的绘制

学习导航

图样是工程界的技术语言。国家标准和制图的基本理论是绘制工程图样必须遵循的规则。在本单元中,主要讲解国家标准中有关制图方面的一些规定,绘图工具的使用,机械图样中常见的几何作图方法,以及利用 AutoCAD 软件绘制零件的平面图。

图样是设计者表达设计意图的信息载体,是现代机器制造过程中重要的技术文件之一,是工程界的技术语言。因图样常常输出在纸张上,所以形象地称之为图纸。

为了科学地进行生产和管理,对图样的各个方面(如图幅的安排、尺寸注法、图纸大小、图线粗细等)都需要有统一的规定,这些规定称为制图标准。

如图 1-1(a)所示为转子零件图,即表达该零件制造、检验等相关信息的图样。如图 1-1(b)所示为该零件的三维立体图。绘制这样的一张图样需要遵循制图的基本理论及相关国家标准。国家标准《技术制图》和《机械制图》是工程界重要的技术基础标准,是绘制和识读机械图样的准则和依据。

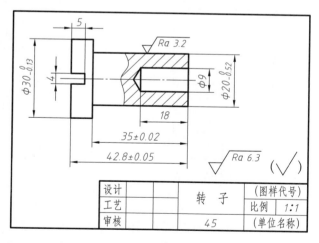

(a) 转子零件图　　　　(b) 三维立体图

图 1-1　转子

以下主要介绍国家标准中有关制图方面的一些规定。

第一节 制图相关标准

一、图纸幅面和格式

1. 图纸幅面（GB/T 14689—2008）

绘图时先要选取图纸幅面，以便于图纸资料的装订和管理。图纸的基本幅面分为 A0、A1、A2、A3、A4 五种。必要时，也允许选用国家标准所规定的加长幅面，这些幅面的尺寸由基本幅面的短边成整数倍增加后得出。图纸基本幅面的尺寸见表 1-1，图纸的宽度用 B 表示，长度用 L 表示，图框外的周边分别用 c、a 或 e 表示。如图 1-2 所示为基本幅面的尺寸关系。

表 1-1　图纸基本幅面的尺寸　　　　　　　　　　mm

幅面代号	$B×L$	c	a	e
A0	841×1 189			10
A1	594×841	10		10
A2	420×594		25	
A3	297×420	5		5
A4	210×297			5

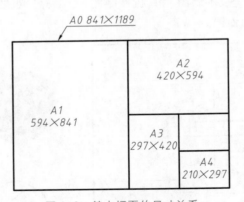

图 1-2　基本幅面的尺寸关系

2. 图框格式

图纸上具有图框、标题栏，一般 A0～A3 横装，A4 竖装。图框必须用粗实线绘出，标题栏在图纸的右下角。标题栏中的文字方向为看图方向。如果使用预先印制好的图纸，需要改变标题栏的方位时，必须将其旋转至图纸的右上角。这时，要按方向符号看图，即在图纸下边的对中处画上一等边三角形，如图 1-3 所示。

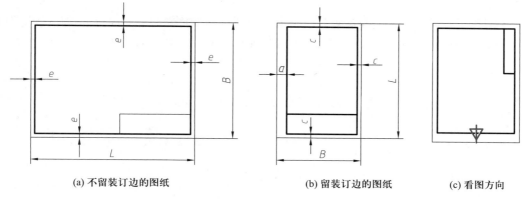

(a) 不留装订边的图纸　　　　　(b) 留装订边的图纸　　　　(c) 看图方向

图 1-3　图框格式与看图方向

3. 标题栏(GB/T 10609.1—2008)

国家标准对标题栏的内容、格式及主要尺寸作了统一规定。如图 1-4(a)所示的是标题栏应用最多的格式,如图 1-4(b)所示为教学中常用的简易标题栏。

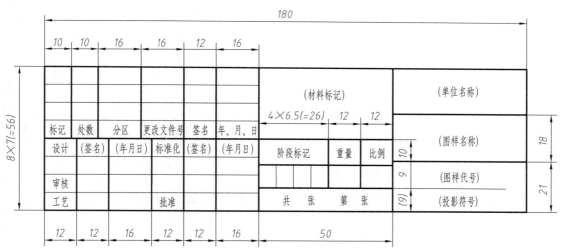

(a) 标题栏

(b) 简易标题栏

图 1-4　标题栏格式、内容及主要尺寸

二、比例（GB/T 14690—1993）

比例是指图样中图形与其实物相应要素的线性尺寸之比。绘图时尽可能按照表 1-2 中所示,在第一系列中选取适当的比例,必要时也允许选取第二系列的比例。

表 1-2　比　　例

种类	第一系列	第二系列
原值比例	$1:1$	
放大比例	$2:1,5:1,1\times10^n:1,2\times10^n:1,5\times10^n:1$	$2.5:1,4:1,2.5\times10^n:1,4\times10^n:1$
缩小比例	$1:2,1:5,1:1\times10^n,1:2\times10^n,1:5\times10^n$	$1:1.5,1:2.5,1:3,1:4,1:6,1:1.5\times10^n,$ $1:2.5\times10^n,1:3\times10^n,1:4\times10^n,1:6\times10^n$

为了从图样上直接反映实物的大小,绘图时优先采用原值比例。

注意:如图 1-5 所示,不论采用何种比例,图形中所标注的尺寸数值均填写机件的实际尺寸,与比例无关;角度的大小也与比例无关。

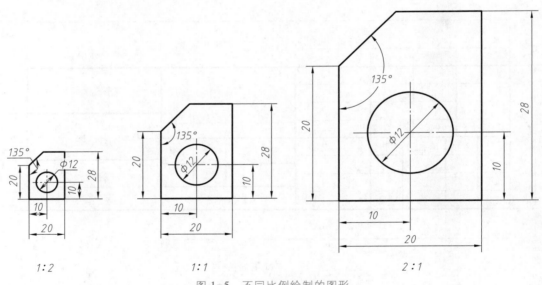

图 1-5　不同比例绘制的图形

三、字体（GB/T 14691—1993）

图样中的字体有汉字、数字、字母,书写时必须做到:字体工整、笔画清楚、间隔均匀、排列整齐。字体的号数即为字体的高度,分为 8 种:20、14、10、7、5、3.5、2.5、1.8(单位为 mm)。

汉字应写成长仿宋体字,并应采用中华人民共和国国务院正式推行的《汉字简化方案》中规定的简化字。其书写要领为:横平竖直、注意起落、结构均匀、填满方格。汉字的高度 h 不应小于 3.5 mm，其宽高比为 $1/\sqrt{2}$，可近似看成宽/高 = 2/3。字母和数字分为 A 型和 B 型。字母和数字可写成斜体和直体。斜体字字头向右倾斜，与水平基准线成 75°。绘图时，一般用 B 型斜体字。在同一图样上，只允许选用一种字体。字体示例如图 1-6 所示。

字体

10号汉字

字体工整 笔画清楚 间隔均匀 排列整齐

7号字

横平竖直 注意起落 结构均匀 填满方格

5号字

技术制图机械电子汽车航空船舶土木建筑矿山井坑港口纺织服装

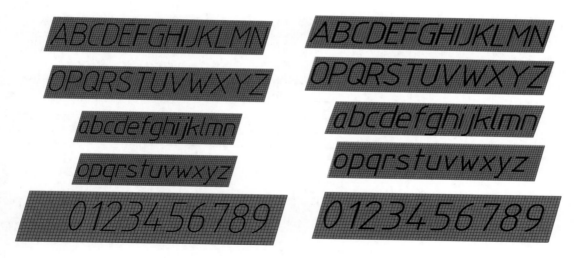

A型 (笔画宽度 $d=h/14$)　　　　　　B型 (笔画宽度 $d=h/10$)

图 1-6　字体示例

四、图线（GB/T 17450—1998、GB/T 4457.4—2002）

绘图时应采用国家标准规定的图线形式和画法。机械制图中常用到的图线的线型及其应用如表 1-3 和图 1-7 所示。机械图样中采用粗细两种图线宽度，其比例为 2：1，粗线宽度通常采用 0.5 mm 或 0.7 mm。

绘制各种图线时，应注意以下几点：

（1）同一图样中，同类图线的宽度应基本一致。虚线、点画线及双点画线的线段和间隔应各自大小相同。

表 1-3　图线的线型及其应用

图线名称	图线的线型	图线宽度	应用举例
粗实线	——————————	d	可见轮廓线
细实线	——————————	$d/2$	尺寸线、尺寸界线、剖面线、重合断面的轮廓线、过渡线
细虚线	2~6 ≈1	$d/2$	不可见轮廓线
细点画线	≈30 ≈3	$d/2$	轴线、对称中心线
粗点画线	≈15 ≈3	d	限定范围表示线
细双点画线	≈20 ≈5	$d/2$	相邻辅助零件的轮廓线、可动零件的极限位置的轮廓线、轨迹线
波浪线	〜〜〜	$d/2$	断裂处的边界线、视图与剖视图的分界线
双折线	——／\——／\——	$d/2$	与波浪线的应用相同
粗虚线	▬ ▬ ▬ ▬ ▬	d	允许表面处理的表示线

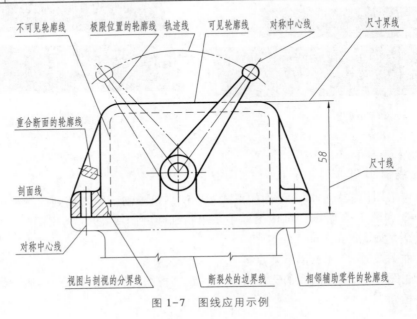

图 1-7　图线应用示例

（2）绘制圆的对称中心线时，圆心应为线段的交点，且超出轮廓 3~5 mm。点画线和双点画线的首末两端应是长线段。在较小的图形上绘制点画线、双点画线有困难时，可用细实线代替。

（3）细虚线、细点画线与其他图线相交时，都应以"画"相交。当细虚线是粗实线的延长线时，中间应留有空隙。

五、尺寸标注（GB/T 4458.4—2003）

图形只能表示物体的形状，其大小不能从图上直接量取，否则，会由于人为的因素造成同一几何要素的大小有所不同。所以图样上必须标注尺寸。

尺寸标注

1. 标注尺寸的总则

（1）图样上标注的尺寸数值必须是物体的真实大小，与图形的绘图比例和精度无关。

（2）图样中的尺寸以 mm 为单位，不必注明。如用其他单位则必须注明单位。

（3）所标注的尺寸数值是物体的最后完工尺寸。

（4）对机件的每一个尺寸，一般只标注一次。

2. 尺寸标注的要素

尺寸标注由尺寸界线、尺寸线和尺寸数字三个要素组成，如图 1-8 所示。

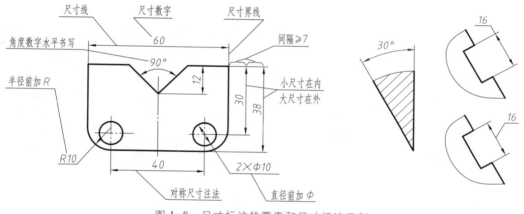

图 1-8　尺寸标注的要素和尺寸标注示例

（1）尺寸界线　尺寸界线用细实线绘制，并应由图形的轮廓线、轴线或对称中心线处引出。也可利用轮廓线、轴线或对称中心线作尺寸界线。尺寸界线一般应与尺寸线垂直，并超出尺寸线终端 2 mm 左右。

（2）尺寸线　尺寸线用细实线绘制。尺寸线必须单独画出，不能与图线重合或在其延长线上。尺寸线的终端有箭头（通常机械图样用）和斜线（通常土建图样用）两种，如图 1-9 所示，一般同一图样中只能采用一种尺寸线终端形式。

（3）尺寸数字　尺寸数字一般注写在尺寸线的上方或中断处，当无法避免时，可按图 1-10 所示进行标注。尺寸数字不可被任何图线所通过，否则必须把图线断开，如图 1-10 中的尺寸 $\phi 50$、$\phi 30$、20 及 50。

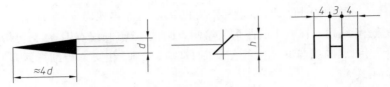

图 1-9　尺寸线终端形式

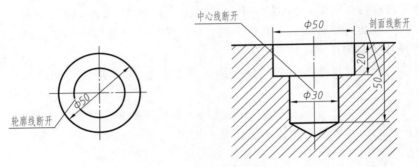

图 1-10　尺寸数字

尺寸标注示例见表 1-4。

表 1-4　尺寸标注示例

项目		标注图例	说明
线性尺寸		(a)　　　　　(b)	尺寸线必须与所标注的线段平行,大尺寸要标注在小尺寸的外面,尺寸数字应按图(a)所示的方向标注。如果尺寸线在图示 30° 范围内,则应按图(b)所示的形式标注
圆弧	直径尺寸		标注圆或大于半圆的圆弧时,尺寸线通过圆心,以圆周为尺寸界线,尺寸数字前加注直径符号"φ"
	半径尺寸		标注小于或等于半圆的圆弧时,尺寸线自圆心引向圆弧,只画一个箭头,尺寸数字前加注半径符号"R"

项目	标注图例	说明
大圆弧	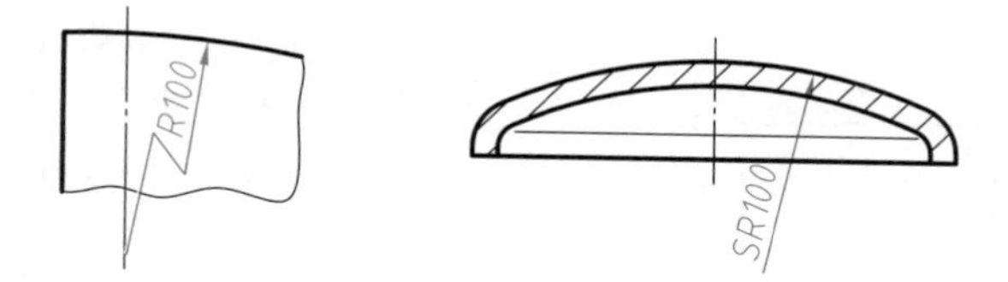	当圆弧的半径过大或在图纸范围内无法标注其圆心位置时,可采用折线形式。若圆心位置不需要注明时,则尺寸线可只画靠近箭头的一段
小尺寸	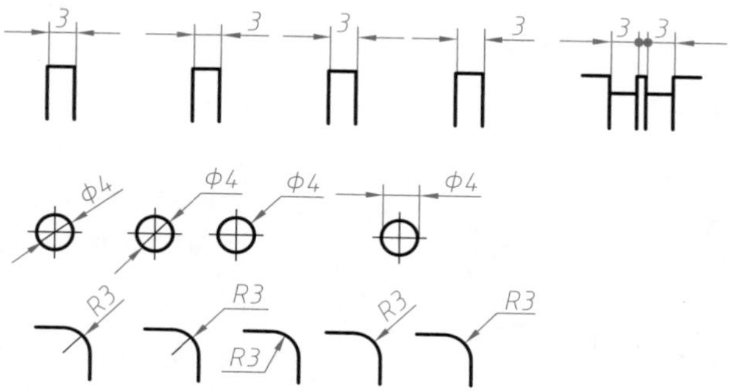	对于小尺寸在没有足够的位置画箭头或标注数字时,箭头可画在外面,或用小圆点代替两个箭头;尺寸数字也可采用旁注或引出标注
球面	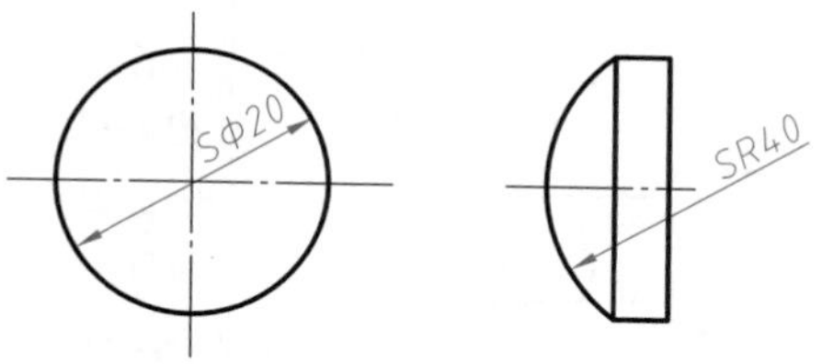	标注球面的直径或半径时,应在尺寸数字前分别加注符号"Sϕ"或"SR"
角度	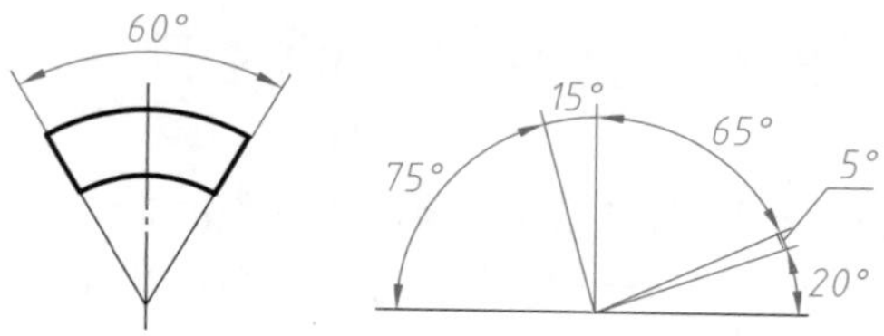	尺寸界线应沿径向引出,尺寸线画成圆弧,圆心是角的顶点。尺寸数字一律水平书写,一般注写在尺寸线的中断处,必要时也可按右图的形式标注
弦长和弧长	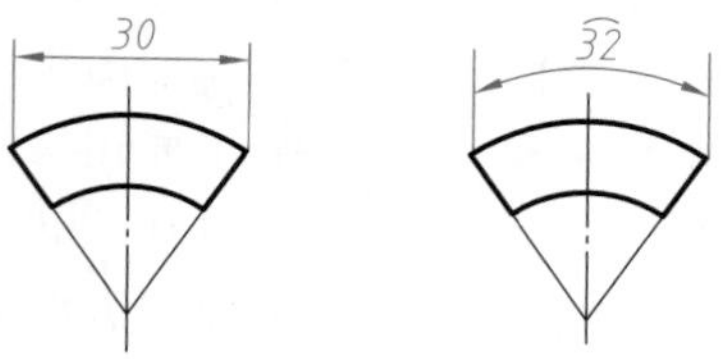	标注弦长和弧长时,尺寸界线应平行于弦的垂直平分线。弧长的尺寸线为同心弧,并应在尺寸数字上方加注符号"⌒"

项目	标注图例	说明
只画一半或大于一半时的对称机件		尺寸线应略超过对称中心线或断裂处的边界线,仅在尺寸线的一端画出箭头
板状零件		标注板状零件的尺寸时,在厚度的尺寸数字前加注符号"t"
光滑过渡处的尺寸		在光滑过渡处,必须用细实线将轮廓线延长,并从它们的交点引出尺寸界线
允许尺寸界线倾斜		尺寸界线一般应与尺寸线垂直,必要时允许倾斜
正方形结构		标注机件的剖面为正方形结构的尺寸时,可在边长尺寸数字前加注符号"□",或用"12×12"代替"□12"。图中相交的两条细实线是平面符号

第二节 绘图仪器及工具的使用

绘图时不仅需要一套绘图工具和仪器,而且还应正确地使用和维护,这样才能发挥它们的作用,保证绘图质量,提高绘图效率。下面介绍几种常用的绘图工具及其用法。

一、图板、丁字尺、三角板

(1)图板 用来贴放图纸,板面要求平整,左边为图板工作边,必须平直。图纸一般用胶带纸固定在图板上,如图1-11所示。

图板、丁字尺与三角板的配合使用

(2)丁字尺 由尺头和尺身构成,主要用来画水平线,也可与三角板配合使用画垂直线或倾斜线。使用时尺头内侧必须紧贴图板工作边,上下移动,由左向右画水平线,铅笔前后方向应与纸面垂直,而在画线前进方向倾斜约30°,如图1-12所示。

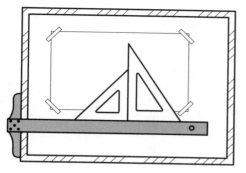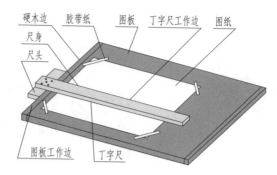

图 1-11　图纸与图板

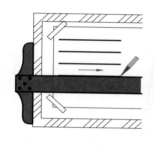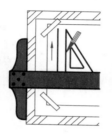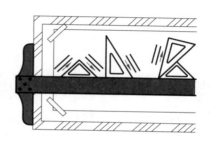

(a) 画水平线　　　　　　　　(b) 画垂直线　　　　　　　　(c) 画斜线

图 1-12　用丁字尺与三角板配合画线

（3）三角板　三角板分 45°和 30°、60°两块,可配合丁字尺画铅垂线及 15°倍角的斜线；或用两块三角板配合画任意角度的平行线或垂直线,如图 1-13 所示。

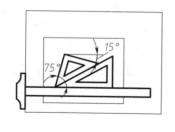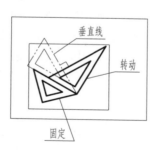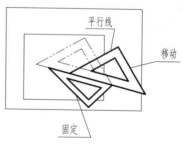

图 1-13　两块三角板配合使用

二、圆规、分规

（1）圆规　圆规用来画圆和圆弧。画圆时,圆规的钢针应将有台阶的一端朝下,以避免图纸上的针孔不断扩大,并使笔尖与纸面垂直,圆规的使用方法如图 1-14 所示。

（2）分规　分规的两个针尖并拢时应对齐,分规主要用来量取线段长度或等分已知线段。分规的两个针尖应调整平齐。用分规等分线段时,通常要用试分法,如图 1-15 所示。

圆规的使用方法

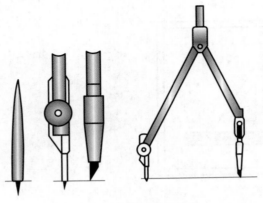

图 1-14　圆规的使用方法

分规的使用方法

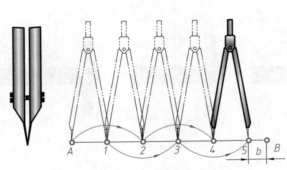

图 1-15　分规的使用方法

三、绘图铅笔

绘制图样时,要使用绘图铅笔。绘图铅笔铅芯的软硬分别以 B 和 H 表示,"B"前的数字越大,表示铅芯越软;"H"前的数字越大,表示铅芯越硬。HB 铅笔的铅芯软硬适中。铅芯越硬,画出的线条越淡。绘图时根据不同使用要求,应准备几种硬度不同的铅笔:B 或 HB 铅笔画粗实线;HB 或 H 铅笔画箭头和写字;H 或 2H 铅笔画各种细线和底稿。

铅笔的铅芯可削磨成两种,如图 1-16 所示,锥形用于画细实线和写字,楔形用于画粗实线。

绘图铅笔的使用

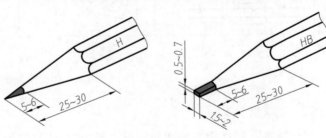

图 1-16　铅笔的削磨

此外,绘图时还需备有削铅笔的小刀、磨铅芯的砂纸、橡皮以及固定图纸用的胶带纸等。正确地使用绘图工具和仪器,是保证绘图质量和绘图效率的一个重要前提。

第三节　平面图形的绘制

机件的轮廓形状是由点、线、面这些最简单的几何要素构成的,因此在绘制图样时,必须熟练掌握几何作图的方法,提高画图质量和绘图的速度。机械制图中常见的一些几何图形包括正多边形、斜度、锥度、圆弧连接等。

一、几何作图方法

1. 等分圆周作内接正多边形

（1）圆周的三等分和六等分作内接正多边形　用圆规的作图方法如图1-17(a)、(b)所示。也可用丁字尺、三角板直接绘制,如图1-17(c)所示。

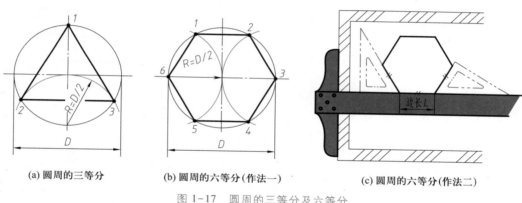

(a) 圆周的三等分　　　　(b) 圆周的六等分(作法一)　　　　(c) 圆周的六等分(作法二)

图1-17　圆周的三等分及六等分

（2）圆周的五等分作内接正五边形　圆周的五等分如图1-18所示。

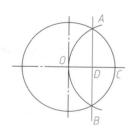 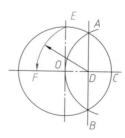 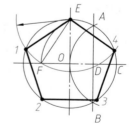

(a) 作出半径OC的中垂　　　(b) 以D点为圆心作圆弧EF,　　　(c) 等分圆周得1、2、3、4点,顺
线AB,得到半径中点D　　　　EF即为正五边形的边长　　　　次相连E-1-2-3-4-E,完成作图

图1-18　圆周的五等分

2. 斜度和锥度

（1）斜度　直（平面）线对另一直线（平面）的倾斜程度，在图样中以 $1:n$ 的形式标注。其符号中斜线的方向应与斜度的方向一致。斜度符号的夹角为 30°，高度与字高相等。

（2）锥度　正圆锥的底圆直径与圆锥高度之比，如果是圆台则为上下两底圆的直径差与圆台高度的比值，在图样中以 $1:n$ 的形式标注。其符号所示的方向应与锥度的方向一致。锥度符号的顶角为 30°，高度与字高相等。

斜度和锥度的画法及标注见表 1-5。

表 1-5　斜度和锥度的画法及标注

	定义	标注	画法
斜度	斜度=H/L	∠1:n	∠1:10
锥度	锥度=$D/L=(D-d)/l$	1:n	1:5

3. 圆弧连接

用一段圆弧光滑地连接另外两条已知线段（直线或圆弧）的作图方法称为圆弧连接。

无论是弧与弧的连接还是弧与直线的连接，都要以切点连接才属于光滑连接。因此圆弧连接的作图，可归结为求连接圆弧的圆心和切点的问题。如图 1-19 所示，图中的点画线表示连接圆弧的圆心轨迹。

图 1-19　连接圆弧的圆心轨迹

圆弧连接的作图方法见表1-6。

表1-6　圆弧连接的作图方法

类型	图例
用圆弧连接两条已知直线	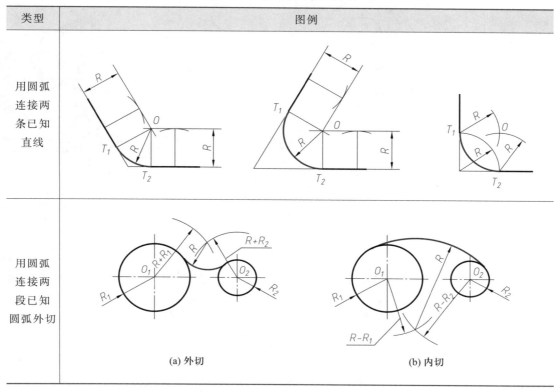
用圆弧连接两段已知圆弧外切	(a) 外切　　(b) 内切

二、平面图形的绘制方法

任何平面图形总是由若干线段（包括直线段、圆弧、曲线）连接而成的，每条线段又由相应的尺寸来决定其长短（或大小）和位置。一个平面图形能否正确绘制出来，要看图中所给的尺寸是否齐全和正确。因此，绘制平面图形时应先进行尺寸分析和线段分析，以明确作图步骤。

1. 尺寸分析

尺寸基准是指在每个方向上标注尺寸的起始几何要素（点、线），如图1-20中指出的水平方向和垂直方向的尺寸基准。

平面图形中所标注尺寸按其作用可分为两类：定形尺寸和定位尺寸。

（1）定形尺寸　确定几何图形的线段长度、圆的直径或半径等尺寸，如图1-20中的尺寸 $R44$、$R22$、$R16$、$\phi26$、$\phi14$、40、10 等。

（2）定位尺寸　确定几何图形的线段、圆心、对称中心等位置的尺寸。如图1-20中的尺寸 8、15、42 等。

有时，有些尺寸既是定形尺寸又是定位尺寸。

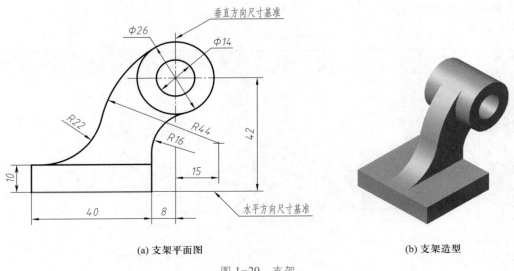

(a) 支架平面图   (b) 支架造型

图 1-20　支架

2. 线段分析

以线段的定位尺寸、定形尺寸是否标注齐全,可将线段分为已知线段、中间线段和连接线段三类,这里的"线段"泛指图样上的直线、弧、圆、曲线等。

(1) 已知线段　具有定形尺寸和定位尺寸,能直接画出的线段。如图 1-20 中的 $\phi14$ 圆、$\phi26$ 圆和由尺寸 40、10 组成的矩形线框等。

(2) 中间线段　有定形尺寸和一个定位尺寸的线段,它必须依靠某一端与相邻线段间的连接关系才能画出,如图 1-20 中的 $R44$ 圆弧。

(3) 连接线段　具有定形尺寸而无定位尺寸的线段,它必须依靠两端与另两相邻线段的连接关系方能画出,如图 1-20 中的 $R16$、$R22$ 圆弧。

3. 平面图形的画法

平面图形的画法,关键在于根据图形及所标注的尺寸进行尺寸分析及线段分析,确定尺寸基准。以支架平面图形为例进行说明,其画图步骤如图 1-21 所示。

4. 平面图形的绘图工作方法

(1) 画图前的准备工作

① 准备好必需的制图工具和仪器。

② 确定图形采用的比例和图纸幅面的大小。

③ 画图框和标题栏。

(2) 画图步骤

① 识读图形,分析图形与尺寸。

② 画底稿图,先画作图基准,然后按已知线段—中间线段—连接线段进行。

③ 校对底稿,铅笔描粗加深。

画图时应注意以下事项:

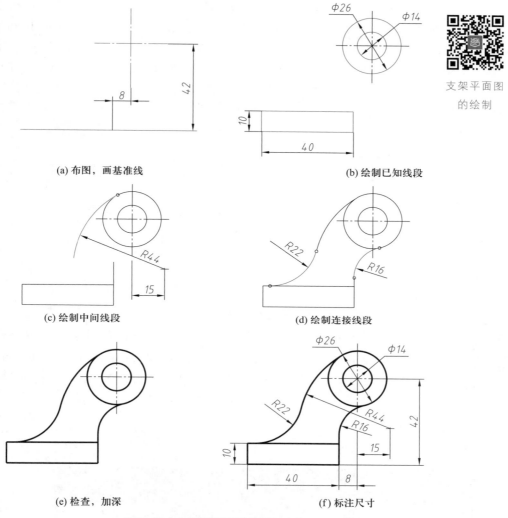

(a) 布图，画基准线   (b) 绘制已知线段

(c) 绘制中间线段   (d) 绘制连接线段

(e) 检查，加深   (f) 标注尺寸

图 1-21　支架平面图形的画图步骤

先粗后细　一般先描图中全部粗实线，再描深全部虚线、点画线及细实线。

先曲后直　在描深同一种线型（特别是粗实线）时，应先描深圆弧和圆，再描深直线，保证连接圆滑。

先水平后垂斜　先用丁字尺自上而下画出全部相同线型的水平线，再用三角板自左向右画出全部相同线型的垂直线，最后画出倾斜的直线。

④ 画箭头、注尺寸、填写标题栏。

三、利用 AutoCAD 软件绘制平面图形

1. AutoCAD 2020 简介

AutoCAD 是美国 Autodesk 公司 1982 年推出的计算机辅助绘图软件，是当前最为流行、

最为普及的计算机绘图软件之一,在机械、电子、建筑、航空、造船、石油化工、纺织等行业得到了广泛应用。本书以 AutoCAD 2020 版为例予以介绍,与之前的版本相比,AutoCAD 2020 中文版在优化界面、新标签页、功能区、命令预览等方面有所改进,新增深蓝色调界面,底部状态栏整体优化更加实用便捷。新版本加强了整体绘图的辅助功能,对"块"选项板、清理与 DWG 比较等功能进行了改进与增强,极大地提高了制图功能的易用性。另外,该软件的硬件加速效果相当明显,在平滑效果与流畅度方面效果明显。

AutoCAD 绘图软件的基本功能有:

(1)图形绘制与编辑功能;

(2)图形尺寸标注及文本注释功能;

(3)三维建模及渲染功能;

(4)图形的控制显示与观察功能;

(5)数据库管理功能;

(6)Internet 功能;

(7)输出与打印功能;

(8)二次开发和用户定制功能。

AutoCAD 工作
界面的组成

2. AutoCAD 启动与工作界面

双击 AutoCAD 2020 快捷图标 或依次单击【开始】菜单→【所有程序】→【Autodesk】→【AutoCAD 2020–Simplified Chinese】均可启动软件。此时,系统将弹出一个【欢迎】界面,如图 1-22 所示,该界面主要提供"快速入门""最近使用的文档""通知"和"连接"等方面的内容。

图 1-22　AutoCAD 2020【欢迎】界面

AutoCAD 2020 提供了【草图与注释】、【三维基础】和【三维建模】3 种工作空间模式，【草图与注释】工作空间用于绘制二维图形，【三维基础】工作空间用于三维基本建模，【三维建模】工作空间则用于三维复杂建模和渲染。这三种工作空间提供了实现其功能的【功能区选项卡】，方便用户调用工具命令和控件等。在【草图与注释】工作空间模式中可以使用【默认】、【插入】、【注释】、【布局】、【参数化】、【视图】、【管理】、【输出】、【插件】、【Autodesk 360】和【精选应用】等选项卡方便地绘制和编辑二维图形。如图 1-23 所示为 AutoCAD 2020 默认的"草图与注释"工作界面。

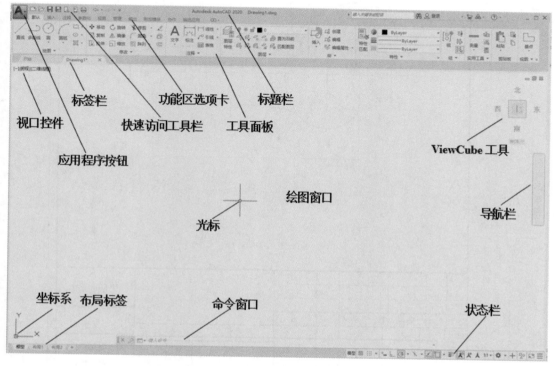

图 1-23　AutoCAD 2020 默认的"草图与注释"工作界面

下面以如图 1-24 所示的扳手零件平面图为例，说明 CAD 平面图形的绘制。通过本案例，要求学会 AutoCAD 2020 软件的如下具体操作：

（1）熟悉 AutoCAD 2020 的工作界面和基本文件管理方法，学习命令和系统变量、数据的输入和操作方法。

（2）学习绘图界限、绘图单位、精确定位工具、图层及图形显示等绘图环境的设置和操作，创建 A4 样板图。

（3）学习基本作图命令的使用方法：直线（Line）、矩形（Rectang）、圆（Circle）、正多边形（Polygon），以及基本编辑命令：分解（Explode）、偏移（Offset）、修剪（Trim）、删除（Erase）、移动（Move）、复制（Copy）、打断（Break）等。

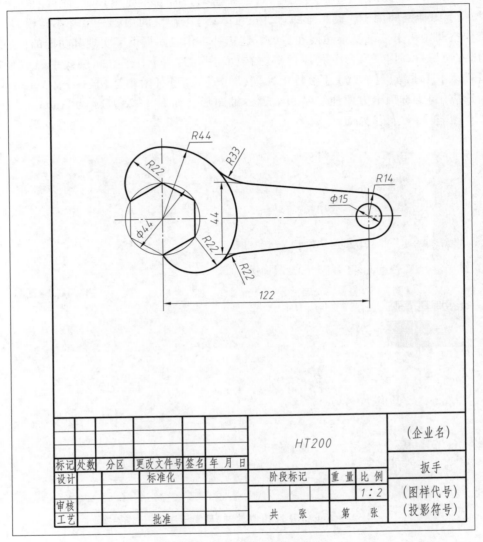

							HT200			(企业名)
标记	处数	分区	更改文件号	签名	年 月 日					扳手
设计			标准化			阶段标记		重 量	比 例	
									1:2	(图样代号)
审核						共 张		第 张		(投影符号)
工艺			批准							

图 1-24　扳手零件平面图

（4）学习零件平面图形的绘制方法。

（一）操作步骤

1. 认识 AutoCAD 2020

要求：自定义【AutoCAD 经典】工作界面及开、关工具栏等操作，练习常用的显示控制操作。

说明：AutoCAD 2020 取消了老版本中的【AutoCAD 经典】工作界面。如想使用此界面，需要通过自定义后保存，如图 1-25 所示。

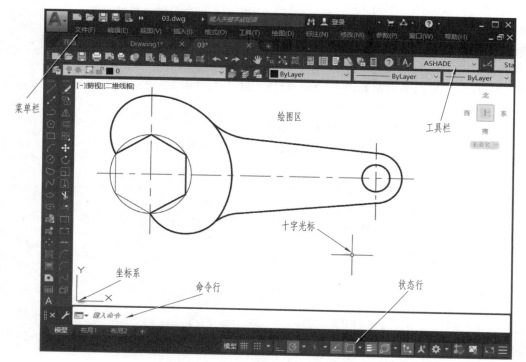

图 1-25　自定义【AutoCAD 经典】

2. 绘制 A4 图框和标题栏(图 1-4(a))

要求:使用界限命令(Limits)、直线命令(Line)、矩形命令(Rectang),综合运用对象捕捉功能、极轴追踪功能、对象捕捉追踪功能及坐标输入的方式精确绘图,学会管理图形文件(说明:标题栏暂不注写文字)。

A4 样板图
的创建

主要操作步骤:

(1)启动 AutoCAD 2020,通过启动对话框中的"使用样板"按钮,以系统样板文件"Acadiso.dwt"创建新文件 drawing1.dwg。

(2)使用界限命令(Limits)将绘图界限设置为(297,210)。

(3)使用【缩放】工具栏中的 ⌕ 图标("缩放"→"全部")显示全图,即将绘图界限全部显示出来。

(4)使用直线命令(Line)或矩形命令(Rectang),按国家标准要求分别在相应的图层绘制 A4 图纸的外框线和内框线(如图 1-24 所示)。

(5)使用直线命令(Line)、偏移命令(Offset)、修剪命令(Trim),按图 1-4 所示的格式绘制标题栏。

(6)将文件保存为"1-1.dwg"。

3. 建立样板文件"A4.dwt"

要求:掌握单位、图层等基本的绘图环境,学会样板文件的制作。

主要操作步骤:

(1) 打开文件"1-1.dwg"。

(2) 设置样板图的绘图界限为(210,297),并"全部显示"缩放。

(3) 设置样板图的单位。

(4) 打开"图层特性管理器"对话框,创建图层。

根据《CAD 工程制图规则》(GB/T 18229—2000),其部分图层设置见表 1-7。

表 1-7 《CAD 工程制图规则》部分图层设置

层名	颜色	线型	描述	线宽
01	白色	Continuous	粗实线、剖切面的粗剖切线	0.7
02	绿色	Continuous	细实线、细波浪线、细折断线	0.35
04	黄色	Dashed	细虚线	0.35
05	红色	Center	细点画线、剖切面的剖切线	0.35
11	绿色	Continuous	文本、尺寸	0.35
12	绿色	Continuous	尺寸值(含公差)	0.35

(5) 打开"草图设置"对话框,对自动捕捉进行设置。设置自动捕捉项为:端点、圆心、交点、垂足、中点、切点。

(6) 将文件另存为样板文件"A4.dwt",放置于指定的文件夹中。

4. 绘制扳手零件平面图

利用 AutoCAD 绘制扳手 零件平面图

要求:运用样板图,综合运用直线命令(Line)、圆命令(Circle)、多段线命令(Polygon)等基本绘图命令和偏移命令(Offset)、修剪命令(Trim)、打断命令(Break)、分解命令(Explode)、删除命令(Erase)等基本编辑命令,结合状态行操作,绘制零件平面图。

主要操作步骤:

(1) 以"A4.dwt"为样板建立新图,按指定路径存盘为"1-2.dwg"。

(2) 将 05 层置为当前层,绘制作图基准,如图 1-26(a)所示。

(3) 将 01 层置为当前层,利用圆命令(Circle)、多段线命令(Polygon)绘制出圆及正六边形,如图 1-26(b)所示。

(4) 分别以 A、B、C 为圆心,利用圆命令(Circle)绘制半径分别为 44、22、22 的三个圆,如图 1-27(a)所示。

(5) 使用 Trim 命令修剪多余图线,如图 1-27(b)所示。

(6) 使用偏移命令(Offset)偏移垂直中心线,距离为 122;并绘制半径分别为 7.5 及 14 的两个小圆,如图 1-28(a)所示。

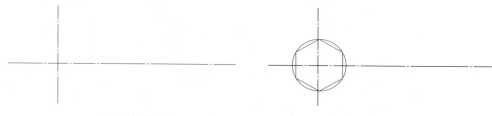

(a) 绘制作图基准　　　　　　　　　　(b) 绘制出圆及正六边形

图 1-26　绘图（一）

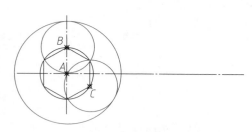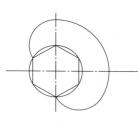

(a) 绘制三个圆　　　　　　　　　　(b) 修剪多余图线

图 1-27　绘图（二）

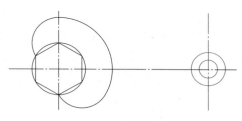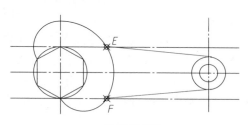

(a) 绘制两个小圆　　　　　　　　　　(b) 作两交线

图 1-28　绘图（三）

（7）上下偏移水平中心线，距离为 22；并过交点 E、F 作直线与半径为 14 的圆相切，如图 1-28（b）所示。

（8）利用圆命令中的"相切 相切 半径"选项分别作出 33、22 的两个圆与已知图线相切，如图 1-29（a）所示。

（9）利用删除命令（Erase）去除两条辅助线，利用分解命令（Explode）分解正六边形，并将其中两条边由 01 图层转至 02 图层，并利用 Break 命令切断多余中心线，如图 1-29（b）所示。

（10）打开状态行中线宽控制形状，将图形保存为"1-2.dwg"。

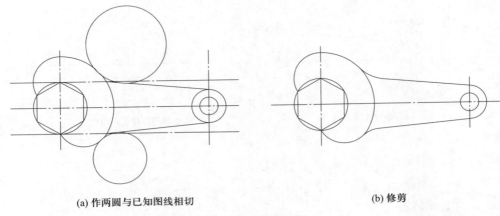

(a) 作两圆与已知图线相切　　　　　　　　　　　　(b) 修剪

图 1-29　绘图(四)

(二) 技能指导

1. 文件管理

计算机绘图最需牢记的就是要经常存盘,以免由于因意外操作或计算机系统故障而导致正在绘制的图形文件的丢失。可利用系统变量 Savefilepath、Savefile、Savetime 对当前图形文件设置自动保存。图形文件的默认格式是 * .dwg 格式,可利用"保存"或"另存为"选择合适的路径存盘,要注意两个命令的区别。

2. "缩放"功能

(1) 利用缩放功能可改变图形实体在视窗中显示的大小,从而方便地观察当前视窗中太大或太小的图形,或准确地进行绘制实体、捕捉目标等操作。此命令在绘制机械图样时使用频率较高,绘图过程中经常使用的选项为"窗口""上一个""范围""实时"等,如图 1-30 所示。灵活使用这些选项有利于提高绘图效率。

图 1-30　ZOOM 命令的信息提示

(2) "缩放"命令为透明命令(命令前加单引号),可以在其他命令的使用过程中使用。

3. 数据的输入方法

(1) 常用的坐标点输入方法有:绝对坐标(X,Y,Z)、相对坐标$(@ \Delta X,\Delta Y,\Delta Z)$、极坐标(距离<角度;@ 距离<角度)三种,如图 1-31 所示。

(2) 也可通过用鼠标在屏幕上拾取,当需要精确确定某点的位置时,需要用目标捕捉和自动跟踪功能捕捉一些特征点。

用直接距离输入时,先用光标拖出线确定方向,然后用键盘输入距离,这样有利于准确控制对象的长度等参数。

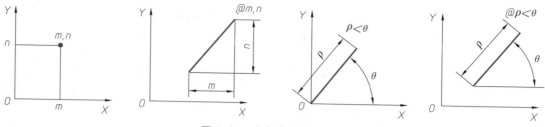

图 1-31　坐标点的输入方式

（3）动态输入是从 AutoCAD 2006 版本开始增加的一种比命令输入更友好的人机交互方式，如图 1-32 所示。单击状态行 图标按钮，可以打开动态输入功能。动态输入包括指针输入、标注输入和动态提示三项功能，如图 1-33 所示。

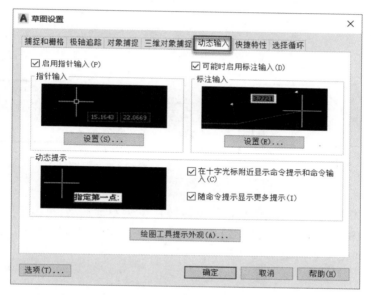

图 1-32　【动态输入】选项卡

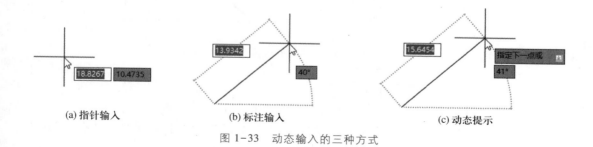

(a) 指针输入　　　　　(b) 标注输入　　　　　(c) 动态提示

图 1-33　动态输入的三种方式

4. 对象的选择方式

利用图形编辑命令时,用户首先要选择对象,然后再对其进行编辑。选择对象是进行编辑的前提。AutoCAD 2020 提供了多种选择对象的方法,常用的方式有:

(1)缺省窗口方式　窗口方式(如图 1-34 所示)和交叉窗口方式(如图 1-35 所示)的综合。从左向右拖出的窗口为窗口方式;从右向左拖出的窗口为交叉窗口方式。

(2)单选方式　直接用鼠标点取对象。

(3)全选方式　在提示选择对象时输入"ALL"。

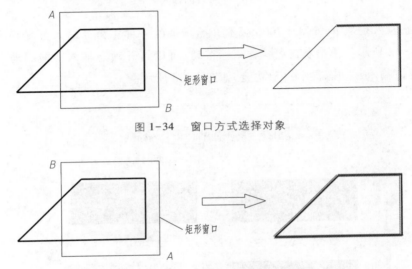

图 1-34　窗口方式选择对象

图 1-35　交叉窗口方式选择对象

(4)套索方式　如图 1-36 所示,在绘图区按住鼠标左键拖动,可拖出一个不规则的拾取框,此时可按空格键在【窗口】、【窗交】等几种方式之间循环切换。释放左键,可按选定的套索方式选择所需的图形对象。

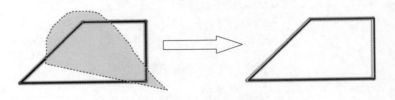

图 1-36　套索方式选择对象

5. 精确定位工具——状态行

(1)一般只有在绘制轴测图或草图时才使用"栅格"和"栅格捕捉"。

(2)在绘图过程中灵活使用"正交""极轴""对象捕捉""对象追踪"等绘图状态,养成灵活运用状态行精确绘制图形的好习惯,提高绘图效率。

（3）只有在状态栏中的"线宽"按钮 被打开（按下）状态时，才会显示线宽。

（4）状态栏中的"对象捕捉"按钮 为"自动捕捉"按钮，其中默认设置项为"端点""交点""圆心"和"延长线"。注意不要设置太多，否则会影响绘图。工具栏上的"对象捕捉"状态是一种临时的捕捉，单击捕捉一次有效；而状态栏上的"对象捕捉"状态是捕捉功能的开关键，只要预设了捕捉某种特殊点，且"对象捕捉"状态开启，可以一直捕捉该特殊点。

（5）对象捕捉追踪是对象捕捉与对象追踪的综合。该功能可使光标从对象上的特征点开始，沿事先设置好的追踪路径进行追踪，找到需要的精确位置。单击状态栏【对象捕捉追踪】按钮 或按快捷键【F11】，可打开或关闭对象追踪功能。在 CAD 绘图中有单向追踪和双向追踪两种方式，可正交追踪，也可极轴追踪。其中，单向追踪是指捕捉到图形对象的某个特征点后对其进行追踪，如图 1-37 所示；双向追踪是指同时捕捉现有图形对象上两个特征点并分别对其追踪，如图 1-38 所示。

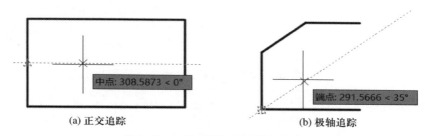

(a) 正交追踪　　　　　　　　　　　(b) 极轴追踪

图 1-37　对象捕捉追踪（单向追踪）

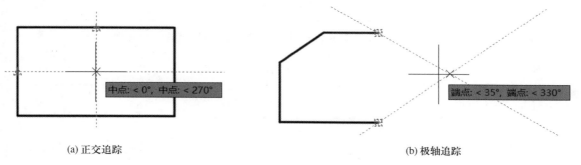

(a) 正交追踪　　　　　　　　　　　(b) 极轴追踪

图 1-38　对象捕捉追踪（双向追踪）

【对象捕捉】工具栏中各种捕捉模式的图标、名称、功能及标记见表 1-8。

表 1-8　捕捉模式的图标、名称、功能及标记

图标	名称	功　　能	标记
	临时追踪点	创建对象捕捉所使用的临时点	无
	捕捉自	从临时参照点偏移	无

图标	名称	功　　能	标记
	端点	捕捉到线段或圆弧上距光标最近的端点	□
	中点	捕捉到线段或圆弧等对象的中点	△
	交点	捕捉到线段、圆弧、圆等对象之间的交点	×
	外观交点	捕捉到两个三维对象在二维平面上的外观交点（空间不相交）	⊠
	延长线	捕捉到直线或圆弧等延长线路径上的点	---
	圆心	捕捉到圆或圆弧的圆心	○
	象限点	捕捉到捕捉圆、圆弧上 0°、90°、180°和 270°位置上的点	◇
	切点	捕捉到圆或圆弧的切点	♂
	垂足	捕捉到垂直于直线、圆或圆弧上的点	ㄴ
	平行线	捕捉所绘直线与已有直线平行的另一端点	//
	插入点	捕捉图块，文本对象及外部对象的插入点	凸
	节点	捕捉由 Point 等命令绘制的点	⊗
	最近点	捕捉处在直线、圆弧等图形对象上与光标最接近的点	⊠
	无	关闭对象捕捉模式	无
	对象捕捉设置	设置自动捕捉模式	无

6. 图层的使用（图 1-39）

（1）一般对象的特性（如线型、颜色、线宽等内容）是通过图层设置的，同一图层的线条的特性应相同，选取"Bylayer（随层）"作图。不要在同一图层中为不同线条设置不同的特性，这样不利于图形的修改。

（2）灵活使用图层命令的"打开/关闭""锁定""冻结"等属性，有利于图形的选择和编辑。

（3）修改图层时可先单击对象，然后在"图层"工具栏下拉列表框中单击相应的图层名即可，按此方法可将其他不符合图层要求的直线修改到指定的层上，方便快捷。另外，可用"特性匹配" 工具进行操作。

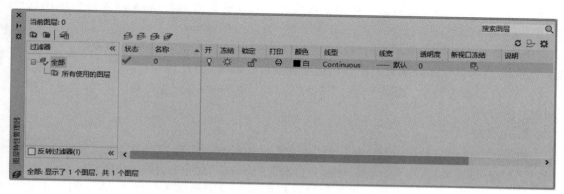

图 1-39 【图层特性管理器】对话框

7. 圆命令的使用

除了常用的利用圆心及半径值方式画圆之外，AutoCAD 还提供了画圆的其他方式，其中：

（1）相切、相切、半径（T）　按先指定两个相切对象，后给出半径的方法画圆。此选项适合画相切圆弧，如图 1-40 所示。

（2）相切、相切、相切（A）　和已知三个对象相切，该选项只有在下拉菜单"绘图"→"圆"中才有，如图 1-41、图 1-42 所示。

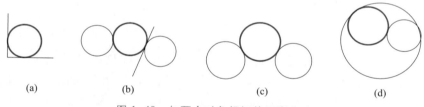

(a)　　　　　(b)　　　　　(c)　　　　　(d)

图 1-40　与两个对象相切的画圆方式

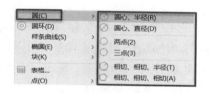

图 1-41　"圆"命令的下拉菜单

图 1-42　三角形的内切圆

8. 绘图中常用的编辑命令

（1）如果绘制的图形不符合要求或画错了图形，可使用 Erase 命令进行删除，其作用相当于橡皮擦。

（2）若不小心误删除了图形，可使用恢复命令（Oops）恢复误删除的对象，注意该命令只能恢复最后一次被删除的对象。如果要连续向前恢复被删除的对象,则需要连续使用放弃命令(Undo)。

(3)在国家标准中要求点画线超出轮廓线 2~3 mm,太长时可使用打断命令(Break)去除一部分,也可以利用拖动夹点的方法将点画线拉长或缩短。

(4)在绘图过程中,复制(Copy)、移动(Move)、放弃(Undo)、重做(Redo)等也是使用频率较高的命令。

9. 样板图

样板图是为节省绘图时间,提高绘图效率而提出来的。它是工程图纸的初始化,一般包括以下部分:图幅比例、单位、图层、标题栏、绘图辅助命令、文字标注样式、尺寸标注样式、常用图形符号及图块等。本单元主要介绍了样板图中前五项的环境设置,后三项则在单元三中讲解。

10. 平面图形的绘制方法

平面图形的绘制是绘制较复杂机械图样的基础。"多练习+灵活思考+多总结"是提高绘图水平的关键所在,一般绘图步骤如下:

(1)对图形进行分析,确定绘制方法。

(2)确定图形绘制的基准(一般为图形的某一个角点或对称中心线)。

(3)在绘图过程中多用偏移命令(Offset)完成平行的图线;用修剪命令(Trim)对图线进行编辑修剪;个别图线单独绘制;完成全图。

(4)对完成的图形进行检查修整,通过图层调整线型,完成正式图的绘制。

▶▶ 单元总结 ————————————————————————————

本单元重点学习了机械制图国家标准中的一般规定,具体包括图幅、比例、字体、图线及尺寸标注等有关规定;常见绘图工具的使用;几何作图、平面图形的画法以及利用 AutoCAD 2020 绘制零件的平面图形。本单元特别强调的是平面图形的绘制要点:要在分析清楚尺寸和线段的基础上,先绘制定位基准线,再按已知线段→中间线段→连接线段的顺序完成全图。

对于初学者来说,应严格遵守机械制图国家标准的有关规定,树立标准化的观念,养成良好的绘图习惯,正确、熟练地使用绘图工具和仪器,绘制出图面质量较好的工程图样。该部分内容中最容易出错的是尺寸标注的规范性,尺寸标注的细节很多,要在以后的学习中不断强化此项技能。在 AutoCAD 绘图过程中,希望初学者结合具体实例多多练习,合理运用精确定位工具,根据具体图形的特点灵活运用各类绘图及修改命令,逐步提高计算机绘图速度,绘制出符合工程规范的图形,为后续零件的三维造型打下坚实的 CAD 草图作图基础。

1. 不以规矩,不成方圆

无规不成圆,无矩不成方,这句耳熟能详的名言告诫人们立身处世乃至治国安邦时,必须遵守一定的准则和法度。国有国法,家有家规,学校有校规校纪。规矩是人类自己制定的信条,与我们的生活息息相关。任何行业都有自己的业内规定,本课程涉及的《技术制图》标准和《机械制图》标准就是机械工程行业的规矩,必须严格遵守。

"规范性"不仅存在于绘图方面,同样也存在于我们的职业行为中,即职业道德规范。职业道德规范不仅是从业人员在职业活动中的行为要求,更是对社会所承担的道德责任和义务。它规定人们"不应该"做什么,"应该"做什么、怎么做。不同职业有不同的职业道德规范,社会上的职业千差万别,职业道德规范也各具特色,但最基本的职业道德规范是相同的,那就是:

一、爱岗敬业,忠于职守。

二、诚实守信,宽厚待人。

三、办事公道,服务群众。

四、以身作则,奉献社会。

五、勤奋学习,开拓创新。

2. 工匠精神

优秀的工匠喜欢不断优化自己的产品,不断改善自己的工艺,享受着产品在双手中升华的过程。优秀的工匠对细节有很高的要求,追求完美和极致,对精品有执着的坚持和追求。"工匠精神"是一种职业精神,它是职业道德、职业能力及职业品质的体现,是从业者的一种职业价值取向和行为表现。在本单元平面图形的绘制过程中,让我们也来体会一下"工匠精神"的基本内涵。正所谓"工欲善其事,必先利其器",从图线的线型选择不同型号的绘图铅笔,铅笔或圆规中的铅芯需要修磨成何种形状等细节体会,作为一个绘图者如何做到时刻注意,马虎不得。从图形的正误、规范和图面质量等方面严格要求自己,注重各种绘图细节,做到精益求精,追求完美,从而绘制出规范的工程图样。其实这就是在画图过程中训练敬业、精益、专注、创新的"工匠精神"。

单元拓展   单元拓展

关于标准   2019年"大国工匠年度人物"及其主要事迹

单元二

简单零件三视图的绘制

▼ **学习导航**

投影理论是绘制工程图样的基础,利用投影的方法可以获得零件的三视图和轴测图。在本单元中,主要讲解投影的基本知识、三视图的绘制与识读、轴测图的画法以及利用 AutoCAD 绘制零件的轴测图。其中三视图的形成、画法等内容是机械制图的理论基础,也是本课程的核心。

任何机器或机械零部件都是空间的三维立体结构,如图 2-1 所示的简单零件实例是由基本几何体独立构成零件,或者是几个基本几何体经简单组合而成。很显然,零件的立体图尽管能形象地表达其面貌,但有时却不能完整地表达局部结构,更无法确切表示其尺寸大小,因此三维造型不能用于指导生产制造出产品来。通过不断探索和总结,人们在生产和生活实践中找到了投影的方法,实现了"空间→平面""平面→空间"的形式转换。

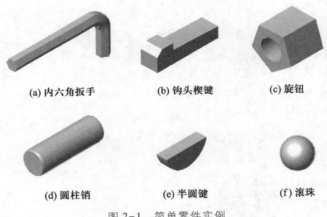

(a) 内六角扳手 (b) 钩头楔键 (c) 旋钮

(d) 圆柱销 (e) 半圆键 (f) 滚珠

图 2-1 简单零件实例

在工程行业中,约定用投影的方法绘制机械零件。如图 2-2 所示为旋钮零件图,采用正投影原理绘制,称之为"视图",通过该图实现了"空间→平面"的转换。反之,也可以通过阅读一组视图想象出其三维立体形状,实现"平面→空间"的转换。总之,视图表达零件的几何结构,结合标注尺寸、技术要求以及标题栏就可以描述零件的完整设计信息。本单元将重点介绍简单零件的三视图画法。

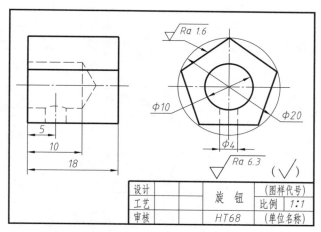

旋钮的结构

图 2-2　旋钮零件图

第一节　正投影及三视图

一、投影的基本知识

光线照射物体时,可在地面或墙壁上产生影子,这是一种自然现象。利用这个原理在平面上绘制出物体的图像,以表示物体的形状和大小,这种方法称为投影法。工程上应用投影法获得工程图样的方法,是从自然界中的光照投影现象抽象出来的。

1. 投影法分类

由投射中心、投射线和投影面三要素所决定的投影法可分为中心投影法和平行投影法,平行投影法又分为正投影法和斜投影法。各投影法的定义、图示及应用场合见表 2-1。

表 2-1　各投影法的定义、图示及应用场合

分类	定义	图示	应用场合
中心投影法	投射线自投射中心 S 出发,将空间 $\triangle ABC$ 投射到投影面上,所得 $\triangle abc$ 即为 $\triangle ABC$ 的投影。这种投射线自投射中心出发的投影方法称为中心投影法,所得投影称为中心投影		主要用于绘制产品或建筑物富有真实感的立体图,也称透视图。但由于此法作图较复杂,度量性也差,因此机械图样较少采用

分类		定义		图示	应用场合
平行投影法	正投影法	若将投射中心 S 移到离投影面无穷远处,则所有的投射线都相互平行,这种投射线相互平行的投影方法称为平行投影法,所得投影称为平行投影	投射线垂直于投影面时的投影,称为正投影	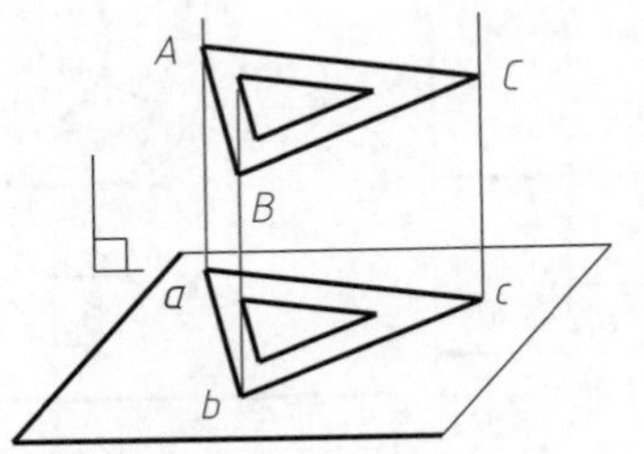	能正确地表达平面的真实形状和大小,度量性好,作图方便,主要用于绘制工程图样
	斜投影法		投射线倾斜于投影面时的投影,称为斜投影	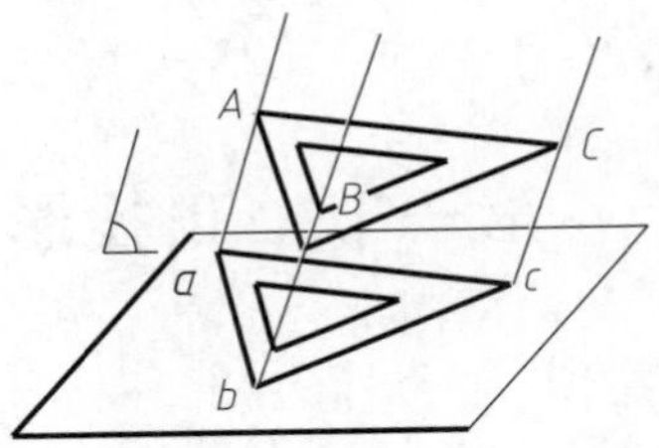	主要用于绘制有立体感的图形,如斜轴测图

2. 正投影的基本特性

正投影图在所平行的投影面上产生的投影反映实形,度量性好,作图方便,故用来绘制工程图样,它能够表达设计者的设计意图。为了绘制好工程图样,首先必须掌握正投影的三大基本特性:真实性、积聚性、类似性,详见表 2-2。其中,真实性最直观,积聚性、类似性使得看图有些不便,易产生错觉。只有了解了正投影的由来及特性,接下来才能正确地把握三视图的形成。

表 2-2　正投影的基本特性

基本特性	定义	图示
真实性	平面图形(或直线段)平行于投影面时,其投影反映实形(或实长),这种投影性质称为真实性或全等性	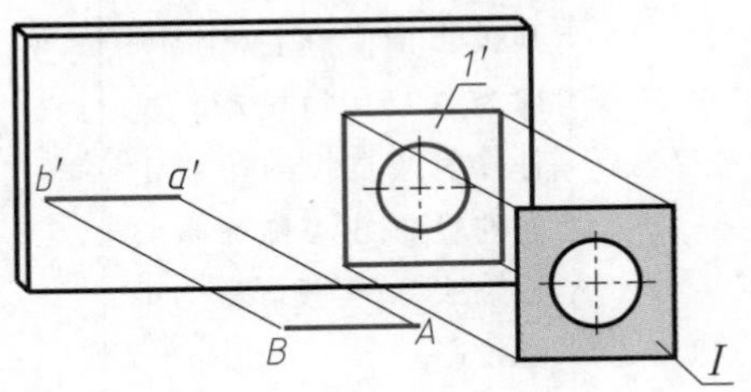

基本特性	定义	图示
积聚性	平面图形(或直线段)垂直于投影面时,其投影积聚为线段(或一点),这种投影性质称为积聚性	
类似性	平面图形(或直线段)倾斜于投影面时,其投影变小(或变短),但投影形状与原来形状相类似,这种投影性质称为类似性	

二、三视图的形成及画法

在机械制图中,通常把互相平行的投射线看作人的视线,用投影法将物体在某个投影面上的投影称为视图。在正投影中,一般一个视图不能完整地表达物体的形状和大小,也不能区分不同的物体,如图 2-3 所示,三个不同的物体在同一投影面上的视图完全相同。因此,要反映物体的完整形状和大小,必须增加由不同投射方向所得到的视图,互相补充,才能清楚地表达物体。工程上常用的是三面视图。

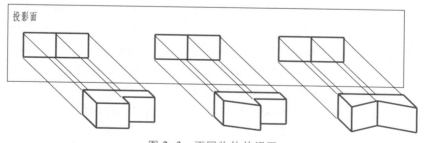

图 2-3　不同物体的视图

1. 投影面体系

用三个相互垂直的投影面构成投影面体系。如图 2-4 所示,三个投影面分别称为:正立投影面,简称正面,以 V 表示;水平投影面,简称水平面,以 H 表示;侧立投影面,简称侧面,以 *W* 表示。三个投影面之间的交线 *OX*、*OY*、*OZ* 称为投影轴,分别代表物体的长、宽、高三个方向。

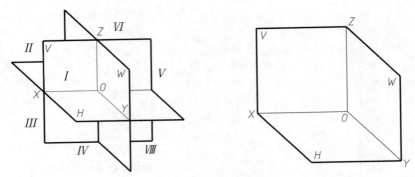

图 2-4 三个投影面体系

2. 三视图的形成

如图 2-5(a)所示,将物体置于上述三投影面体系中,用正投影法向三个投影面投射,即得三面视图,简称三视图。其中从前向后投射所得的视图称为主视图;从上向下投射所得的视图称为俯视图;从左向右投射所得的视图称为左视图。

3. 三面投影体系的展开

为了在图纸上(一个平面)画出三视图,三个投影面必须按如图 2-5(b)所示展开,使正面不动,将水平面绕 *OX* 轴向下旋转90°,侧面绕 *OZ* 轴向右旋转90°,从而把三个投影面展开在同一平面上,如图 2-5(c)所示。

三视图是工程图样最基本的表达形式,绘图时应注意以下两点:

(1)图样上通常只画出零件的三面视图,而投影面的边框和投影轴都省略不画。在同一张图纸内按如图 2-5(d)所示配置视图时,一律不注明视图的名称。

(2)零件正投影时可见的投影用粗实线画出,不可见的投影用细虚线画出。在绘制零件的三视图时一定要仔细观察,以防漏线。仔细观察一下燕尾块和燕尾槽的三视图,如图 2-6 所示,注意虚线的画法。

4. 三视图之间的对应关系

(1)位置关系 从三视图的形成过程可以看出,主视图放置好后,俯视图放在主视图的正下方,左视图放在主视图的正右方,如图 2-5(d)所示。

(2)方位关系 主视图反映物体的上下、左右;俯视图反映物体的前后、左右;左视图反映物体的前后、上下,如图 2-7 所示。

(3)尺寸关系 主视图反映物体的长度、高度方向的尺寸;俯视图反映物体的长度、宽度方向的尺寸;左视图反映物体的高度、宽度方向的尺寸,如图 2-8 所示。视图的"三等"关系如下:主视图与俯视图——长对正;主视图与左视图——高平齐;左视图与俯视图——宽相等。

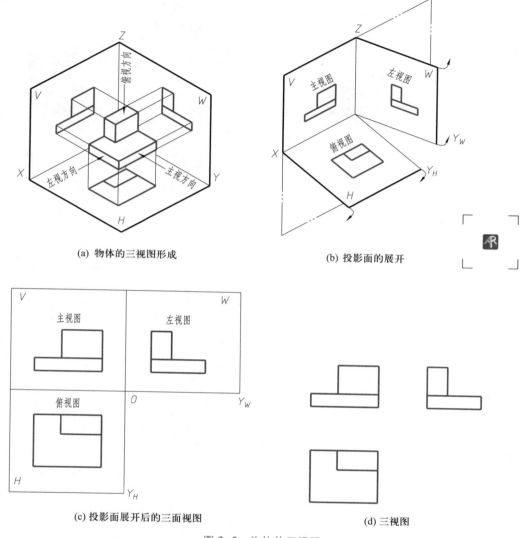

(a) 物体的三视图形成

(b) 投影面的展开

(c) 投影面展开后的三面视图

(d) 三视图

图 2-5　物体的三视图

5. 画物体三视图的方法和步骤

（1）分析结构,确定放置方案　作物体的三视图时,首先分析结构特征,将物体放好,一般可将其放成最稳定的状态,即取其自然安放位置;接着选定主视图的投影方向,在选定主视图时考虑反映总体特征,并兼顾其他视图的可见性。如图 2-9 所示,两个方案都为自然安放位置,但主视图的投影方向不同,投影效果就不同。作一下对比,很明显,图 2-9(a)所示方案使得其他视图的可见性好(虚线较少),而图 2-9(b)所示方案则相对要差一些。

（2）布局　画基准线,并注意留出标注尺寸的空间。

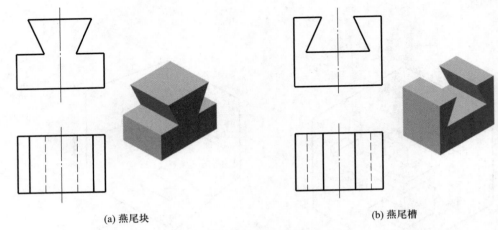

(a) 燕尾块　　　　　　　　　　　　(b) 燕尾槽

图 2-6　三视图案例

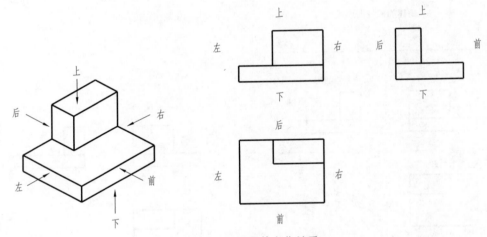

图 2-7　三视图的方位关系

(a) 直观图　　　　　　(b) 总体"三等"　　　　　　(c) 局部"三等"

图 2-8　三视图的尺寸关系

　　　　单元二　简单零件三视图的绘制

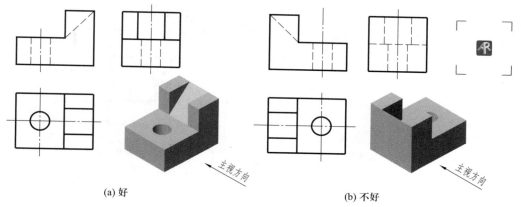

(a) 好   (b) 不好

图 2-9　放置方案比较

（3）绘制三视图　按物体的构成，由大结构到小结构依次作图，因为小结构附属于大结构，并且应该从每一部分的形状特征视图入手，再根据长对正、高平齐、宽相等的对应关系，绘制其他的视图。

（4）检查、整理、描深　检查投影是否正确，有没有漏线、多线；线型是否符合国标要求等。

绘制如图 2-10(a) 所示物体的三视图。绘图方法和步骤如图 2-10(b) ~ (f) 所示。

绘制空心圆柱的三视图时，注意点画线以及虚线的应用。如图 2-11 所示，在投影为圆的视图中，圆心用两条相互垂直的点画线表示（称为圆的中心线）；另两个投影为矩形的视图，圆心所在轨迹处画的点画线称为轴线（详见本单元第二节回转体部分）。

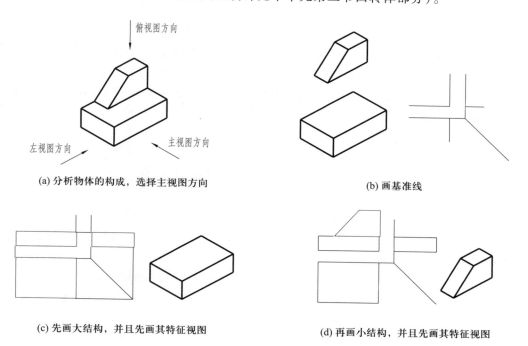

(a) 分析物体的构成，选择主视图方向   (b) 画基准线

(c) 先画大结构，并且先画其特征视图   (d) 再画小结构，并且先画其特征视图

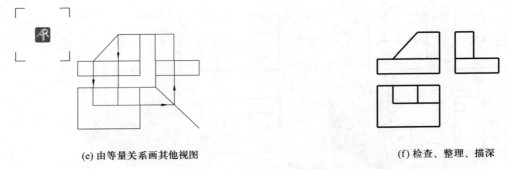

(e) 由等量关系画其他视图　　　　　　　　　　　　　(f) 检查、整理、描深

图 2-10　绘制物体三视图的方法和步骤

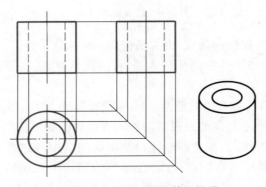

图 2-11　绘制空心圆柱的三视图

绘制三视图时应注意投影关系及位置关系，注意以下两点：

（1）"三等"投影关系（即长对正、高平齐、宽相等），不仅适用于整个物体，也适用于物体的局部。画图、读图时应遵循和应用三视图的投影规律。

（2）在位置关系中特别要注意在俯视图和左视图中的前后方位关系，靠近主视图的一侧为物体的后面，远离主视图的一侧为物体的前面。弄清三视图的六个方位关系，对画图、读图和判断物体之间的相对位置是十分重要的。

第二节　基本体及其切割相贯

如图 2-12 所示，任何复杂的零件都可以视为由若干基本几何体（简称基本体）经过叠加、切割、打孔等方式组成，如图 2-13 所示的零件都是由基本体组合而成的。按照基本体构成面的性质，可将其分为两大类：

（1）平面立体　由若干个平面所围成的几何形体，如棱柱、棱锥等。

（2）曲面立体　由曲面或曲面和平面所围成的几何形体，如圆柱、圆锥、圆球和圆环等。

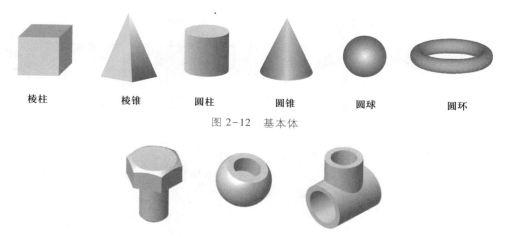

棱柱　　　　棱锥　　　　圆柱　　　　圆锥　　　　圆球　　　　圆环

图 2-12　基本体

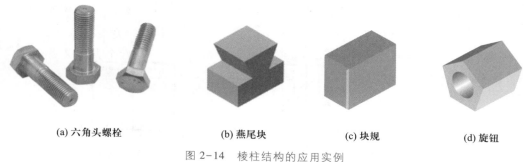

图 2-13　基本体组成的零件

一、平面体

平面体两侧表面的交线称为棱线。若平面体所有棱线互相平行,称为棱柱。若平面体所有棱线交于一点,则为棱锥。平面体的投影是平面体各表面投影的集合,是由直线段组成的封闭图形。因此,绘制平面体的三视图归纳为绘制平面体各棱线及各顶点的投影。

1. 棱柱

棱柱是顶面、底面形状相同且为平行的多边形,棱线互相平行。它的形体特征是上、下两个底面互相平行,各棱面均垂直于底面。在生产实际中,含棱柱形结构的零件极为常见,形体的形状多样,如图 2-14 所示就是棱柱结构的应用实例。

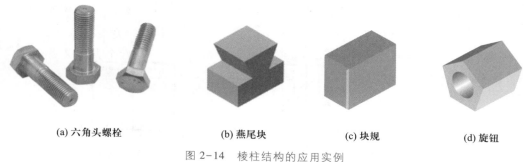

(a) 六角头螺栓　　　　(b) 燕尾块　　　　(c) 块规　　　　(d) 旋钮

图 2-14　棱柱结构的应用实例

要正确绘制出棱柱的三视图,首先应分析棱柱的结构特点,从正投影的三大特性(真实性、积聚性和类似性)去分析棱柱各个面的投影特性。下面以如图 2-15(a)所示的正六棱柱为例分析棱柱的投影特性。

（1）投影分析　正六棱柱的顶面和底面均平行于水平面,其水平投影反映实形,在正面及侧面上的投影积聚成一直线。前后棱面平行于正面,它们的正面投影反映实形,水平投影及侧面投影积聚为一直线。棱柱的其他四个侧棱面垂直于水平面,水平投影积聚为直线,正面投影和侧面投影均为类似形状。

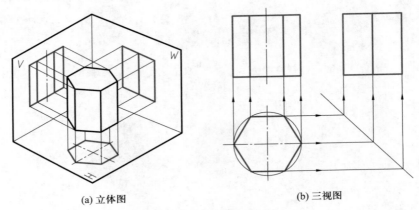

(a) 立体图   (b) 三视图

图 2-15　正六棱柱投影

　　从棱柱的投影分析可得出,正棱柱的视图特征为:一个视图由顶面和底面的重合投影组成,并反映实形;其余两个视图由矩形线框组成。

　　(2) 棱柱的三视图画法(以正六棱柱为例)　首先画出基准线;然后分析绘制特征视图(如正六棱柱的形状特征反映在水平投影上,所以先画俯视图);最后画出其余两个视图,结果如图 2-15(b) 所示。

　　(3) 棱柱表面上点的投影　在棱柱表面上取点的投影,其作图方法主要利用棱柱表面的积聚性投影求解。例如,在正六棱柱表面上点 M,已知点 M 的 V 面投影 m',求在 H 面和 W 面上的投影。如图 2-16 所示,M 点所在的平面 ABCD 垂直于水平面 H 面,利用投影的积聚性可得到 H 面的投影 m,再利用投影规律的"三等"关系,即可求出 W 面的投影 m"。在求点的投影时,还应注意点在视图上的可见性。

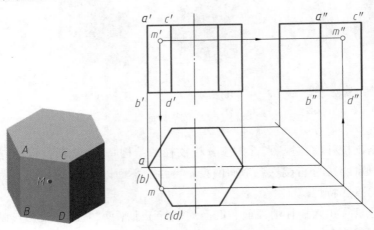

图 2-16　棱柱表面求点

注意:组成物体的基本元素是点、线、面。为了统一起见,规定空间点用大写字母表示,如 A、B、C 等;水平投影用相应的小写字母表示,如 a、b、c 等;正面投影用相应的小写字母加撇表示,如 a'、b'、c';侧面投影用相应的小写字母加两撇表示,如 a''、b''、c''。直线的投影可由直线上两点的同面投影连接得到,直线、平面对投影面的相对位置可以分为三种:投影面平行线(面)、投影面垂直线(面)、投影面倾斜线(面)。前两种为投影面特殊位置直线(面),后一种为投影面一般位置直线(面)。点、直线和平面是组成几何体的基本几何元素,掌握点、线、面的投影规律,可为正确表达形体奠定必要的理论基础。

2. 棱锥

底面为凸多边形,棱线汇交于一点(即锥顶),各棱面为三角形,这种几何体为棱锥。当底面为正多边形,锥顶在底面中心的正上方,各棱面为等腰三角形时,这种棱锥叫做正棱锥。如图 2-17 所示为生产生活中使用棱锥结构的应用实例。

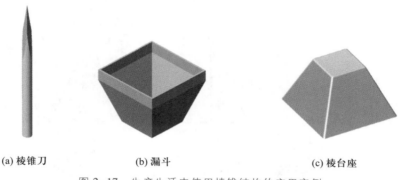

(a) 棱锥刀　　　　　　(b) 漏斗　　　　　　(c) 棱台座

图 2-17　生产生活中使用棱锥结构的应用实例

下面以直三棱锥为例分析棱锥的投影特性和作图方法。

（1）形体分析　　如图 2-18(a)所示,该棱锥底面为一正三角形,三个侧面为等腰三角形,锥顶与底面中心的连线垂直于底面。

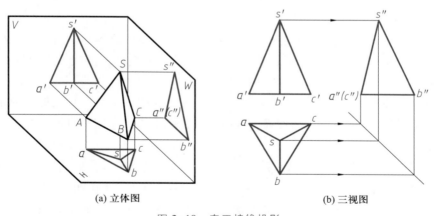

(a) 立体图　　　　　　　　　(b) 三视图

图 2-18　直三棱锥投影

（2）投影分析　该棱锥底面的真实形状由俯视图反映,在其余两个面的投影均为积聚性投影;而后侧面与 W 面垂直,故在 W 面上的投影具有积聚性,在其余两个面的投影均为类似性投影;另两个侧面在三个投影面中的投影均为类似性投影。从三棱锥的投影分析可看出,棱锥的投影既有积聚性投影,又有类似性投影,绘制时要关注其棱线及各顶点的投影。

（3）棱锥的三视图画法　首先,绘制基准线,画出底面 △ABC 的投影特征视图——俯视图,再画其余两视图;接着画出顶点 S 的三面投影,即点 s、s'、s";最后连线完成各侧面的投影,最终结果如图 2-18（b）所示。

（4）棱锥表面上点的投影　若 M 点为三棱锥体左侧面上的一点,如图 2-19 所示,已知 M 点的 V 面投影 m',求在 H 面和 W 面上的投影。该点的投影作图过程如下:过 M 点作辅助线 SM 并延长与 AB 相交于 N 点,作 SN 的三面投影（sn、s'n'、s"n"）,由于 M 点在直线 SN 上,即投影点 m、m'、m" 分别在 sn、s'n'、s"n" 的投影线上,据此可求得 M 点的投影,作图过程如图 2-19（b）所示。

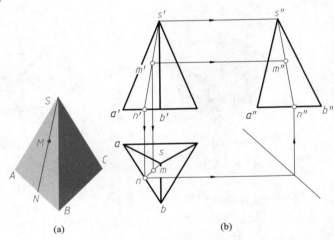

(a)　　　　(b)

图 2-19　棱锥表面求点

二、回转体

曲面立体的表面是曲面或曲面和平面,曲面中最常见的为回转曲面。回转曲面是一定的线段（该线段称为回转曲面的母线）绕空间一直线作定轴转动而形成的光滑曲面。由回转曲面或回转曲面与平面所围成的立体,称为回转体。

常见的回转体有圆柱、圆锥、圆球和圆环,它们的三视图画法与回转面的形成条件有关。绘制回转体的投影时,一般应画出曲面各方向转向轮廓素线的投影和回转轴线的三面投影。

1. 圆柱

圆柱由顶面、底面和圆柱面组成。如图 2-20 所示,圆柱面可看成是由一条母线 AA_1 围绕与它平行的轴线 OO_1 回转而成的。圆柱面上任意一条平行于轴线的直线,称为圆柱面的素线。在生产实际中,圆柱形的零件极为常见,形体的各种变化也非常多,如机械行业中常见的各种轴套类零件,如图 2-21 所示。

图 2-20　圆柱的形成

(a) 带螺纹的阶梯轴

(b) 十字轴

图 2-21　圆柱结构的应用实例

（1）圆柱投影分析　如图 2-22（a）所示，圆柱顶面和底面均为水平面，其水平投影反映实形且重合，因此俯视图为圆，正面和侧面投影积聚成直线；圆柱面与水平面垂直，在水平面投影具有积聚性，和圆柱顶、底面的水平投影重合，正面及侧面投影为圆柱轮廓线的投影，投影均为矩形。

（2）圆柱的三视图画法　首先画好基准线，再画圆柱面中投影积聚为圆的俯视图，最后根据圆柱体的高度画出另外两个视图（视图形状为矩形）。圆柱的三视图如图 2-22（b）所示。

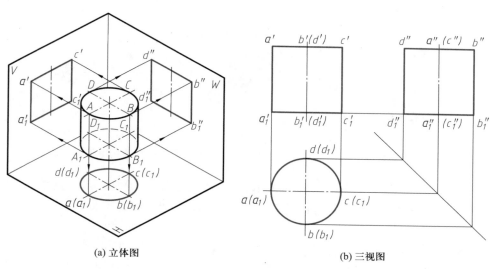

(a) 立体图

(b) 三视图

图 2-22　圆柱的投影

（3）圆柱表面上点的投影　在圆柱表面上取点的投影的作图方法，主要利用圆柱表面的积聚性投影求解。已知 M 点的 V 面投影 m'，求在 H 面和 W 面上的投影。如图 2-23 所示，M 点所在的圆柱面垂直于水平面 H 面，利用投影的积聚性可得到 H 面的投影 m，再利用"三等"关系，即可求出 W 面的投影 m''。在求点的投影时，还应注意点在视图上的可见性。

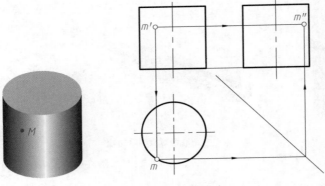

图 2-23　圆柱表面求点

2. 圆锥

　　圆锥由圆锥面和底面组成。圆锥面是由一条母线 *SA* 绕着与它相交的轴线 *SQ* 旋转形成的,如图 2-24 所示。母线在圆锥面上任一位置时称为圆锥面的素线。

　　在生产实际中,圆锥形结构的零件也较为常见,如测量零件孔径用的金属塞规以及车床上使用的顶尖等,如图 2-25 所示。

(a) 塞规　　　　　　　(b) 顶尖

图 2-24　圆锥的形成　　　　　　图 2-25　圆锥结构的应用实例

　　(1) 圆锥投影分析　　如图 2-26(a)所示,圆锥底面平行于水平面,水平投影反映实形,正面和侧面投影积聚成直线。圆锥面的三个面投影都没有积聚性,其水平投影与底面的水平投影重合,正面及侧面投影为圆锥轮廓线的投影,投影均为等腰三角形。

　　(2) 圆锥的三视图画法和特点　　首先画好基准线,接着从反映圆锥底圆的形状特征的视图——俯视图入手,画出圆锥底面的各个投影视图,最后画出主、左视图中锥顶的投影和锥面的投影。圆锥的三视图如图2-26(b)所示。

　　(3) 圆锥表面上点的投影　　圆锥表面上求点的方法有两种:辅助素线法和辅助圆法。以如图 2-27 所示为例,已知圆锥表面 *M* 点的 *V* 面投影,求 *M* 点在其余两个面上的投影。

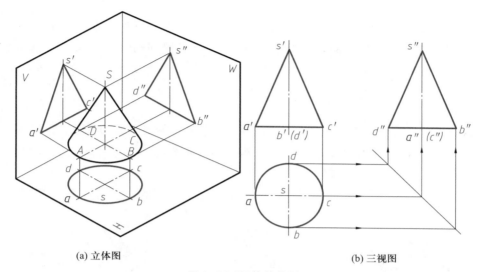

<table>
<tr><td>(a) 立体图</td><td>(b) 三视图</td></tr>
</table>

图 2-26　圆锥的投影

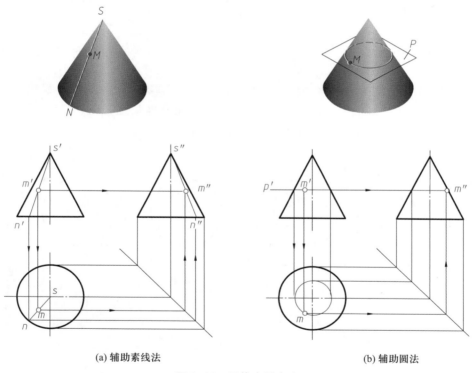

(a) 辅助素线法　　　　　　　　　(b) 辅助圆法

图 2-27　圆锥表面表点

　　辅助素线法是利用点在圆锥素线的三面投影上来作图取点。已知 M 点的 V 面投影,过顶点 S 作素线 SN,N 点在底圆上,利用积聚性求得 n'、n'',分别连接 $s'n'$、$s''n''$,M 点的水平投影和侧面投影即在这两条线上,如图 2-27(a)所示。

辅助圆法是利用点在圆锥的圆平面上来作图取点。过 M 点作一平面 P,P 面与底面平行,根据圆锥面的形成可知平面 P 与圆锥面的交线为一个平面圆,直径为切割两轮廓素线的距离。M 点即在此圆的圆弧上,利用三面投影的投影规律即可获得 M 点的另两面投影,如图 2-27(b)所示。

3. 圆球

圆球的表面可看作是由一圆母线以它的直径为回转轴旋转而成的,如图 2-28 所示。在生产实际中,球形的零件也较为常见,不过大都是部分球面,如图 2-29 所示为圆球结构的应用实例(球阀芯及十字槽盘头螺钉)。

图 2-28　圆球的形成　　　　(a) 球阀芯　　(b) 十字槽盘头螺钉

　　　　　　　　　　　　　　　图 2-29　圆球结构的应用实例

圆球的三个视图均为与球直径相等的圆,它们分别是圆球三个方向轮廓素线 A、B、C 的投影。画图时,先确定球心的三面投影,过球心分别画出圆球长度方向、宽度方向和高度方向轴线的三个投影,再画出三个与球等直径的圆,如图 2-30 所示。

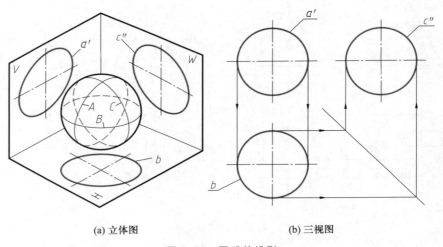

(a) 立体图　　　　　　　　　　(b) 三视图

图 2-30　圆球的投影

三、基本体的截交和相贯

平面与立体、立体与立体两两相交形成不同的表面交线,分为截交线和相贯线两大类。截交为平面与立体相交,截去立体的一部分,截交线为截平面与立体表面的交线;而相贯则为两立体相交,相贯线是立体与立体表面的交线。如图2-31所示为截交和相贯应用实例。

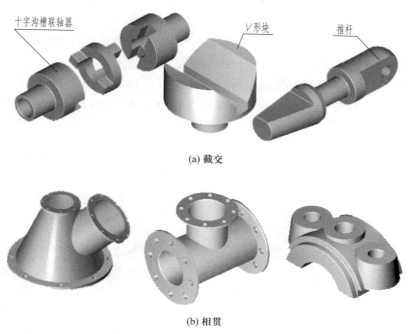

(a) 截交

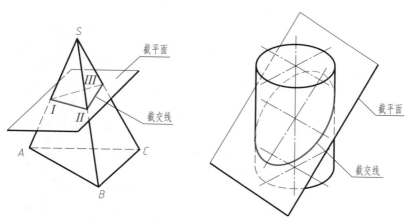

(b) 相贯

图2-31 截交和相贯应用实例

(一)截交线

用平面切割立体,平面与立体表面的交线称为截交线,该平面称为截平面,如图2-32所示。

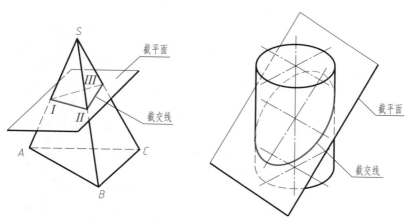

图2-32 截交的概念

截交线的基本特性:截交线为封闭的平面图形;截交线既在截平面上,又在立体表面上,因此截交线是截平面与立体表面的共有线,截交线上的点都是截平面与立体表面的共有点。求作截交线就是求截平面与立体表面上的共有点和共有线。

1. 平面立体被切割

平面切割立体时,截交线的形状取决于立体表面的形状和截平面与立体的相对位置。平面与平面体相交,其截交线为一平面多边形。

如图 2-33 所示,正五棱柱被两相交的平面切割。与 W 面平行的截平面所产生的截交线为矩形,左视图反映其特征,其中 AB 为矩形的一条宽度边,其宽度尺寸可在俯视图上量取,根据"三等"关系可以绘制出该矩形截交线的投影。另一截平面与 V 面垂直,截交线的形状为 $ABCDE$ 五边形,由于该五边形中的 A、B 两点的投影已求,另外三点 C、D 和 E 点在棱线上,因此,该五边形截交线的三面投影主要是求截平面与棱线交点的三面投影。

如图 2-34 所示为四棱锥截断体,它是经一个正垂面切割而成的,其作图过程如图 2-35 所示。

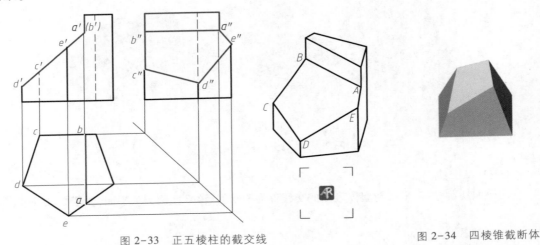

图 2-33　正五棱柱的截交线　　　　　　　　　图 2-34　四棱锥截断体

2. 曲面立体被切割

平面与回转体相交时,截交线是截平面与回转体表面的共有线,可由曲线围成,或者由曲线与直线围成,或者由直线段围成。平面与回转体表面相交,其截交线是封闭的平面图形。因此,求截交线的过程可归结为求出截平面和回转体表面的若干共有点(常利用积聚性或者辅助面的方法),然后依次光滑地连接成平面曲线。为了确切地表示截交线,必须求出其上的某些特殊点,如回转体转向线上的点以及截交线的最高点、最低点、最左点、最右点、最前点和最后点等。

(1) 圆柱的截交线　如图 2-36 所示,平面与圆柱面相交时,根据截平面与圆柱轴线的相对位置不同,其截交线有三种情况:矩形、圆和椭圆。

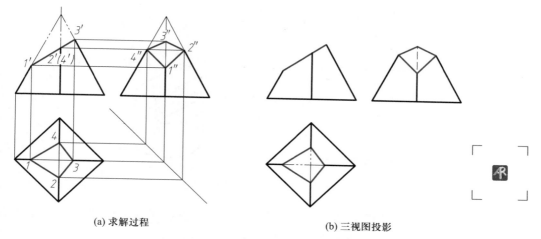

(a) 求解过程   (b) 三视图投影

图 2-35   四棱锥截断体的作图过程

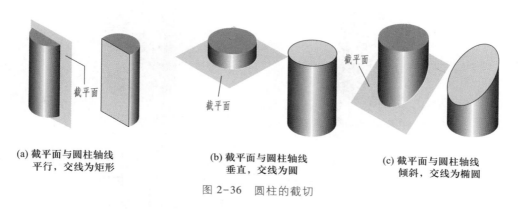

(a) 截平面与圆柱轴线   (b) 截平面与圆柱轴线   (c) 截平面与圆柱轴线
     平行，交线为矩形   垂直，交线为圆   倾斜，交线为椭圆

图 2-36   圆柱的截切

    如图 2-37 所示，圆柱被两相交平面对称切割。与圆柱轴线平行的切割面，其截交线为矩形，矩形宽度尺寸反映在俯视图中，左视图中反映其特征。与圆柱轴线垂直的切割面，其截交线为弓形，圆弧直径即为圆柱直径。

    如图 2-38(a)所示，表示套筒上部有一切口，这个切口可看作是由三个平面截切圆筒而形成的，现已知切口的正面投影，试作出其水平投影和侧面投影。

    为便于分析及作图，第一步可暂将套筒中的孔结构去除，使其成为如图 2-38(b)所示的实心圆柱。由于切口是由一个水平面和两个侧平面截切圆柱体形成的。在正面投影中，三个平面均积聚为直线；在水平投影中，两个侧平面积聚为直线，水平面为带圆弧的平面图形，且反映实形；在侧面投影中，两个侧平面为矩形且反映实形，水平面积聚为直线（被圆柱面遮住的一段不可见，应画成虚线）。据此我们不难绘出该实心圆柱切割后的三视图，如图 2-38(c)所示。应当指出，在侧面投影中，圆柱面上侧面的轮廓素线被切去的部分不应画出。

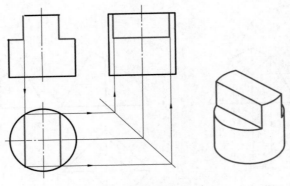

图 2-37 圆柱的截交线

第二步绘出空心圆柱的投影,此时可以把孔看作是一个圆柱来处理,其投影分析则和第一步相似,据此不难绘出有切口的套筒投影,如图 2-38(d)所示。

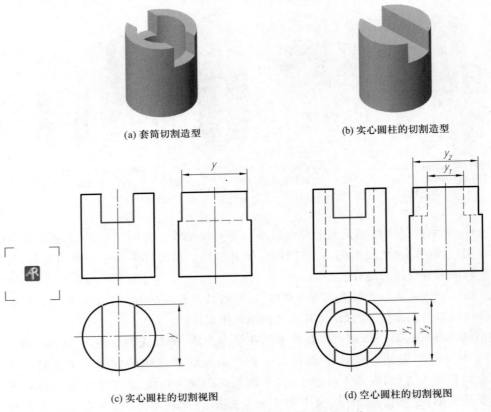

(a) 套筒切割造型   (b) 实心圆柱的切割造型

(c) 实心圆柱的切割视图   (d) 空心圆柱的切割视图

图 2-38 套筒切口部分的截交线

(2)圆锥的截交线 如图 2-39 所示,平面与圆锥面相交时,根据平面与圆锥轴线的相对位置不同,其截交线有五种情况:圆、椭圆、双曲线、抛物线和直线。

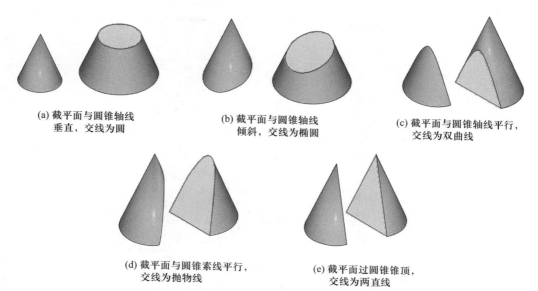

(a) 截平面与圆锥轴线
垂直，交线为圆

(b) 截平面与圆锥轴线
倾斜，交线为椭圆

(c) 截平面与圆锥轴线平行，
交线为双曲线

(d) 截平面与圆锥素线平行，
交线为抛物线

(e) 截平面过圆锥锥顶，
交线为两直线

图 2-39　圆锥截切的五种形式

如图 2-40 所示，圆锥被一与轴线平行的平面切割，其截交线为双曲线，反映在主视图上。

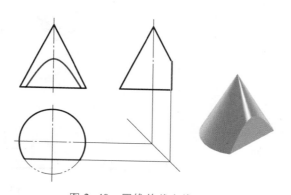

图 2-40　圆锥的截交线(一)

圆锥同时被一个与轴线垂直的平面以及过锥顶的平面切割，其截交线投影如图 2-41 所示。

（3）圆球的截交线　任何位置的平面与球面相交，其截交线空间均为圆，如图 2-42 所示。由于截平面对投影面位置的不同，截交线的圆的投影也不相同。当截平面与投影面垂直、平行和倾斜时，截交线的投影分别为直线段、圆和椭圆。

画图时，注意圆弧直径应为切割面与球轮廓的交线长度。如图 2-43（a）所示，球被一水平面切割，主视图和左视图投影均为直线，俯视图投影为圆。如图 2-43（b）所示，半球开槽，三个切割面分别与水平面和正平面平行,槽底在俯视图中的投影为圆弧,圆弧半径在左视图上量取;槽的两侧面在主视图上的投影为圆弧,圆弧半径也在左视图上量取,注意各视图中圆弧的圆心都应在球心的投影上。

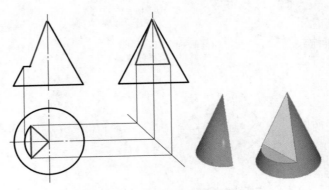

图 2-41　圆锥的截交线(二)

图 2-42　圆球的截切

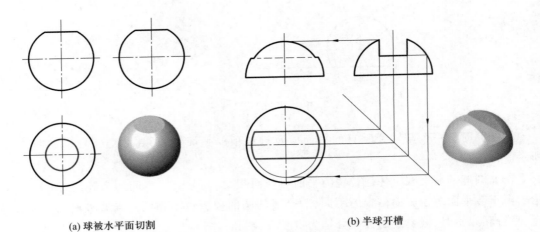

(a) 球被水平面切割　　　　　　　　　　　　　　(b) 半球开槽

图 2-43　圆球的截交线

（二）相贯线

在一些机件上，常常会看到几个立体表面的交线，最常见的是两回转体表面的交线。相交立体表面的交线称为相贯线，把这两个立体看作一个整体则称为相贯体。如图 2-44 所示的三通管零件上，就有两个圆柱结构形成的相贯线。

两曲面体相交时，相贯线具有如下特性：相贯线是两曲面体表面的共线，也是两曲面表面的分界线，相贯线上的点是两曲面体表面的共有点；相贯线一般为封闭的空间曲线，特殊情况下可能是平面曲线或直线。

图 2-44 三通管

1. 圆柱与圆柱相交

（1）不同直径两圆柱正交　如图 2-45（a）所示，大直径的圆柱水平放置，小直径的圆柱垂直放置，求作两正交圆柱的相贯线投影。

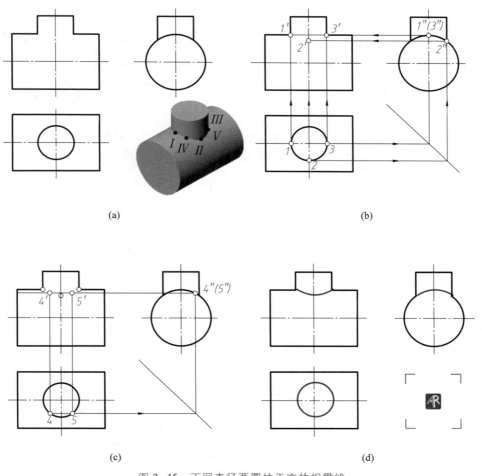

(a)　　　　　　　　　　　(b)

(c)　　　　　　　　　　　(d)

图 2-45　不同直径两圆柱正交的相贯线

两圆柱的轴线垂直相交,有共同的前后对称面和左右对称面,小圆柱全部穿进大圆柱。因此,相贯线是一条封闭的空间曲线,且前后对称、左右对称。

　　由于小圆柱面的水平投影积聚为圆,相贯线的水平投影便重合在其上;同理,大圆柱面的侧面投影积聚为圆,相贯线的侧面投影也就重合在小圆柱穿进处的一段圆弧上,且左半和右半相贯线的侧面投影相互重合。于是问题就可归结为已知相贯线的水平投影和侧面投影,求作它的正面投影。因此,可采用在圆柱面上取点的方法,先作出相贯线上的一些特殊点(I、II、III),再求出一般点(IV、V)的投影,最后再顺序连成相贯线的投影。整个作图过程如图 2-45(b)~(d)所示。

　　在生产实际中,两圆柱轴线垂直相交是零件上较为常见的结构,其相贯线有以下三种形式,如图 2-46 所示。

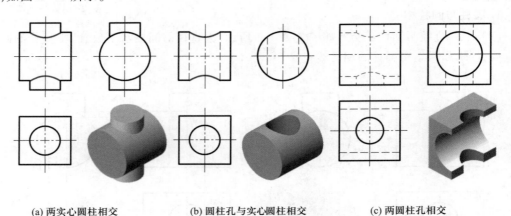

(a) 两实心圆柱相交　　　　(b) 圆柱孔与实心圆柱相交　　　　(c) 两圆柱孔相交

图 2-46　两圆柱轴线垂直相交的三种相贯线形式

　　以上三个投影图中所示的相贯线具有同样的形状,因此其作图方法也是相同的。为了简化作图,可用如图 2-47 所示的圆弧近似代替这段非圆曲线,圆弧半径为大圆柱半径。

　　注意:根据相贯线的性质,其圆弧的弯曲方向应向着大圆柱轴线方向凸起。

　　(2) 正交两圆柱相对大小的变化引起相贯线的变化　如图 2-48(a)、(b)所示是两圆柱直径不等时相贯线的位置,如图 2-48(c)所示则是两圆柱直径相等时,相贯线为两个相交的椭圆(为正垂面),其正面投影为相交的两直线。

　　画图时,注意两个直径不相等的正交圆柱的相贯线,总是由小圆柱向大圆柱内弯曲,并且两圆柱直径相差越小,曲线顶点越靠近大圆柱的轴线。

2. 圆柱与圆锥相交

　　如图 2-49 所示,圆柱与圆锥(台)轴线垂直相交,其相贯线为封闭的空间曲线,且前后对称,前半、后半相贯线正面投影相互重合。又由于圆柱面的侧面投影积聚为圆,相贯线的侧面投影也必重合在这个圆上。因此,相贯线的侧面投影是已知的,正面投影和水平投影则要求根据投影特性求出。

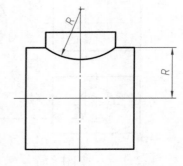

图 2-47　两圆柱正交的简化画法

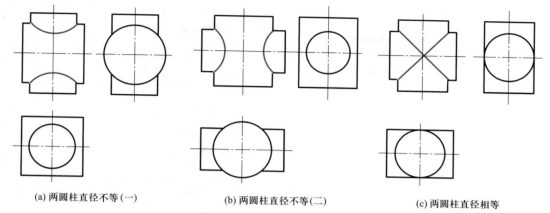

(a) 两圆柱直径不等(一)   (b) 两圆柱直径不等(二)   (c) 两圆柱直径相等

图 2-48　正交两圆柱表面的相贯线

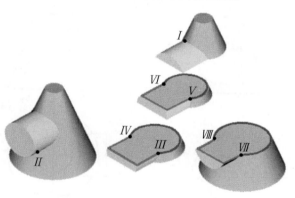

图 2-49　圆柱与圆锥相交

相贯线的正面投影和水平投影采用辅助平面法求作,即用同一辅助平面(这里为水平面)同时切割两相交立体,得两组截交线,两组截交线的交点即为相贯线上的点。用多个辅助平面切割则可获得若干个相贯线上的点,求得这些点的投影并把它们连接起来就可完成相贯线的投影。

根据上述分析,作图过程可以参考如图 2-50 所示的方法。根据圆柱和圆锥的相对位置可以看出,圆柱面的最前、最后素线的水平投影是可见的,所以在圆锥面的水平投影范围内的圆柱面水平投影的转向轮廓线是可见的。作图结果如图 2-50(d)所示。

3. 相贯线的特殊情况

在一般情况下,两回转体的相贯线是空间曲线,但在一些特殊情况下,也可能是平面曲线或直线。

(1) 两回转体轴线相交且公切于圆球时,其相贯线为椭圆。

如在立体中打两个轴线相交的等直径圆柱孔,会在其内表面上形成两个椭圆,如图 2-51(a)所示;圆柱与圆锥的轴线垂直相交且公切于一圆球时,其相贯线为两个椭圆,如图 2-51(b)所示。

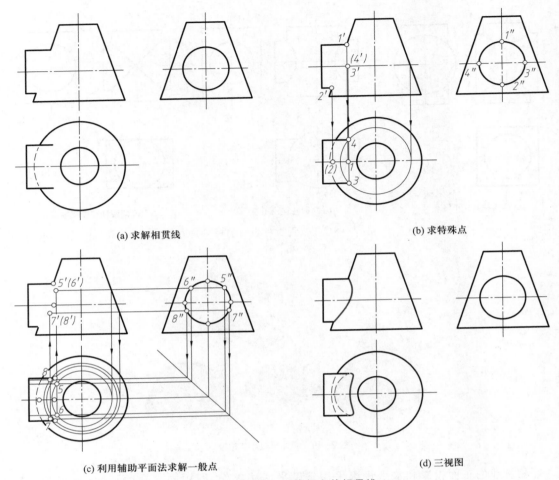

(a) 求解相贯线

(b) 求特殊点

(c) 利用辅助平面法求解一般点

(d) 三视图

图 2-50　圆柱与圆锥相交的相贯线

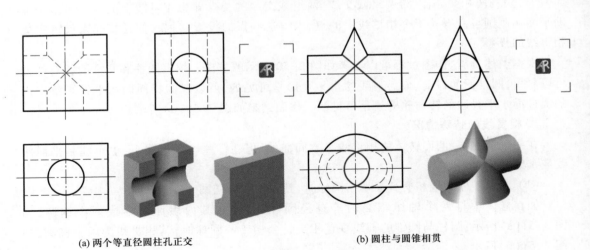

(a) 两个等直径圆柱孔正交

(b) 圆柱与圆锥相贯

图 2-51　相贯线的特殊情况（一）

（2）两同轴回转体的相贯线是垂直于轴线的圆。

如圆球（或圆球孔）与圆柱同轴且轴线平行于正面相交,该相贯线为一垂直于回转体轴线的圆,其正面投影积聚为直线,如图 2-52(a)所示;圆球与圆锥同轴相交,其相贯线为圆,其正面投影积聚为直线,如图 2-52(b)所示。

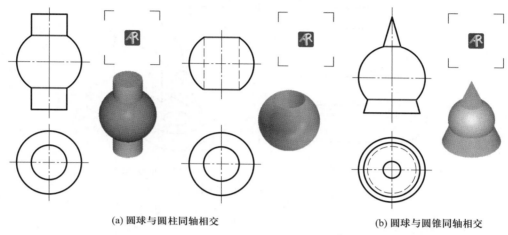

(a) 圆球与圆柱同轴相交　　　　　　　　(b) 圆球与圆锥同轴相交

图 2-52　相贯线的特殊情况（二）

（3）轴线平行的两个圆柱相交,其相贯线是圆柱的两条平行素线,如图 2-53 所示。

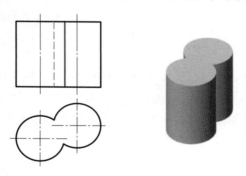

图 2-53　相贯线的特殊情况（三）

第三节　轴　测　图

三视图是反映机件的多面正投影图,如图 2-54(a)所示物体的三视图,它能确切地表示物体的形状,作图简单,但由于缺乏立体感,因此,只有具备了一定读图能力的人员才能看懂。如图 2-54(b)所示为其轴测图,它反映了物体长、宽、高三个方向的形状特征,直观性强,因此把该轴测图(俗称立体图)作为生产中的一种辅助图样,工程中常与三视图配置在一起,用来说明产品的结构和使用方法等。

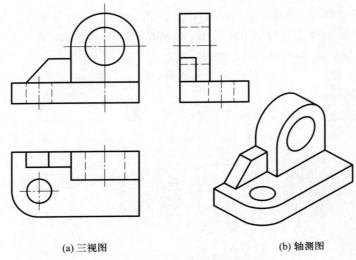

(a) 三视图   (b) 轴测图

图 2-54   物体的三视图与轴测图

一、轴测图的概念

1. 轴测图的形成

轴测图是一种平行投影图,如图 2-55 所示:将物体连同其参考直角坐标系,沿不平行于任一坐标面的方向,用平行投影法将其投射在单一投影面上,所得到的图形称为轴测图。它能同时反映出物体三个方向的尺度,富有立体感,但不能反映物体的真实形状和大小,度量性差。

轴测图的形成一般有两种方式:一种是改变物体相对于投影面的位置,而投影方向仍垂直于投影面,所得轴测图称为正轴测图,如图 2-55(a)所示;另一种是改变投影方向使其倾斜于投影面,而不改变物体对投影面的相对位置,所得轴测图为斜轴测图,如图 2-55(b)所示。

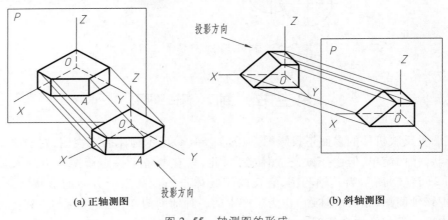

(a) 正轴测图   (b) 斜轴测图

图 2-55   轴测图的形成

2. 专业术语

如图 2-55 所示, 平面 *P* 称为轴测投影面; 空间参考坐标轴 *OX*、*OY*、*OZ* 在轴测投影面上的投影 *OX*、*OY*、*OZ* 称为轴测投影轴, 简称轴测轴; 每两根轴测轴之间的夹角 ∠*XOY*、∠*XOZ*、∠*YOZ* 称为轴间角; 空间点 *A* 在轴测投影面上的投影 *A* 称为轴测投影; 直角坐标轴上单位长度的轴测投影长度与对应直角坐标轴上单位长度的比值称为轴向伸缩系数, *X*、*Y*、*Z* 方向的轴向伸缩系数分别用 p、q、r 表示。

3. 轴测图的基本性质

（1）平行性　物体上互相平行的线段, 其轴测投影也互相平行; 与参考坐标轴平行的线段, 其轴测投影也必平行于轴测轴。

（2）可测量性　沿平行于轴测轴方向的线段长度可在轴测图上直接测量, 其测量值乘以该方向轴向伸缩系数即为该线段的空间长度, 不平行于轴测轴方向的线段长度则不可以直接测量。

4. 工程中常采用的轴测图种类

根据投影方向的不同, 轴测图可分为两类: 正轴测图和斜轴测图; 根据轴向伸缩系数不同, 每类轴测图又可分为三类: 三个轴向伸缩系数均相等的称为等测轴测图, 只有两个轴向伸缩系数相等的称为二测轴测图, 三个轴向伸缩系数均不相等的称为三测轴测图。以上两种分类方法结合, 得到六种轴测图, 分别简称为正等轴测图、正二等轴测图、正三等轴测图和斜等轴测图、斜二等轴测图、斜三等轴测图。

本单元只介绍正等轴测图和斜二等轴测图的画法, 它们是工程中使用较多的轴测图。

（1）正等轴测图　在正投影情况下, 当 $p=q=r$ 时, 三个坐标轴与轴测投影面的倾角都相等, 均为 $35°16'$。由几何关系可以证明, 其轴间角均为 $120°$, 三个轴向伸缩系数均为: $p=q=r=\cos 35°16' \approx 0.82$, 如图 2-56 所示。

在实际画图时, 为作图方便, 将 *OZ* 轴取为铅垂位置, 各轴向伸缩系数采用简化系数 $p=q=r=1$。这样, 沿各轴向的长度均被放大 $1/0.82 \approx 1.22$ 倍, 轴测图也就比实际物体大了一点, 但这对形状没有影响。如图 2-56 所示给出了轴测轴的画法和各轴向的简化轴向伸缩系数。

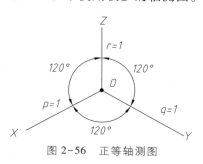

图 2-56　正等轴测图

（2）斜二等轴测图　在斜投影情况下, 轴测轴 *X* 和 *Z* 仍为水平方向和铅垂方向, 即轴间角 ∠*XOZ*=90°, 物体上平行于坐标 *XOZ* 的平面图形都能反映实形, 轴向伸缩系数 $p=r=2q=1$。为了作图简便, 增强斜二等轴测图的立体感, 通常取轴间角 ∠*XOY*=∠*YOZ*=135°, 如图 2-57 所示。

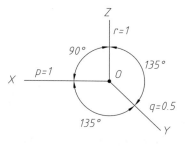

图 2-57　斜二等轴测图

二、正等轴测图的画法

一般物体都是由平面体和回转体组合而成的,要绘制它们的轴测图只要研究平面体和回转体的轴测图的画法即可。

(一)平面立体的正等轴测图画法

绘制平面立体正等轴测图的方法有:坐标法、切割法和叠加法。

1. 坐标法

使用坐标法时,先在视图上选定一个合适的直角坐标系 $OXYZ$ 作为度量基准,然后根据物体上每一点的坐标,定出它的轴测投影。

绘制如图 2-58(a)所示的正六棱柱的正等轴测图。具体作图过程如图 2-58(b)~(e)所示。

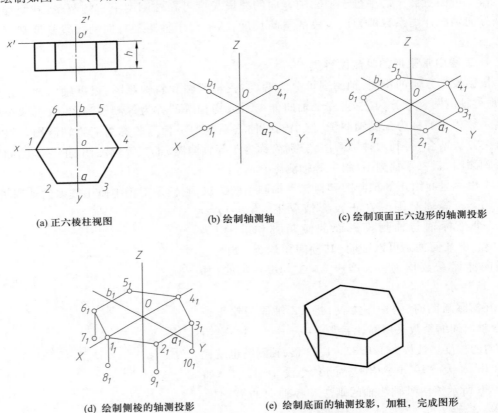

(a) 正六棱柱视图   (b) 绘制轴测轴   (c) 绘制顶面正六边形的轴测投影

(d) 绘制侧棱的轴测投影   (e) 绘制底面的轴测投影,加粗,完成图形

图 2-58   利用坐标法绘制正六棱柱的正等轴测图

步骤如下:

(1)先进行形体分析,将直角坐标系原点 O 放在顶面中心位置,并确定坐标轴,如图 2-58(a)所示。

(2)绘制轴测轴,采用坐标量取的方法,得到 1_1、4_1、a_1、b_1 四点投影,如图 2-58(b)所示。

(3)分别过 a_1、b_1 作两条线段平行于 $1_1 4_1$,在其上采用坐标量取的方法,得到 6_1、5_1、2_1、

3_1四点投影,如图 2-58(c)所示。

（4）从顶面上的 1_1、2_1、3_1、6_1 点沿 Z 轴向下量取 h 高度,得到底面上的对应点,如图 2-58(d)所示。

（5）分别连接各点,用粗实线画出物体的可见轮廓,擦去不可见部分,得到六棱柱的轴测投影,如图 2-58(e)所示。

注意:本例中将坐标系原点放在正六棱柱顶面,有利于沿 Z 轴从上向下量取棱柱高度 h,避免画出多余作图线,简化作图。

2. 切割法

切割法又称方箱法,适用于画由长方体切割而成的轴测图。它以坐标法为基础,先用坐标法画出完整的长方体,然后按形体分析的方法逐块切去多余的部分。

绘制如图 2-59(a)所示的夹紧块的正等轴测图。该夹紧块的作图过程如图 2-59(b)～(i)所示。

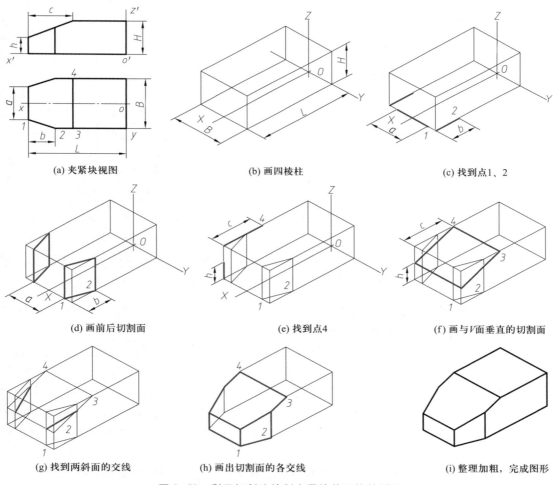

(a) 夹紧块视图　　(b) 画四棱柱　　(c) 找到点1、2

(d) 画前后切割面　　(e) 找到点4　　(f) 画与 V 面垂直的切割面

(g) 找到两斜面的交线　　(h) 画出切割面的各交线　　(i) 整理加粗,完成图形

图 2-59　利用切割法绘制夹紧块的正等轴测图

3. 叠加法

叠加法是先将物体分成几个简单的组成部分,再将各部分的轴测图按照它们之间的相对位置叠加起来,并画出各表面之间的连接关系,最终得到轴测图的方法。下面以如图 2-60(a) 所示的垫块为例,采用叠加法绘制出其正等轴测图,该垫块的作图过程如图 2-60(b)~(e) 所示。

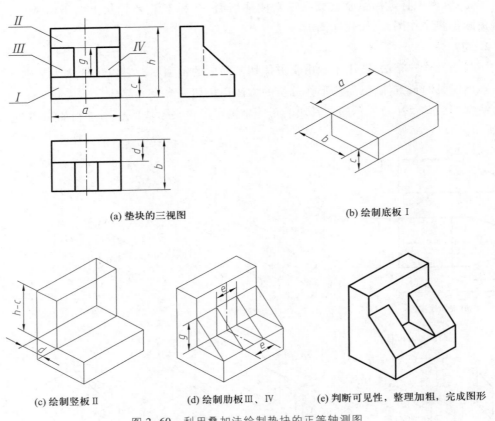

(a) 垫块的三视图　　　　　　　　　　(b) 绘制底板 I

(c) 绘制竖板 II　　　(d) 绘制肋板 III、IV　　　(e) 判断可见性,整理加粗,完成图形

图 2-60　利用叠加法绘制垫块的正等轴测图

(二) 回转体的正等轴测图画法

1. 平行于坐标投影面圆的正等轴测图画法

常见的回转体有圆柱、圆锥、圆球、圆台等。在作回转体的轴测图时,首先要解决圆的轴测图画法问题。圆的正等轴测图是椭圆,三个坐标面或其平行面上等直径圆的正等轴测图是大小相等、形状相同的椭圆,只是长短轴方向不同,如图 2-61 所示。

在实际作图时,一般不要求准确地画出椭圆曲线,经常采用"菱形法"进行近似作图,将椭圆用四段圆弧连接而成。下面以水平面上圆的正等轴测图为例,说明"菱形法"近似作椭圆的方法,其作图过程如图 2-62 所示。

绘制如图 2-63(a) 所示圆柱的正等轴测图。具体作图过程如图 2-63(b)~(e) 所示。

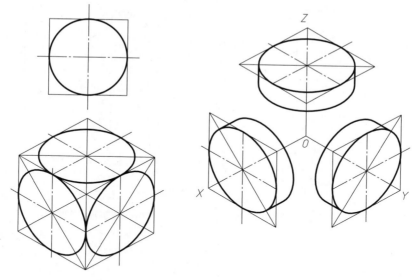

图 2-61　平行于坐标投影面圆的正等轴测图

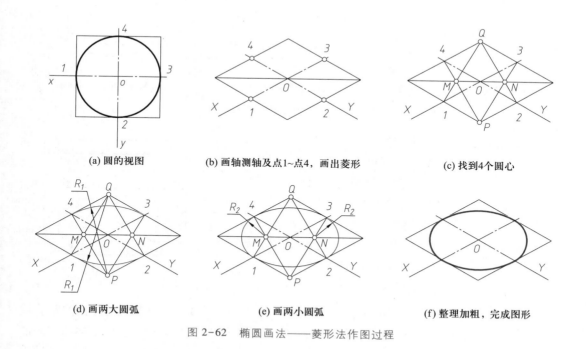

(a) 圆的视图　　(b) 画轴测轴及点1~点4，画出菱形　　(c) 找到4个圆心

(d) 画两大圆弧　　(e) 画两小圆弧　　(f) 整理加粗，完成图形

图 2-62　椭圆画法——菱形法作图过程

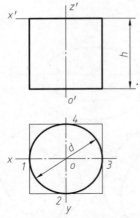

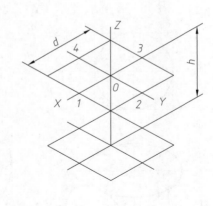

(a) 定出坐标轴、原点，并作圆的外切正方形   (b) 画轴测轴及菱形

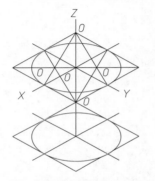

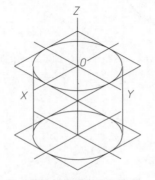

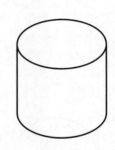

(c) 用菱形法画顶面和底面上椭圆   (d) 作两椭圆的公切线   (e) 整理描粗，完成图形

图 2-63　圆柱的正等轴测图画法

2. 圆角的正等轴测图画法

在产品设计上，经常会遇到由 1/4 圆柱面形成的圆角轮廓，画图时就需画出由 1/4 圆周组成的圆弧，这些圆弧在轴测图上正好近似椭圆的四段圆弧中的一段。因此，这些圆角的画法可由菱形法画椭圆演变而得到。

绘制如图 2-64 所示带孔方板的正等轴测图。带孔方板的正等轴测图的作图过程如图 2-65 所示。

三、斜二等轴测图简介

图 2-64　带孔方板的视图

在斜二等轴测图中，轴间角 $\angle XOZ = 90°$，$\angle XOY = \angle YOZ = 135°$，轴向伸缩系数 $p = r = 1$，$q = 0.5$。从图 2-57 可知，斜二等轴测图因其平行于 XOZ 坐标面上的形体与空间的形体的形状保持不变，所以在画斜二等轴测图时，平行于 XOZ 面上的圆的斜二等轴测投影还是圆，大小不变。而平行于 XOY 和 ZOY 面上的圆的斜二等轴测投影都是椭圆，且形状

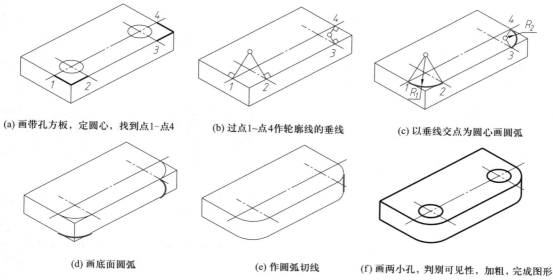

(a) 画带孔方板，定圆心，找到点1~点4

(b) 过点1~点4作轮廓线的垂线

(c) 以垂线交点为圆心画圆弧

(d) 画底面圆弧

(e) 作圆弧切线

(f) 画两小孔，判别可见性，加粗，完成图形

图 2-65　带孔方板的正等轴测图的作图过程

相同，其长轴与圆所在坐标面上的一根轴测轴成 7°9′20″（可近似为 7°）的夹角，此时椭圆长轴长度为 1.06d，短轴长度为 0.33d，如图 2-66 所示。由于此时椭圆作图比较烦琐，所以当物体的某两个方向有圆时，一般不用斜二等轴测图，而采用正等轴测图。

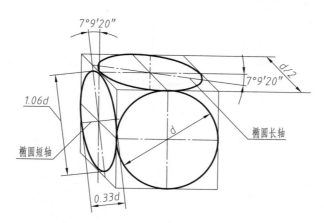

图 2-66　平行坐标面上圆的斜二等轴测圆

　　斜二等轴测图经常使用的场合一般为：平行于 XOZ 坐标面上有很多的圆。如果平行于其他某个坐标面上有很多的圆时，可将其转到平行于 XOZ 坐标面后再绘制其斜二等轴测图。

　　绘制如图 2-67（a）所示轴套的斜二等轴测图。该轴套的具体作图过程如图 2-67（b）~（d）所示。

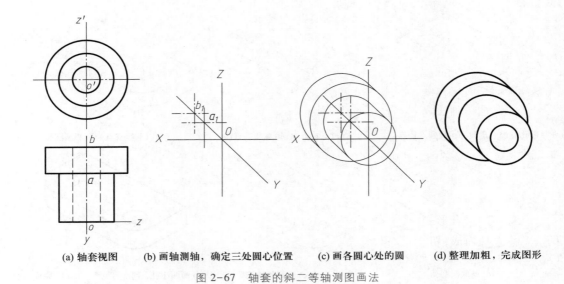

(a) 轴套视图　　　(b) 画轴测轴，确定三处圆心位置　　　(c) 画各圆心处的圆　　　(d) 整理加粗，完成图形

图 2-67　轴套的斜二等轴测图画法

画如图 2-68(a) 所示圆盘的斜二等轴测图。该圆盘的斜二等轴测图具体作图过程如图 2-68(b) ~ (d) 所示。

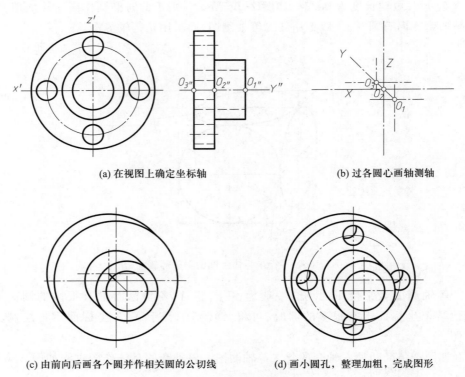

(a) 在视图上确定坐标轴　　　　　　　　(b) 过各圆心画轴测轴

(c) 由前向后画各个圆并作相关圆的公切线　　　　(d) 画小圆孔，整理加粗，完成图形

图 2-68　圆盘的斜二等轴测图画法

第四节　组合体的绘制与阅读

在机械制图中,由两个或两个以上的基本体组成的形体,称为组合体。任何机械零件,都可将其抽象简化为若干基本体经叠加、切割或穿孔等方式组合而成的。本节将着重介绍组合体的三视图画法、尺寸标注及看图方法,为典型机械零件图的学习打下基础。

一、组合体的基本知识

组合体的组合形式、表面连接关系及形体分析法是组合体的基本知识,是绘制和阅读组合体三视图的基础。

1. 组合体的组合形式

组合体的组合形式有叠加和切割两种方式。如图 2-69 所示,叠加方式是指组合体由若干基本体叠加而成,切割方式则是指组合体由基本体经过切割或穿孔后形成,这些基本体可以是一个完整的柱、锥、球、环,也可以是一个不完整的基本体,或者是它们的简单组合。一般较复杂的机械零件往往由叠加和切割综合而成。

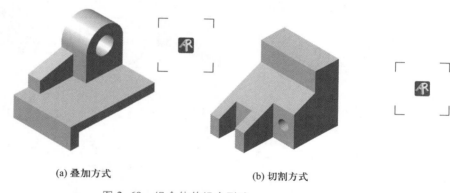

(a) 叠加方式　　　　　　　　　(b) 切割方式

图 2-69　组合体的组合形式

2. 表面连接关系

从组合体的整体来分析,各基本体形状、大小和位置是不完全相同的,因此各基本体在结合处的表面存在一定的连接关系。常见的表面连接关系可分为共面、不共面、相切和相交四种。

（1）共面和不共面　当相邻两形体的表面互相平齐连成一个平面,结合处没有界线,如图 2-70(a)所示。如果两形体的表面不共面,而是错开,则在投影图中要画出两表面间的分界线,如图 2-70(b)所示。

（2）相切和相交　相切是指两个基本体的相邻表面光滑过渡,相切处不存在轮廓线,在投影图中一般不画分界线,如图 2-71(a)所示。当两形体相交时会产生各种形式的交线,应在投影图中画出交线的投影,如图 2-71(b)所示。

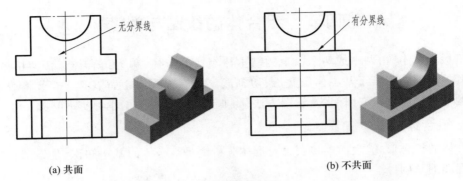

(a) 共面

(b) 不共面

图 2-70　组合体表面连接关系 (一)

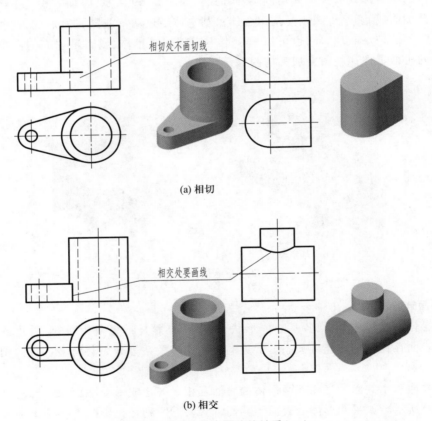

(a) 相切

(b) 相交

图 2-71　组合体表面连接关系 (二)

3. 形体分析法

将组合体按照组成方式分解为若干基本体,以便分析各基本体的形状、相对位置和表面连接关系的方法称为形体分析法,如图 2-72 所示。其实质是将组合体化整为零,即将一个复杂的问题分解为若干个简单问题。形体分析法是解决组合体问题的基本方法,在画图、读图和标注尺寸时常常会运用此方法。

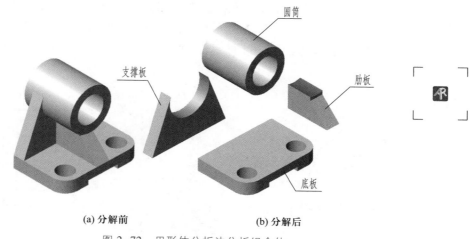

(a) 分解前　　　　　　　　　(b) 分解后

图 2-72　用形体分析法分析组合体

二、组合体的三视图画法

绘制组合体的三视图时,应采用形体分析法把组合体分解为几个基本几何体,然后按它们的组合关系和相对位置逐步画出三视图。

1. 叠加型组合体的三视图画法

以如图 2-72 所示的轴承座为例,说明绘制叠加式组合体三视图的方法和步骤。

（1）形体分析　如图 2-72 所示,该组合体由四部分组成,支撑板在底板的上面,后面平齐,前面不平齐;肋板在支撑板前面、底板上方;圆筒在支撑板和肋板上方。其中支撑板与圆筒相切,肋板与圆筒相交。

（2）视图选择　为方便看图,应选择最能反映该组合体形状特征和位置关系的视图作为主视图。比较如图 2-73 所示的 A、B、C 和 D 四个方向,A 向视图最能反映该组合体的形状特征,以及各基本组成部分的位置,且使其他视图虚线最少,因此,该组合体主视图选择 A 向。

（3）布置视图　根据组合体的大小,定比例、选图幅、确定各视图的位置。

（4）作图过程　其作图过程如图 2-74 所示。

绘制叠加型的组合体三视图时,应注意以下两点:

（1）按形体分析法对各基本体逐个画出,先画特征视图,再画另外两个一般视图,三个视图应按投影关系同时画出。

（2）完成各基本体的三视图后,应检查形体间表面连接处的投影是否正确。

2. 切割型组合体的三视图画法

切割型组合体的视图画法可在形体分析的基础上,结合面形分析法作图。利用面形分析法就是根据表面的投影特性来分析组合体表面的性质、形状和相对位置进行画图的方法。下面以如图 2-75(a)所示的组合体为例来说明绘制切割型组合体三视图的方法和步骤。该组合体可看成是由长方体切去一个三棱柱和一个底面为梯形的四棱柱而形成的。画图时,可先画出完整的长方体的三视图,然后逐个画出被切割部分的投影,作图过程如图 2-75(b)~(d)所示。

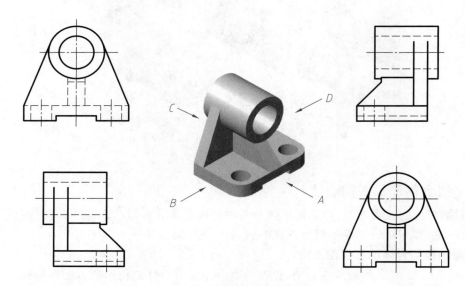

图 2-73　轴承座主视图的选择

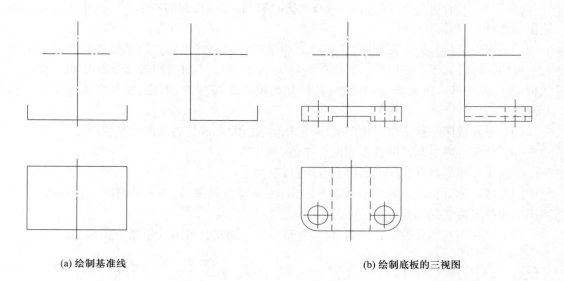

(a) 绘制基准线　　　　　　　　　　　　　　　　(b) 绘制底板的三视图

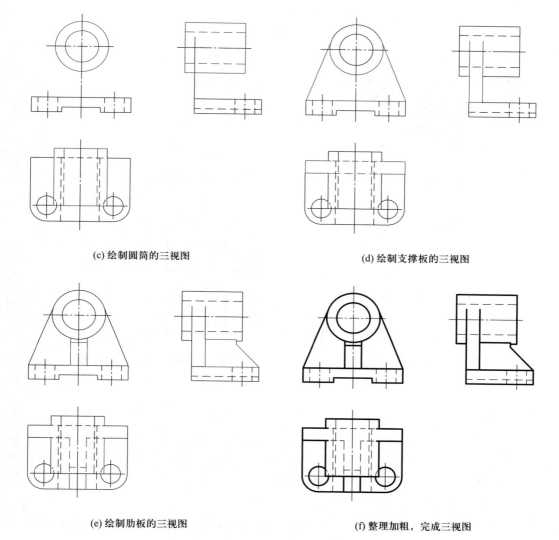

(c) 绘制圆筒的三视图　　　　　　　　　　　(d) 绘制支撑板的三视图

(e) 绘制肋板的三视图　　　　　　　　　　　(f) 整理加粗，完成三视图

图 2-74　轴承座的作图过程

画切割型组合体三视图时，应注意以下两点：

（1）画切口投影时，应先从反映形体特征轮廓且具有积聚性投影的视图着手，再按投影关系画出另两个视图上的投影。

（2）切口截面投影仍符合视图的"三等"关系。若产生斜面，注意斜面投影的类似性。

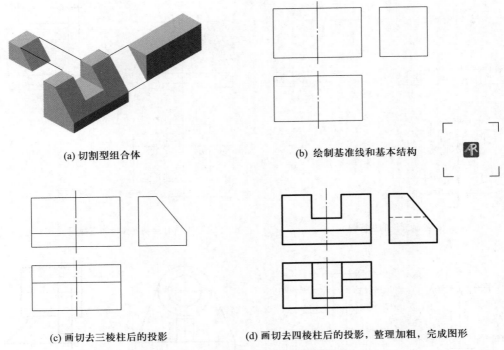

(a) 切割型组合体   (b) 绘制基准线和基本结构

(c) 画切去三棱柱后的投影   (d) 画切去四棱柱后的投影，整理加粗，完成图形

图 2-75　切割型组合体的作图过程

三、组合体的尺寸标注

机件的视图只表达出结构形状,其大小必须由视图上所标注的尺寸来确定。尺寸是制造、加工和检验零件的依据,因此标注尺寸时必须做到正确、完整、清晰。在单元一介绍尺寸注法的基础上,本单元将重点介绍基本体和组合体的尺寸注法。

(一) 基本体的尺寸标注

要掌握组合体的尺寸标注,必须了解和熟悉基本体的尺寸标注。任何几何体都需注出长、宽、高三个方向的尺寸,虽因形状不同,标注形式可能也有所不同,但基本体的尺寸数量不能增减,一般均需要两个或两个以上的视图才能完成。常见基本体的标注方法见表 2-3。

在标注基本体的尺寸时,除了应遵守尺寸标注的基本规则外,还应注意以下事项:

(1) 尺寸应尽量标注在反映物体形状特征的视图上。

(2) 半径尺寸一定要标注在视图中的圆弧上,尺寸数字前面加"R"。

(3) 直径尺寸一般标注在非圆视图上,尺寸数字前面加"φ"。

如图 2-76 所示,列举了几种不同形状板件的尺寸标注方法,这些结构常常会作为零件的底板,起支承面或安装面的作用。

表 2-3　常见基本体的标注方法

类型	标注示例		
平面体的尺寸标注	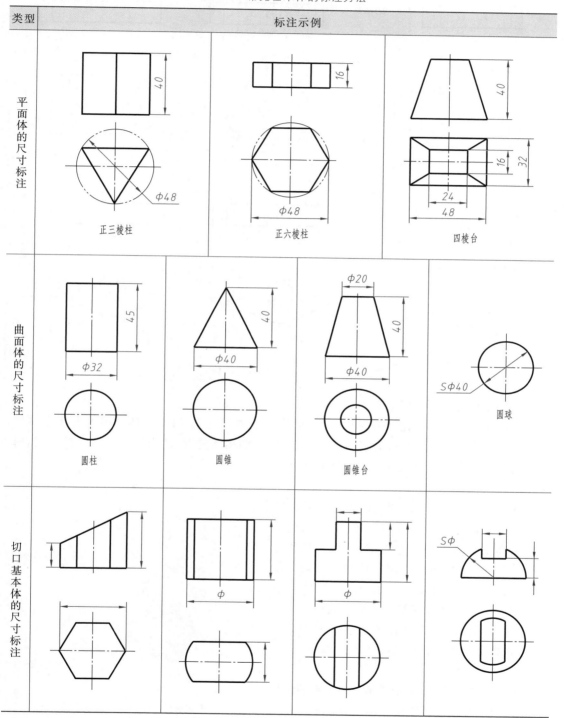 正三棱柱　$\phi48$　40	正六棱柱　$\phi48$　16	四棱台　40　32　16　24　48
曲面体的尺寸标注	圆柱　45　$\phi32$	圆锥　40　$\phi40$	圆锥台　$\phi20$　40　$\phi40$　　圆球　$S\phi40$
切口基本体的尺寸标注		ϕ	ϕ　　$S\phi$

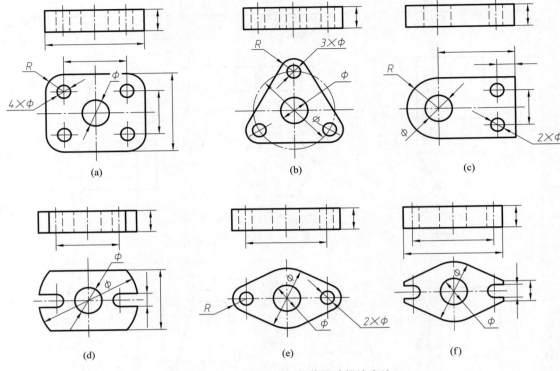

图 2-76　不同形状板件的尺寸标注方法

（二）组合体的尺寸标注

为保证组合体尺寸标注的完整性,一般采用形体分析法,将组合体分解为若干基本体,先注出各基本体的定形尺寸,然后再确定它们之间的相互位置,注出定位尺寸。标注组合体视图尺寸的基本要求是尺寸的完整性和清晰性。

1. 尺寸基准

标注组合体定位尺寸时,应确定尺寸基准,即确定标注尺寸的起点。在三维空间中,应有长、宽、高三个方向的尺寸基准,一般采用组合体(或基本体)的对称面、回转体轴线和较大的底面、端面作为尺寸基准。如图 2-77 所示,轴承座选取了左右对称面作为长度方向的尺寸基准,选取支承板的后端面作为宽度方向的尺寸基准,选取底面作为高度方向的尺寸基准。

2. 尺寸种类

下面以如图 2-78 所示的轴承座三视图的尺寸标注为例,介绍组合体尺寸标注的基本方法。

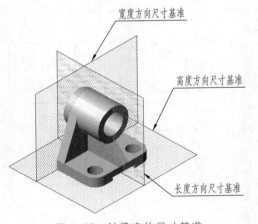

图 2-77　轴承座的尺寸基准

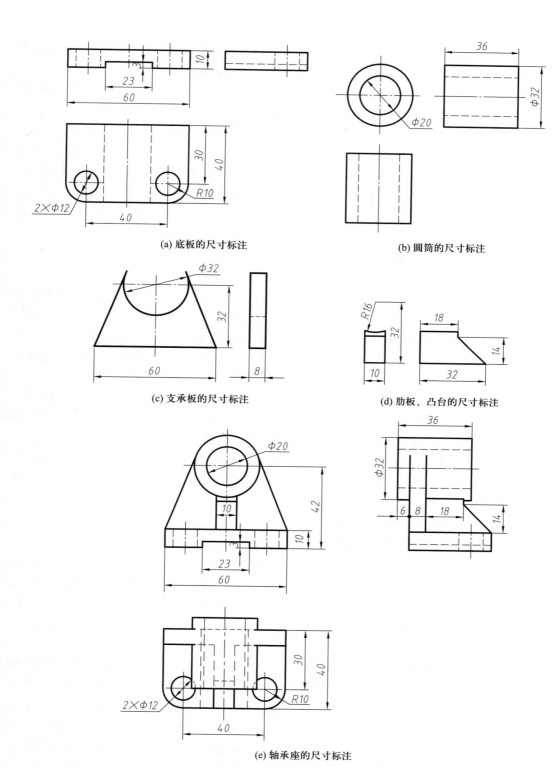

(a) 底板的尺寸标注

(b) 圆筒的尺寸标注

(c) 支承板的尺寸标注

(d) 肋板、凸台的尺寸标注

(e) 轴承座的尺寸标注

图 2-78　轴承座三视图的尺寸标注

（1）定形尺寸　用于确定各基本体大小的尺寸称为组合体的定形尺寸。如轴承座底板外形尺寸长、宽、高及圆角尺寸 60、40、10 和 R10。

（2）定位尺寸　用于确定各基本体之间相对位置的尺寸称为组合体的定位尺寸,如轴承座底板上两个孔的位置尺寸 40 和 30。

（3）总体尺寸　确定组合体外形总长、总宽、总高的尺寸称为组合体的总体尺寸,通常要直接注出。但当组合体在某一方向上存在一端或两端为回转体结构时,则无须直接注出该方向的总体尺寸。如轴承座的总长尺寸 60 和总宽尺寸 40 需直接注出。总高尺寸则不能直接注出,它由圆筒轴线高度（中心高）尺寸 42 加上圆筒外径尺寸 $\phi 32$ 的一半决定,因为圆筒的外径为定形尺寸,必须直接注出方能确定形状,而标注中心高尺寸具有方便加工、绘图等优点。

3. 组合体尺寸标注步骤

（1）形体分析　轴承座的形体分析如图 2-72（b）所示。

（2）选择基准　标注尺寸时,应先选定尺寸基准。本例中选定轴承座的左、右对称平面及后端面、底面分别作为长、宽、高三个方向的尺寸基准。

（3）标注各基本体的定形尺寸　如图 2-78 所示的 60、40、10、R10 是长方形底板的定形尺寸;底板下部中央挖切出的长方板的定形尺寸为 23 和 3;其他各形体的定形尺寸请读者自行分析。

（4）标注定位尺寸　底板、肋板、支承板、圆筒在选定的长度基准上,不需标注长度方向的定位尺寸;底板上被挖切的两个圆孔,其长、宽方向定位尺寸分别是 40 和 30,孔的深度与底板同高,故高度方向不必标注定位尺寸;圆筒在高度方向应注出定位尺寸 42。

（5）标注（协调）总体尺寸　轴承座总长、总宽已由底板的长和宽确定,总高由圆筒轴线高度尺寸 42 加上圆筒外径尺寸的一半确定,三个方向的总体尺寸已全,故本图中不必再另行标注。

轴承座的尺寸标注过程如图 2-78 所示。

在对组合体进行尺寸标注时,应注意以下几点:

（1）尺寸标注要齐全,既不要重复,也不要遗漏。要做到这一点应先按形体分析的方法注出各形体的大小尺寸,再确定其相对位置尺寸,最后根据组合体的结构特点注出总体尺寸。由于组合体的定形尺寸和定位尺寸已标注完整,如再加注总体尺寸会出现多余尺寸。为保持尺寸数量的恒定,在加注一个总体尺寸的同时,就应减少一个同方向的定形尺寸,以避免尺寸注成封闭尺寸链。

（2）尺寸标注要清晰。一是标注时应突出结构特征,定形尺寸尽量标注在反映该部分形状特征的视图上。圆的直径最好标注在非圆视图上,半径尺寸应标注在圆弧上,如图 2-78 中的尺寸 $\phi 32$ 和 R10;二是一般情况下,尺寸不标注在虚线上,如 $2 \times \phi 12$;三是所标注的尺寸要相对集中,形体某个部分的定形尺寸和定位尺寸,应尽量集中标注在一个视图上,便于看图时查找,如孔 $\phi 12$ 的两定位尺寸 30 和 40;四是尺寸应尽量放在图形之外,尺寸线不能与其他图线相交,尺寸数字不允许图线穿过,当遇到无法避免时,为保证清晰,可将图线断开。

四、组合体视图的读图方法

画图过程主要是根据物体进行形体分析,按照基本体的投影特点,逐个画出各形体,完成物体的三视图。而读图是根据物体的视图,想象出被表达物体的原形,是画图的一个逆向过程。

(一)读图基本要领

1. 熟练掌握基本体的形体表达特征

组成组合体的基本体有:棱柱、圆柱、棱锥、圆锥、棱台和圆台等,它们的投影特征要熟练掌握,如图2-79所示。

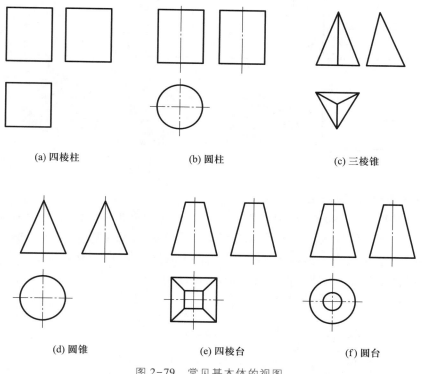

(a) 四棱柱　　　　　(b) 圆柱　　　　　(c) 三棱锥

(d) 圆锥　　　　　(e) 四棱台　　　　　(f) 圆台

图2-79　常见基本体的视图

2. 几个视图联系起来识读

在机械图样中,机件的形状一般是通过几个视图来表达的,每个视图只能反映机件的部分形状。一般情况下,一个视图不能完全确定机件的形状,如图2-80所示,三个机件的主视图均相同,因此无法从主视图完全确定机件的形状;有时两个视图也不能确定机件的形状,如图2-81所示,三个机件的主、俯视图都相同,仍无法从这两个视图完全确定机件的形状。

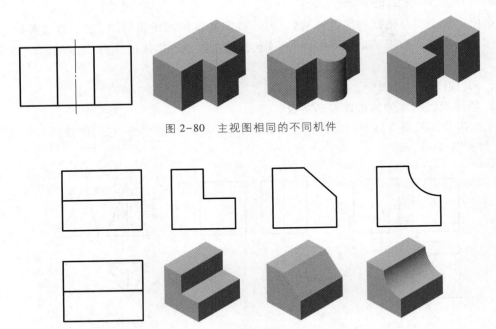

图 2-80　主视图相同的不同机件

图 2-81　主、俯视图相同的不同机件

3. 明确视图中线框和图线的含义

（1）视图中的每个封闭线框,通常都是一个表面(平面或曲面)或通孔的投影。如图 2-82 所示,1′、3′、5、6 四个线框表示四个平面,2′线框表示曲面,4′线框则表示一个圆孔。

（2）相邻两线框则表示物体上不同位置的两个表面。如图 2-82 所示,线框 1′和 2′及线框 2′和 3′为相邻线框,表示物体的 I 和 II 及 II 和 III 均为两个不同位置的表面。

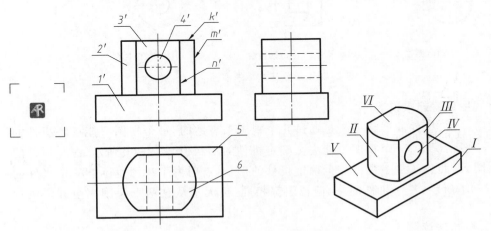

图 2-82　线框的含义

（3）大线框中有小线框，则表示物体上不同位置的两个表面或其中一个线框表示为孔。如图 2-82 所示，线框 5 和 6 表示的是物体的 V、VI 两个不同位置的表面，而线框 3′和 4′则表示在物体的表面 III 上有一个孔 IV 结构。

（4）视图中的每条图线可能是表面有积聚性的投影，如图 2-82 中的 k′线；或者是两平面交线的投影，如图 2-82 中的 n′线；也可能是曲面转向轮廓线的投影，如图 2-82 中的 m′线。

4. 抓住形体结构的特征视图

形体结构的特征视图，就是反映物体形状以及相对位置最为充分的视图。形体结构的特征视图又分为形状特征视图和位置特征视图两种。

能够清楚表达形体结构、形状特征的视图称为形状特征视图。一般主视图能较多地反映组合体的整体部分的形体特征，所以读图时常从主视图入手，但组合体各部分的形体特征不一定都集中在主视图上。如图 2-83 所示的机件由四部分叠加而成，主视图反映中部弧形槽板 II 及左右肋块 III、IV 的形状，但底板 I 的形状则由俯视图来反映。

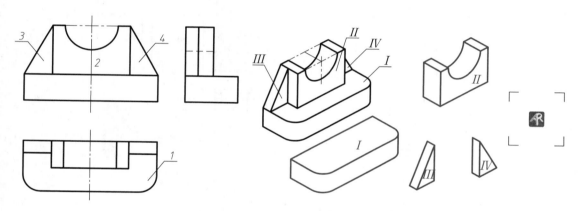

图 2-83　分析反映形状特征的视图

能够清楚表达构成组合体的各结构之间的相互位置关系的视图称为位置特征视图。通常形体结构的位置需要两个视图方能确定。如图 2-84 所示的物体，主视图中的线框 1 和 2，它们的形状特征很明显，上下及左右位置也非常清楚，但前后相对位置不清楚。对照俯视图可以看出线框 1 和 2 表示的结构一个是孔，另一个是凸起结构，但无法确定哪一个结构是孔，哪一个结构是凸起，即前后位置仍无法确定，只有对照左视图才能确定线框 1 表示的是孔，线框 2 表示的是方形凸起。

（二）读图的基本方法

1. 形体分析法

运用形体分析法读图，就是根据组合体视图的特点，分析构成组合体的各基本体，即从反映各基本体的特征视图入手将视图分块，然后对照其他视图想象出各块所表达的基本体的形状。再分析各基本体间的相对位置、组合形式和表面连接关系,综合想象出组合体的整体形状。下面以如图 2-85(a)所示的组合体为例说明这种看图方法和步骤。

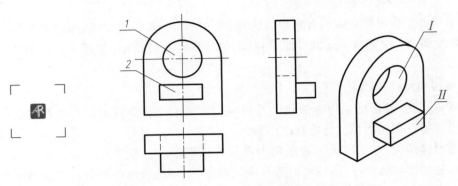

图 2-84　分析反映位置特征的视图

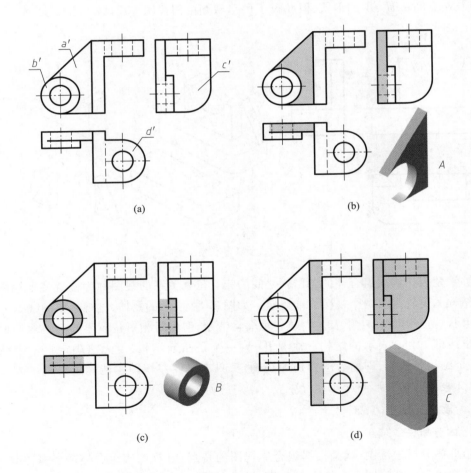

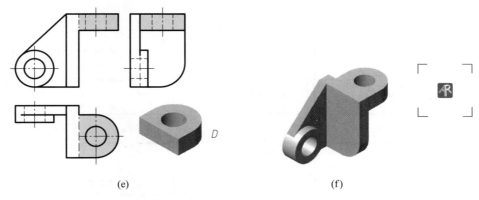

(e)　　　　　　　　　　　(f)

图 2-85　运用形体分析法读图

如图 2-85(a)所示,根据三视图可确定该组合体由 *A*、*B*、*C*、*D* 四部分组成,主视图较好地反映出 *A*、*B* 的形状特征,左视图较好地反映出 *C* 的形状特征,俯视图较好地反映出 *D* 的形状特征。再根据长对正、高平齐和宽相等找出四个部分的其他投影即可确定各部分的形状,如图2-85(b)~(e)所示,再根据位置特征视图确定各部分的位置连接关系,最后综合起来,确定组合体形状,如图2-85(f)所示。

2. 线面分析法

在一般情况下,用形体分析法看图比较方便。但对于一些复杂的形体,尤其是经切割后的组合体,则需要应用线面分析法来读图,即把组合体看成是由若干面(平面和曲面)围成的,利用正投影的特性,通过分析视图上图线和线框所表达面的空间形状及位置,想象出立体的形状的方法。下面以如图 2-86(a)所示的组合体为例说明这种看图方法和步骤。

首先确定物体的原形,只要添加少数几条线就可把主视图及左视图投影外框补成长方形,如图 2-86(a)所示,因此可以确定该立体的原形为长方体。第二步利用正投影的特性,分析视图上的图线和线框所表达的切割面的空间形状及位置,由图 2-86(b)分析可知形体被一正垂面 *A* 所切割,该面的形状为 L 形;由图 2-86(c)分析可知形体左侧被一水平面 *B* 所切割,该面的形状为矩形;由图 2-86(d)分析可知形体右侧被一水平面 *C* 所切割,该面的形状为矩形;由图 2-86(e)分析可知形体右侧被一正平面 *D* 所切割,该面的形状为梯形;综合想象获得该形体的整体形状,如图 2-86(f)所示。

3. 补画视图以及视图中的漏线

在绘图过程中,难免会漏画某些图线。如果已知某形体的不完整的三视图,要求补全遗漏的图线。在补线的过程中,可应用投影规律分析该形体的结构形状,因为视图中每个线框、每条图线都有其特定的含义,它们所表示的几何元素也都有对应的投影,在分析过程中仔细核对投影就会发现视图中的漏线,如图 2-87、图 2-88 所示。

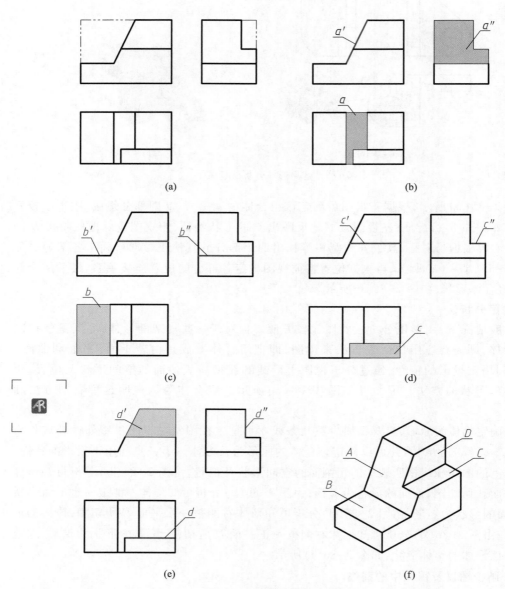

图 2-86　运用线面分析法读图

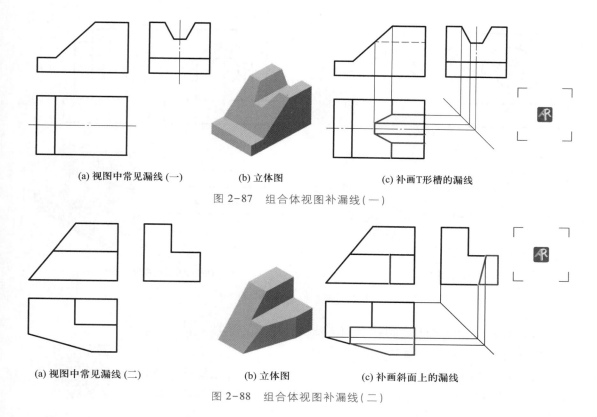

(a) 视图中常见漏线 (一)   (b) 立体图   (c) 补画T形槽的漏线

图 2-87 组合体视图补漏线 (一)

(a) 视图中常见漏线 (二)   (b) 立体图   (c) 补画斜面上的漏线

图 2-88 组合体视图补漏线 (二)

    在学习中,为了验证读图能力,往往有许多根据两视图补画第三视图的练习,这也是培养和训练空间想象能力的一种方法。如图 2-89 所示,从已知的主视图和俯视图可确定,该组合体为四棱柱块被三部分切割,1 是四棱柱底板,2 是带孔的拱形板,3 是带方槽的四棱柱,方槽穿透底板,圆孔与方槽相通。补画左视图时,根据三个组成部分顺序补出。

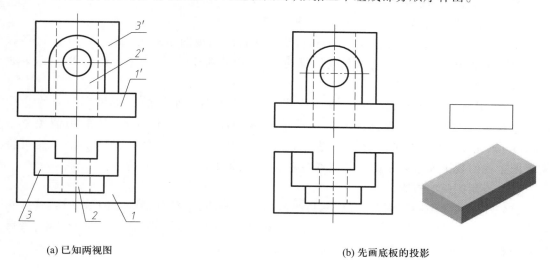

(a) 已知两视图   (b) 先画底板的投影

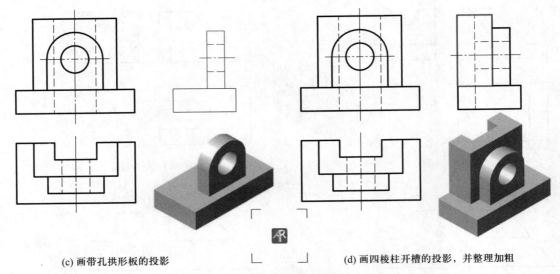

(c) 画带孔拱形板的投影

(d) 画四棱柱开槽的投影，并整理加粗

图 2-89 补画组合体视图的步骤

五、利用 AutoCAD 绘制组合体的三视图与正等轴测图

1. 组合体三视图的绘制

绘制组合体的三视图时，通常先打开一个绘图环境已设置好的样板图，使用绘图命令直接画出图形，并加以必要的修改与编辑，整理完成三视图的绘制。

利用 AutoCAD
绘制组合体
的三视图

下面以如图 2-90 所示组合体三视图的绘制进行说明。具体操作步骤如下：

（1）调用 A4 样板图，并用保存命令存盘为 T2-90.dwg。

（2）绘制底板的投影。

① 绘制作图基准线和 45°辅助线，如图 2-91（a）所示。

② 根据尺寸，利用矩形命令（Rectang）绘制底板的三视图轮廓线，如图 2-91（b）所示。再利用圆角命令（Fillet）绘制底板俯视图圆角，并采用修剪模式，圆角半径设为 R16，结果如图 2-91（c）所示。

③ 绘制底板上两处圆孔的三视图投影。主、俯视图上小孔的投影可利用直线命令（Line）和圆命令（Circle）先画出左侧小孔的投影，如图 2-92（a）所示；然后用镜像命令（Mirror）来完成右半部分的投影，左视图上的小孔投影可通过直线命令（Line）绘出，也可将主视图上孔的投影通过复制命令复制到左视图上，结果如图 2-92（b）所示。

（3）绘制圆筒的投影。

首先在主视图中利用圆命令（Circle）绘制两个同心圆，半径分别为 R10 和 R18；然后利用直线命令（Line）和偏移命令（Offset）分别在俯、左视图上绘制出圆筒的另两个投影；最后用修剪命令（Trim）修剪，完成的图形如图 2-92（c）所示。

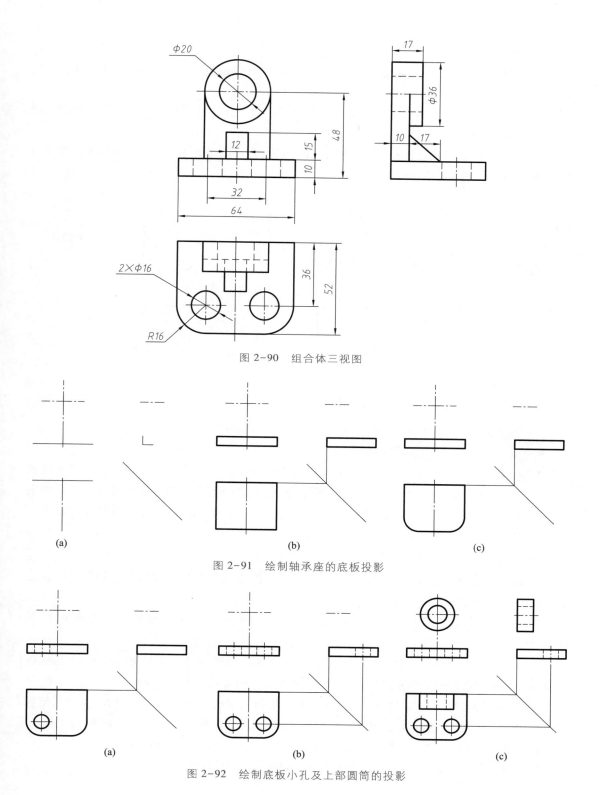

图 2-90　组合体三视图

图 2-91　绘制轴承座的底板投影

(a)　　　　　　　　　　(b)　　　　　　　　　　(c)

图 2-92　绘制底板小孔及上部圆筒的投影

(a)　　　　　　　　　　(b)　　　　　　　　　　(c)

（4）绘制支撑板及肋板。

① 利用直线命令（Line）在主视图上画出相切的支撑板投影，再绘出支撑板在俯、左两个视图的投影，如图 2-93（a）所示。

② 利用直线命令（Line）在左视图上画出肋板投影，再绘出肋板在主、俯两个视图的投影，如图 2-93（b）所示。

③ 用修剪命令（Trim）整理图形，并用打断命令（Break）将可见轮廓线与不可见轮廓线断开，改变相应线型，如图 2-93（c）所示。

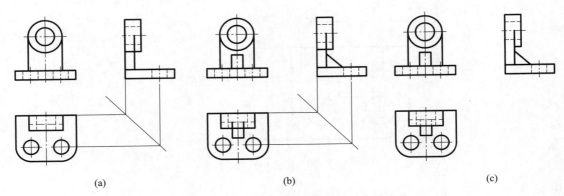

（a）   （b）   （c）

图 2-93   绘制支撑板及肋板的投影并完成全图

利用 AutoCAD
绘制组合体的
正等轴测图

至此，存盘完成轴承座三视图的绘制。

2. 正等轴测图的绘制

AutoCAD 为用户提供了方便绘制正等轴测图的环境，用户只要设置好绘制环境，然后通过形体分析法逐块绘制形体的轴测图即可。以如图 2-90 所示组合体的轴测图为例来说明用 AutoCAD 绘制组合体的轴测图的过程。具体操作过程如下：

（1）绘图环境设置：

① 选择图层 0 为当前层。在【草图设置】对话框中的【捕捉与栅格】选项中，"捕捉类型"选择"等轴测捕捉（M）"，如图 2-94 所示。

② 将光标形式改为等轴测模式，使用 F5 功能键，则可转化正等轴测图的其他模式，如图 2-95 所示。

（2）绘制底板   根据底板尺寸 64、52、10，在等轴测水平面模式及正交模式下，画出底板上表面。用 F5 功能键转换另两个模式，画出底板轴测图外形，如图 2-96（a）所示。

① 绘制底板圆角 $R16$。先根据尺寸 32 用直线命令定出两圆角的圆心位置，然后利用椭圆命令（Ellipse）中"i"选项完成图形，如图 2-96（b）所示，修剪出圆角，如图 2-96（c）所示，最后利用修剪、复制等命令，完成该底板上所有圆角的绘制，如图 2-96（d）所示。

注意：底板右侧圆角轮廓线，用直线命令和捕捉切点功能绘制。

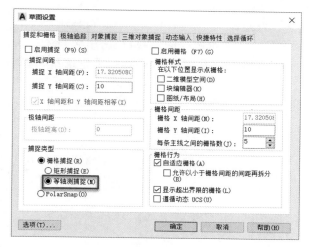

图 2-94 【捕捉与栅格】选项卡

(a) 正面状态   (b) 侧面状态   (c) 水平面状态

图 2-95 等轴测模式光标

② 画出两个圆孔 $\phi16$。再次利用椭圆命令选项"i"完成两个 $\phi16$ 椭圆的绘制,这样就完成底板轴测图的绘制,如图 2-96(e)所示。

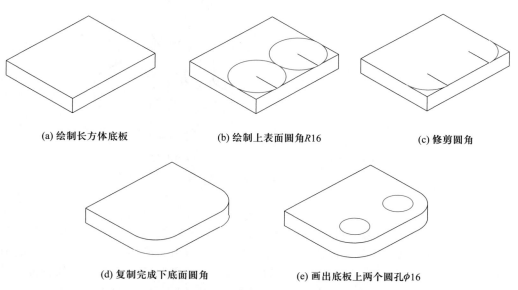

(a) 绘制长方体底板   (b) 绘制上表面圆角R16   (c) 修剪圆角

(d) 复制完成下底面圆角   (e) 画出底板上两个圆孔$\phi16$

图 2-96 绘制底板正等轴测图

（3）绘制长方体立板　根据尺寸48、10、ϕ36,可利用直线命令和功能键 F5 的转换等轴测模式绘制出,如图 2-97（a）。

（4）绘制拱形柱及圆筒　先确定圆筒的圆心位置,用椭圆命令在正面模式下绘制出三个位置的椭圆,如图 2-97（b）所示,然后绘制圆筒投影轮廓线,修剪图线,完成的图形如图 2-97（c）所示。

(a) 绘制长方体立板　　(b) 绘制拱形柱及圆筒　　(c) 修剪完成拱形柱

图 2-97　绘制长方体立板与拱形柱部分的正等轴测图

（5）绘制肋板　根据尺寸 17、12、15,利用直线命令和 F5 功能键的功能转换绘制出三角形肋板,如图 2-98（a）所示。

（6）整理图形　对所绘制的图形修剪整理,调整图层,最终完成该组合体正等测轴测图的绘制,如图 2-98（b）所示。

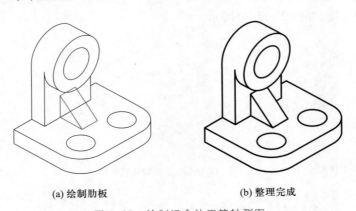

(a) 绘制肋板　　　　　　　　(b) 整理完成

图 2-98　绘制组合体正等轴测图

3. 技能指导

（1）形体三视图的画法　利用 AutoCAD 软件绘制形体的三视图时,首先要读懂形体的结构,按形体分析法将形体分解成块,找出每一块形体的特征反映在哪个视图上。画图时,根据尺寸标注分析三视图上长、宽、高方向的尺寸基准,布好图后从每个形体的特征视图开始绘图。如果是对称结构,多用镜像、复制等绘图命令绘制,这样作图速度比较快。对于三视图之间的三等关系,可利用构造线命令(Xline),结合图层操作以及利用极轴追踪(F10)、对象追踪(F3)、对象捕捉追踪(F11)等状态栏进行绘图。

注意:正交模式只能用于画水平线和垂直线,而极轴追踪可以实现按事先指定的多种角度绘制直线对象,包括画水平线和垂直线。可以看出,采用"极轴追踪"选项完全能够实现"正交"选项的所有功能,建议绘图时采用"极轴追踪",以减少反复地切换操作,提高绘图的速度。

(2)多段线命令(Pline) 多段线主要由连续的不同宽度的线段组成,如图 2-99 所示的图形就是利用多段线命令绘制的,上述图 2-90 带圆角的底板部分的俯视图也可用该命令绘制。

(a)线段   (b)圆弧   (c)不同线宽

图 2-99 利用多段线命令绘制线段、圆弧、不同线宽的线段

使用多段线命令时应注意:

① 如果要绘制"圆弧",则应通过命令行提示设置"圆弧(A)"选项,此时,绘制圆弧的方法与"圆弧"命令相似。

② 如果要绘制有宽度的图线,则应通过命令行提示设置"宽度(W)"选项及参数以绘制不同宽度的线段。

③ 用同一多段线命令画出的连续图形是一个目标对象。

(3)夹点编辑功能 在 AutoCAD 中,用户可使用夹点编辑完成前面某些编辑命令的功能。夹点并非只用于显示图形是否被选中,其更强大的功能在于可以基于夹点对图形进行拉伸、移动、旋转、复制、放大及镜像处理等操作。

夹点就是一些实心的小方框,当图形被选中时,图形关键点(如中点、端点、圆心等)上将出现夹点。如图 2-100 所示展示了一些常见图形的夹点。如果要通过夹点来编辑图形,那么首先就要选择夹点,被选中的夹点称为热夹点。

当选定一个或多个夹点的时候,系统默认可以对其进行拉伸、移动、旋转、缩放、镜像等操作,如图 2-101 所示。

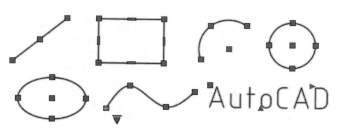

图 2-100 常见图形的夹点

（4）【特性】选项卡（Properties）　如图 2-102 所示，【特性】选项卡可以直接用来编辑对象的几何大小，也可以修改对象特性，可编辑的内容包括：更改对象的图层、颜色、线型、线型比例和线宽；编辑文字和文字特性；编辑打印样式；编辑块；编辑超链接等。

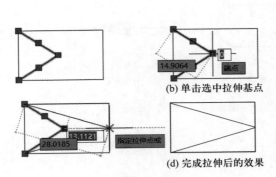

(b) 单击选中拉伸基点

(d) 完成拉伸后的效果

图 2-101　通过夹点拉伸图形

图 2-102　【特性】选项卡

将如图 2-103（a）所示的图形修改为如图 2-103（b）所示的图形，可选中圆的轮廓，然后单击【标准】工具栏 ▤ 图标（或按快捷键 Ctrl+1），按如图 2-104 所示进行相关操作。

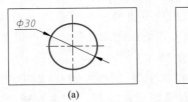

(a)　　　　　　　(b)

图 2-103　用【特性】选项卡修改尺寸和图层

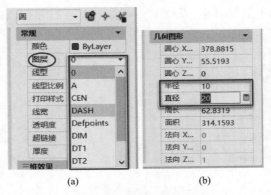

(a)　　　　　　　(b)

图 2-104　【特性】选项卡的操作

本单元学习了正投影的基本知识;基本体及其切割相贯体的三视图画法;轴测图的画法;组合体三视图的画法,尺寸标注,识读组合体视图的方法,以及利用 AutoCAD 软件绘制组合体三视图和轴测图的方法。

对于柱、锥、圆球等各种基本体,应认真分析其形成、形状特点、三视图画法、尺寸标注,以及通过对各种基本体经叠加、切割和变形的分析,掌握基本体常见截交线和相贯线的画法。

运用形体分析法掌握绘制组合体三视图的画法以及尺寸标注。同样,形体分析法、线面分析法也是读组合体三视图的基本方法,通过画图及读图环节的循环,可以提高学习者的空间想象能力和看懂各种形体视图的能力。同时,在识读和绘制物体的三视图过程中,机械工程上常采取勾画轴测图的方式来表达一些较难想象的结构形状。在利用 AutoCAD 软件绘制三视图的过程中,要在读懂形体结构的基础上,综合运用各种绘图及修改命令绘制三视图及轴测图,继续提高 AutoCAD 二维绘图速度,积累更多的 AutoCAD 操作技巧。

本单元的重点是三视图的绘制与识读,在学习过程中应充分理解三视图画法中的"三等"关系及方位关系,这是技术制图的理论基础所在,也是今后学习和工作所必须具备的重要绘图基础知识。

▨ 单元启迪

1. "视图"中的辩证唯物主义

世界是一个有机的整体,世界上一切事物都处于相互影响、相互作用、相互制约之中,反对以片面或孤立的观点看问题。本单元课程的学习中始终贯穿辩证唯物主义普遍联系的观点、发展的观点、矛盾的观点以及质量互变规律等。"主视图、俯视图、左视图"三个视图遵循"长对正、宽相等、高平齐"的原则,三个视图各有表达的重点但又不可分割,是一个有机联系的整体,共同表达物体的形状。三视图的投影规律贯彻整个课程,且该课程所有章节都是互相联系的,本单元是后面所有章节的基础。我们要打好基础,从宏观和微观两个方面全面掌握内容,实现认识的螺旋式上升,完成量变到质变的飞跃。

在思考问题时,需要将复杂困难的问题转换为简单容易的问题,将生疏问题转换为自己熟悉的问题,学会变通。要学会透过现象看本质,当面对一个很复杂的问题时,先要看它的本质和核心,找到了本质和核心才可以有的放矢,从中找到新的更好的办法。绘制组合体视图时,通过形体分析法将复杂的组合体分解为若干个简单的基本体进行研究。把复杂的问题进行简单化的思维,把简单的问题进行精细化的行动。把简单的事情做好就是不简单,把平凡的事情做精就是不平凡,脚踏实地,做好每件事。看组合体的视图时,需要将几个视图联系起来才能想象立体的空间形状,这和辩证唯物主义普遍联系的观点和发展的观点相一致。分析问题时不要主观、片面、孤立、静止地看问题,要从事物的联系、变化、全面、发展地看问题,树立正确的人生观、价值观和世界观。要学会运用辩证唯物主义矛盾的观点,解决问题要抓主要矛盾。寻找组合体的特征视图就是识读组合体的一个主要矛盾,找到整体特征和局部特征视图,通过想象拉伸还原物体,想象组合体的形状,从而解决组合体的一系列问题。

2. 培养良好的职业道德修养

"勿以恶小而为之,勿以善小而不为"。职业道德行为的最大特点是自觉性和习惯性,而培养人的良好习惯的载体是日常生活。因此我们要从小事做起,从细微处入手,有意识地培养自己的良好习惯,久而久之习惯就会成为一种自然,即自觉的行为。在进行图样的尺寸标注时,尺寸标注多了会产生矛盾,尺寸标注少了无法生产,尺寸标注错误会出废品。此外,我们应诚实守信,实事求是不作假,逐步培养良好的职业道德修养、认真负责、踏实敬业的工作态度以及严谨细致的工作作风。

单元拓展

唯物辩证法的基本观点

单元三

典型零件的测绘与造型

学习导航

　　三视图是工程图样的基本表达形式,但如果要表达复杂的零件,则需要利用各种图样画法从多方位、多角度观察,以可见的方式清楚地表达零件的外部结构和内部结构。国家标准对各种图样表达方法有很严格的规定,一个零件的合理表达方案应满足:图样表达完整清晰,便于读图及标注。

　　常见的机械零件一般可分为轴套类、盘盖类、叉架类和箱体类,共四大类零件,零件分类有利于对不同的零件制定合理的表达方案,确定好尺寸基准,清晰合理地标注尺寸,最终制定出符合生产实际的技术要求。零件图作为指导生产加工的技术文件,能反映出零件的结构形状、尺寸大小和有关技术要求。零件测绘可以反映学习者绘制零件图的能力,而零件造型则可以反映学习者的读图能力。本单元将通过具体零件案例的解析,详细阐述四大类典型零件图的绘制、识读及CAD三维造型。

　　零件是组成机械部件和机器的不可拆分的单个制件,其制造过程一般不需要装配工序,如轴套、曲轴、端盖、齿轮、凸轮、连杆体等。零件是机械制造过程中的基本单元。

　　零件的种类繁多,根据其几何特征及作用一般可以分成四类:轴套类零件、盘盖类零件、叉架类零件和箱体类零件,如图 3-1 所示。由于同一类零件在其视图表达、尺寸注写、技术要求甚至是加工工艺流程的制定上有着许多的共性,因此对零件进行归类,一方面有利于设计工程师图示设计意图,另一方面又有利于工艺设计师制定工艺文件。

(a) 轴套类零件　　　　(b) 盘盖类零件　　　　(c) 叉架类零件　　　　(d) 箱体类零件

图 3-1　常见零件的分类

零件图的基本要求应遵循 GB/T 17451—1998《技术制图 图样画法 视图》的规定。该标准明确指出:绘制技术图样时,应首先考虑看图方便。根据物体的结构特点选用适当的表达方法,在完整、清晰地表达物体形状的前提下,力求制图简便。

第一节 机件常见的表达方法

在工程实际中,由于使用场合和要求的不同,机件的结构形状也是各不相同的。当机件的形状结构较复杂时,可采用国家标准《技术制图》中规定的各种画法。本节将重点讲解视图、剖视图、断面图、局部放大图和简化画法等常见表达方法,这些表达方法亦称图样画法。

一、视图(GB/T 17451—1998,GB/T 4458.1—2002)

视图主要用来表达机件的外部结构形状,通常有基本视图、向视图、局部视图和斜视图等。在视图中一般只画机件的可见部分,必要时才画出虚线表示其不可见的部分。

1. 基本视图

(1)六个基本视图的产生 机件向基本投影面投射所得的视图称为基本视图。在原有三个投影面的基础上,再增加三个投影面构成一个正六面体,用该正六面体的六个面作为基本投影面,如图 3-2 所示,把机件放置其中,用正投影的方法向六个基本投影面分别进行投射,就得到该机件的六个基本视图。六个基本视图的名称及投射方向关系见表 3-1。

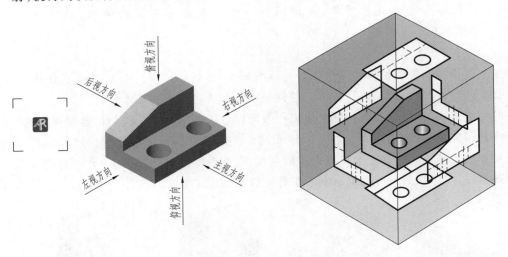

图 3-2 六个基本投影面

表 3-1 六个基本视图的名称与投射方向关系

方向名称	主视方向	俯视方向	左视方向	右视方向	仰视方向	后视方向
投射方向	由前向后	由上向下	由左向右	由右向左	由下向上	由后向前
视图名称	主视图	俯视图	左视图	右视图	仰视图	后视图

投射后,规定正投影面不动,其余投影面按如图 3-3 所示的方法展开到与正投影面成同一平面。

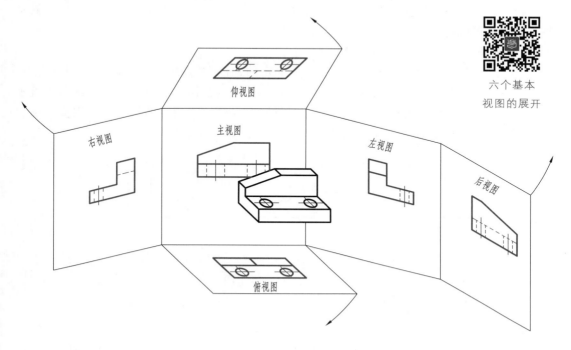

图 3-3　基本视图及其展开

（2）基本视图的配置及投影规律　基本视图的配置位置如图 3-4 所示。在同一张图样上,按投影关系配置的视图一律不标注视图的名称,六个基本视图之间仍然符合长对正、高平齐、宽相等的投影规律,即主视图、后视图、俯视图和仰视图长对正,主视图、左视图、右视图

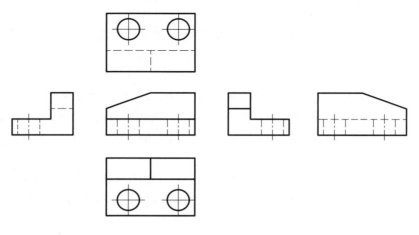

图 3-4　基本视图的配置位置

和后视图高平齐,左视图、右视图与俯视图、仰视图宽相等。另外,主视图与后视图、左视图与右视图、俯视图与仰视图还具有轮廓对称的特点。

实际绘图时,不是任何机件都需要画出六个基本视图,而是根据机件的结构特点和复杂程度,选用必要的基本视图。

2. 向视图

在实际绘图中,由于基本视图配置位置是固定的,有时会造成图幅空间的利用不合理。为了解决这一问题,国家标准规定了一种可以自由配置的视图——向视图。向视图的表示方法如下:在向视图的上方标注"×"("×"为大写拉丁字母),在相应的视图附近用箭头指明投影方向,并注上相同的字母(注意字母要水平书写),如图3-5所示。

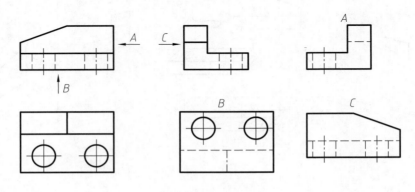

图 3-5 向视图

由于向视图的位置可随意配置,为使看图者不致产生误解,所以必须予以明确的标注。表示投射方向的箭头尽可能配置在主视图上,使所获得的视图形状与基本视图一致,如图3-5中的 *A*、*B* 向箭头;而要获得与基本视图中的后视图形状一致的向视图,其投射方向的箭头应配置在左视图或右视图上,如图3-5中的 *C* 向箭头。

3. 局部视图

将机件的某一部分向基本投影面投影,所得的视图叫作局部视图。局部视图是一个不完整的基本视图,利用局部视图可以减少基本视图的数量,补充基本视图尚未表达清楚的部分。

(1)局部视图的画法 如图3-6(a)所示的机件,可采用主视图表达主体结构,但此时左右两侧的凸台及顶、底板部分尚未表达清楚。为此,采用了 *A* 向、*B* 向、*C* 向及 *D* 向的四个局部视图加以补充表达,这样就可省去左视图、右视图、俯视图和仰视图,既简化了作图,又使表达简单、清楚明了。

局部视图的断裂边界用波浪线画出,如图3-6(b)中的局部视图 *A*;但当所表达的局部结构是完整的,且外轮廓又成封闭状态时,波浪线可以省略,如图3-6(b)中的局部视图 *B*、*C* 等。

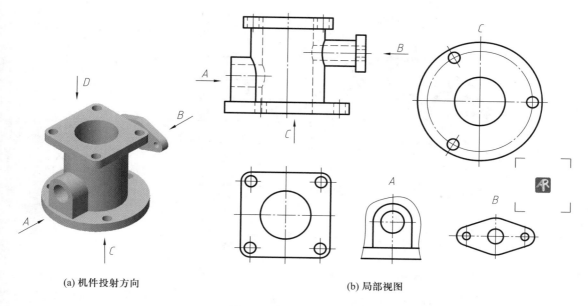

(a) 机件投射方向

(b) 局部视图

图 3-6 机件的局部视图

（2）局部视图的配置及标注 局部视图一般按基本视图的投影关系配置，或者画在箭头所指部位的附近。若图纸布置不适宜时，也可按向视图的形式配置并进行相关标注，如图 3-6 所示局部视图 A、B、C。

画图时，一般应在局部视图上方标上视图的名称"×"（"×"为大写拉丁字母），在相应的视图附近用箭头指明投影方向，并注上同样的字母。当局部视图按投影关系配置，中间又无其他图形隔开时，可省略标注，如图 3-6(a)中 D 向顶板的局部视图。

4. 斜视图

机件向不平行于任何基本投影面的平面投射所得的视图称斜视图。斜视图主要用于表达机件上倾斜部分的实形。

（1）斜视图的画法 如图 3-7(a)所示的机件，其倾斜部分在俯视图和左视图中均不反映实形。这时可新设立一个与该倾斜部分平行的投影面 P，在该投影面上画出倾斜部分的实形投影，即为斜视图。如图 3-7(b)所示，斜视图通常只画表达倾斜部分的实形，其余部分不必画出，而用波浪线断开；当所表示的结构形状是完整的，且外形轮廓线又成封闭时，波浪线可省略不画。

（2）斜视图的配置及标注 斜视图按向视图的形式配置并标注，必要时也可配置在其他适当位置。在不引起误解时，允许将视图旋转配置，表示该视图名称的大写拉丁字母应靠近旋转符号的箭头端，箭头方向与视图旋转方向相同，必要时也可将旋转角度标注在字母之后，如图 3-7(b)所示。

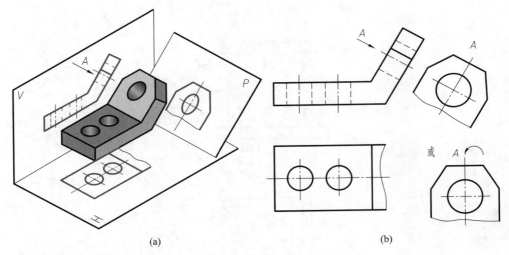

(a)

(b)

图 3-7　机件的斜视图

二、剖视图（GB/T 4458.6—2002）

当机件内部结构比较复杂时，视图上就会出现较多的虚线，这些虚线与外部轮廓线交叠在一起影响图面清晰，给读图和标注尺寸带来很大的不便。为此，对机件不可见的内部结构形状，经常采用剖视图来表达。

（一）剖视图的基本概念

1. 剖视图的定义

假想用剖切面（平面或柱面）剖开机件，将处在观察者和剖切面之间的部分移去，而将其余部分向投影面投射所得的图形，称为剖视图，简称剖视，如图 3-8 所示。

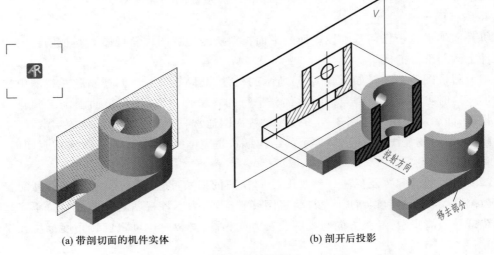

(a) 带剖切面的机件实体

(b) 剖开后投影

图 3-8　剖视图

2. 剖视图的画法

如图 3-9 所示,将图 3-8 所示机件的视图与剖视图比较可看出,绘制剖视图时不仅要画出剖切面与机件实体接触部分(断面)的投影,而且还要画出剖切面与投影面之间未移去部分所有可见轮廓的投影。

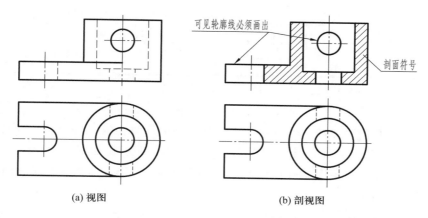

(a) 视图   (b) 剖视图

图 3-9　视图与剖视图的比较

为了区别被剖切面切到的实体部分和未与剖切面接触的部分,使机件内部结构形状的表达既清晰又有层次感,需要在剖到的实体部分画出剖面符号如图 3-9(b)所示。国家标准 GB/T 4457.5—2013《机械制图　剖面区域的表示法》规定了各种材料剖面符号的画法,见表 3-2。

表 3-2　各种材料剖面符号的画法

金属材料		木材纵剖面	
非金属材料		木材横剖面	
玻璃及透明材料		胶合板	
型砂、陶瓷、砂轮、硬质合金等		液体	
混凝土		钢筋混凝土	

砖		格网	
线圈绕组元件		转子、变压器	

注:1. 剖面符号仅表示材料的类别,材料的名称和代号必须另行注明。

2. 液面用细实线绘制。

例如,金属材料的剖面符号(也称剖面线)规定画成间隔相等、方向相同,且与图形主要轮廓线或对称面方向成 45°的平行细实线,向左或向右倾斜均可,如图 3-10 所示。在同一张图样中,同一金属零件在各个剖视图中的所有剖面线应该相同,其倾斜方向和间隔保持一致,如图 3-11(a)所示。

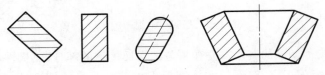

图 3-10 剖面线的方向

当图形中的主要轮廓线与水平方向成 45°时,该图形的剖面线应画成与水平成 30°或 60°的平行线,其倾斜方向仍与其他图形的剖面线一致,如图 3-11(b)所示。

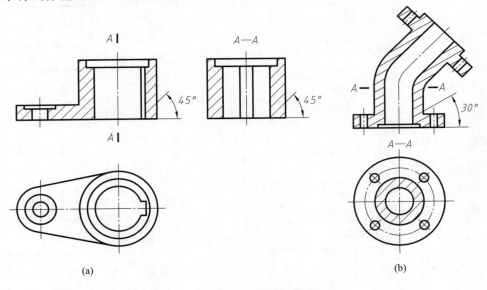

(a)   (b)

图 3-11 金属材料剖面线的规定

3. 剖视图的标注

剖视图一般应标注,标注的目的在于向读者表明设计者的剖切意图。标注内容包括以下要素:

① 剖切符号、投射线 表示剖切面的起止和转折位置,用粗短线表示,线宽为$(1 \sim 1.5)d,d$ 为粗实线线宽,长度为 5~10 mm,并在起止点外侧画出与其相垂直的箭头表示剖切后的投射方向。

② 字母、名称 在剖切符号的起止及转折处注上相同的字母,并在剖视图上方用相同字母标注出剖视图的名称"×—×",如图 3-12 所示的"A—A"剖视图。

在下列情况下,剖视图可以简化或省略标注:

① 如剖切平面与基本投影面平行,剖视图按投影关系配置,且中间没有其他图形隔开时,允许省略箭头,如图 3-12 所示的"B—B"剖视图。

② 当剖切平面与基本投影面平行并与机件的对称面重合,所得的剖视图按投影关系配置,且中间没有其他图形隔开,可以不必标注,如图 3-9(b)所示的剖视图就没有标注,注意图 3-12 所示的"A—A"剖视图也可不标注。

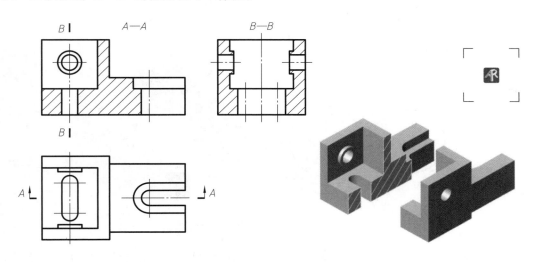

图 3-12 剖视图的标注

4. 剖视图的注意事项

(1) 剖切是假想的,机件实际上仍是完整的,因此除剖视图外,该机件的其他视图仍应完整画出。因此,如图 3-13(b)所示的左视图与俯视图的画法是不正确的。

(2) 画剖视图时,应将剖切面与投影面之间机件的可见轮廓线全部画出,不能遗漏。图 3-13(b)所示的主视图的画法是不正确的,部分可见轮廓线没有画出。

(3) 在剖视图中,对已经表达清楚的不可见结构,虚线省略不画;当机件的结构没有表达清楚时,则需要在剖视图中画出虚线。如图 3-14 所示,底板的厚度在主视图上需要用虚线表示。

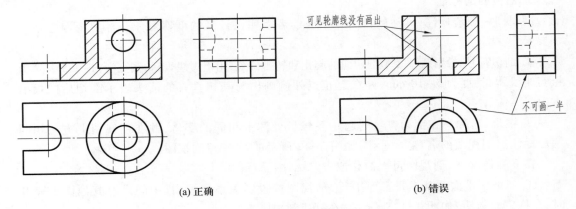

(a) 正确   (b) 错误

图 3-13　剖视图的正误画法比较

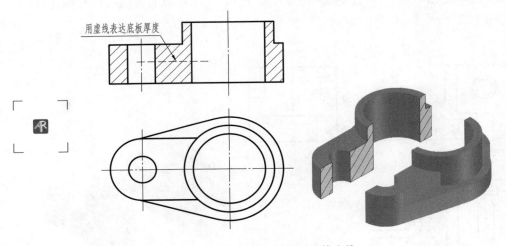

图 3-14　剖视图上的虚线

（4）绘制剖视图的目的在于清楚地表达机件的内部结构,因此应尽量使剖切平面通过内部结构比较复杂的部位(如孔、沟槽)的对称平面或轴线。另外,为便于看图,剖切平面应取平行于投影面的位置,这样可在剖视图中反映出剖切部分的实形。

（二）剖视图的种类

根据机件被剖切范围的大小进行分类,可将剖视图分为全剖视图、半剖视图和局部剖视图三种。

1. 全剖视图

用剖切面全部剖开机件所得的剖视图称为全剖视图。如前面已介绍的剖视图均为全剖视图,其画法和标注不再赘述。

当机件的外形简单或外形已在其他视图中表示清楚时,为了表达其内部机构,常采用全剖视图。

2. 半剖视图

当机件具有对称平面时,在垂直对称平面的投影面上所得的图形,规定以对称中心线(细点画线)为界,一半画成表达内形的剖视图,另一半画成表达外形的视图,这种组合的图形称为半剖视图。如图 3-15 所示的机件,其主视图、俯视图和左视图均为半剖视图。

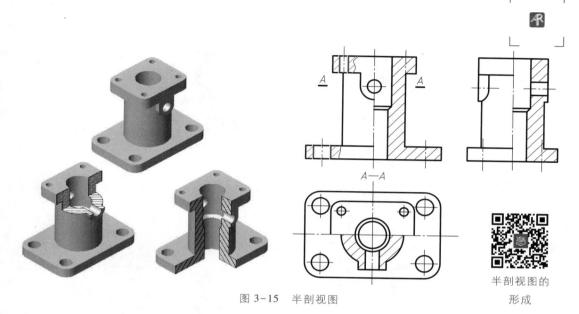

图 3-15 半剖视图

半剖视图的形成

半剖视图主要用于内外形状都需要表达的对称机件。当机件的形状基本对称,且不对称部分另有视图表达时,也可画成半剖视图。

绘制机件的半剖视图时应注意以下几点:

(1)在半剖视图中,半个视图和半个剖视图的分界线必须为机件的对称中心线(点画线),不能有其他图线。

(2)由于半剖视图的一半表达机件的外形,另一半表达机件的内形,因此在半剖视图上一般不需要把看不见的内部结构用虚线画出来。

(3)在半剖视图上标注机件的内形尺寸时,由于另一半未被剖出,因此其尺寸线可仅画一个箭头,且略超过对称中心线,如图 3-16 所示的尺寸 $\phi20$。

3. 局部剖视图

假想用剖切面局部剖开机件,这时所得的剖视图称为局部剖视图。局部剖视图常用来表达机件上的孔、槽、缺口等局部的内部形状,如图 3-17 所示。

局部剖视不受结构是否对称的限制,其剖切位置和剖切范围根据需要而定,常用于下列情况:

(1)不对称机件的内外形状需要在同一视图上表达,如图 3-17 所示。

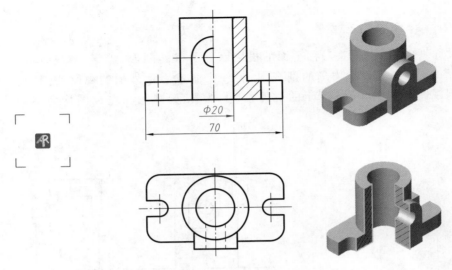

图 3-16　半剖视图的尺寸标注

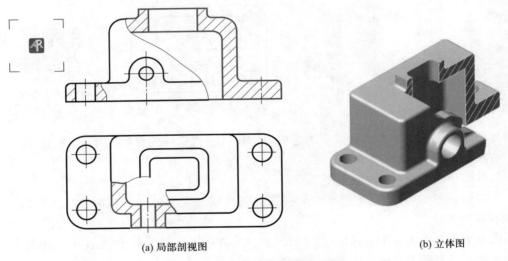

(a) 局部剖视图　　　　　　　　　　　(b) 立体图

图 3-17　局部剖视图

（2）仅需反映机件上的孔、槽、缺口等局部结构的内部形状，如图 3-18 所示。

（3）对称机件的分界处（即对称面）有轮廓线时，不适合采用半剖视图，如图 3-19 所示。

局部剖视图是一种比较灵活的表达方法，运用得当可使视图简明、清晰。但在同一视图中局部剖视图的数量不宜过多，否则会影响图形的清晰性。绘制局部剖视图时，应注意以下事项，如图 3-20 所示：

（1）剖视图与视图以波浪线为分界线，波浪线应画在机件的实体处，孔、槽等中空处不能画波浪线，且波浪线不能超出轮廓线。

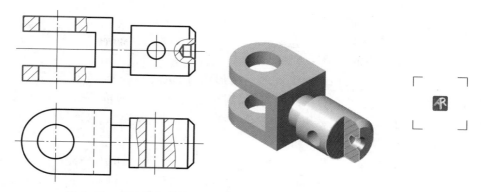

图 3-18　表达局部结构的内部形状的局部剖视图

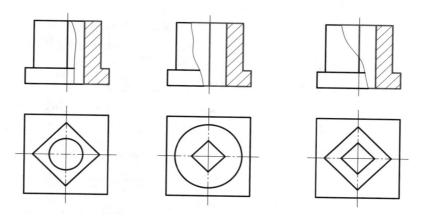

图 3-19　对称结构的局部剖视图

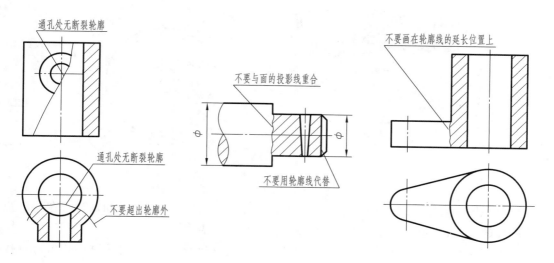

图 3-20　波浪线绘制的注意事项

（2）波浪线不能画在轮廓线的延长线上。

（3）不能用轮廓线代替波浪线。

（三）剖切面的种类及方法

剖视图能否清晰地表达机件的结构形状,剖切面的选择(亦称剖切方法)是很重要的。根据剖切面的数量和组合形式的不同,剖切面共有三种,即单一剖切面、几个平行的剖切面和几个相交的剖切面。运用其中任何一种都可得到全剖视图、半剖视图和局部剖视图。

1. 单一剖切面

用一个剖切面剖开机件的方法称为单一剖,这样的剖切面称为单一剖切面。单一剖切面应用最为广泛,其剖切面可以是平面也可以是曲面,常见的单一剖切面主要有以下几种:

（1）单一平行平面剖切　单一平行平面剖切是指用一个与基本投影面平行的平面来剖切。前面所举图例中的剖视图都是用这种平面剖切得到的,是单一剖中用的最多的一种。图 3-12 中的两个剖视图是采用单一平行平面剖切所获得的全剖视图;图 3-15 中的剖视图是采用单一平行平面剖切所获得的半剖视图;图 3-17 中的剖视图是采用单一平行平面剖切所获得的局部剖视图。

（2）单一斜剖切平面　当机件上有倾斜部分的内部结构需要表达时,可仿照斜视图的画法,选择一个垂直于基本投影面且与所需表达结构平行的投影面(如图 3-21 所示的 P 面),然后再用一个平行于这个投影面的剖切平面剖开机件,并向投影面 P 投影,这样得到的剖视图称为斜剖视图,简称斜剖视。

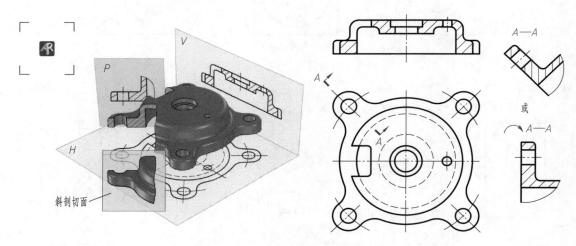

图 3-21　采用垂直投影面的斜剖视图

斜剖视图主要用以表达倾斜部分的结构。机件上与基本投影面平行的部分,在斜剖视图中不反映实形,一般应避免画出,常将它舍去画成局部视图。

画斜剖视时,应注意以下几点:① 斜剖视最好配置在与基本视图的相应部分保持直接投影关系的地方,标出剖切位置和字母,并用箭头表示投影方向,还要在该斜视图上方用相同的字母标明图的名称;② 为使视图布局合理,可将斜剖视保持原来的倾斜程度,平移到图纸上适当的地方;在不引起误解时,也可把图形旋转到水平位置,表示该剖视图名称的大写字母应靠近旋转符号的箭头端,如图 3-21 所示。

（3）柱面剖切平面　如图 3-22(c)所示为圆柱剖切面切开零件后的剖视图,用柱面切开零件后,要将其轮廓结构展开到平面上再作投影,此时应在剖视图名称后加注"展开"二字。

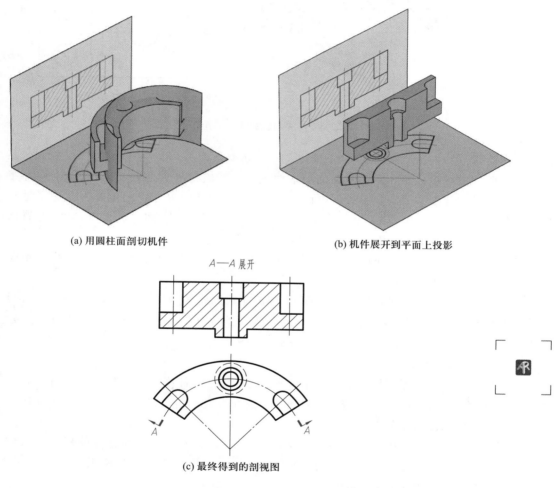

(a) 用圆柱面剖切机件　　　　　　　　(b) 机件展开到平面上投影

(c) 最终得到的剖视图

图 3-22　采用柱面剖切的单一剖切

2. 几个平行的剖切面

当机件上有较多的内部结构形状需要表达,但其轴线又不在同一平面内时,可采用几个互相平行的剖切平面剖切,这种剖切方法也称为阶梯剖。如图 3-23 所示是几个平行的剖切面获得的全剖视图,为机件用了两个平行的剖切平面剖切后画出的"A—A"全剖视图。

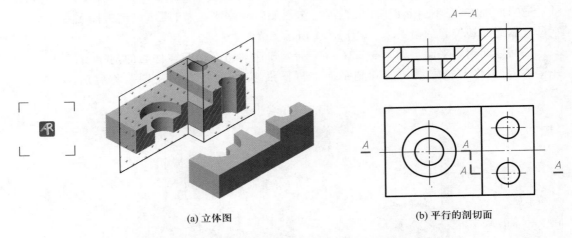

(a) 立体图　　　　　　　　　　　　(b) 平行的剖切面

图 3-23　几个平行的剖切面获得的全剖视图

采用阶梯剖的方法绘制剖视图时,应注意以下几点:

(1)阶梯剖必须标注。标注时在剖切平面的起、迄、转折处画上剖切符号,标上同一字母,并可在起、迄处画出箭头表示投影方向,在所画的剖视图的上方中间位置用同一字母写出其名称"×—×",如图 3-23 所示。当剖视图按投影关系配置,中间无其他图形时,可省略箭头。当转折处的地方很小时,也可省略字母。

(2)阶梯剖的剖视图中不能画出各剖切平面转折处的界线,且剖切符号的转折处不能与视图中的轮廓线重合,如图 3-24(a)、(b)所示。

(3)要正确选择剖切平面的位置,不应出现不完整的要素,如图 3-24(c)所示。只有当机件上两个要素在图形上具有公共对称中心线或轴线时,才可以各画一半,此时不完整要素应以对称中心线或轴线为界,如图 3-24(d)所示。

3. 几个相交的剖切面

当机件的内部结构形状用一个剖切平面不能表达完全,且该机件在整体上又具有回转轴时,可用两个相交的剖切平面剖开,这种剖切方法称为旋转剖,如图 3-25 所示的主视图即为旋转剖切后所画出的全剖视图。

采用旋转剖绘制剖视图时,首先把由倾斜平面剖开的结构连同有关部分旋转到与选定的基本投影面平行的位置,然后再进行投影,使剖视图既反映实形又便于画图。

采用旋转剖画剖视图时,应注意以下几点:

(1)在剖切平面后的其他结构一般仍按原来位置投影,如图 3-26(a)所示的小孔的投影。

(2)当剖切后产生不完整要素时,应将该部分按不剖处理,如图 3-27 所示。

(3)旋转剖必须标注,标注方法与阶梯剖的标注和要求相同。

采用两个或两个以上相交的剖切平面时,一般采用展开画法,并需在剖视图的上方标注"×—×展开"字样,如图 3-28 所示。

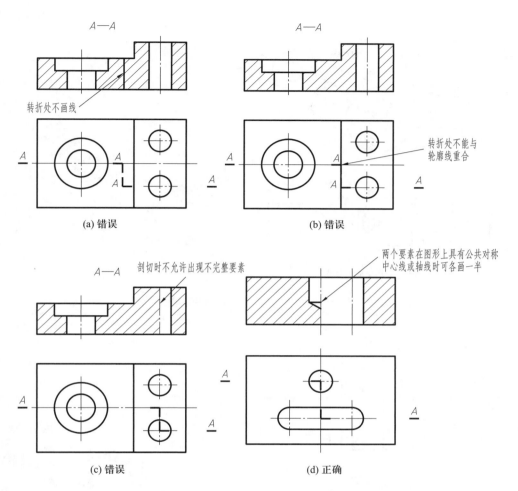

图 3-24 阶梯剖的剖视图中的注意事项

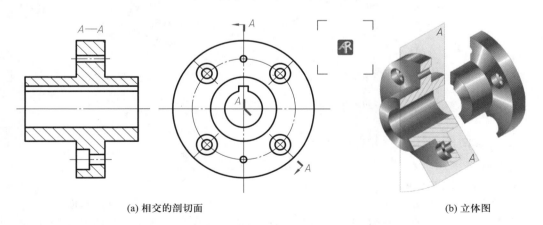

图 3-25 用两个相交的剖切面获得的剖视图(一)

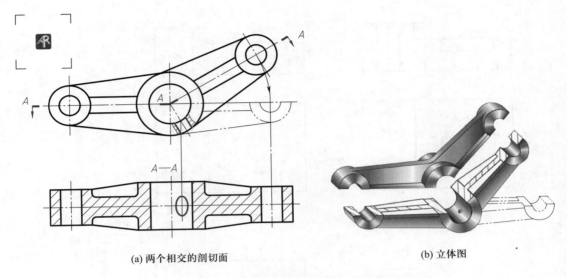

(a) 两个相交的剖切面   (b) 立体图

图 3-26   用两个相交的剖切面获得的剖视图（二）

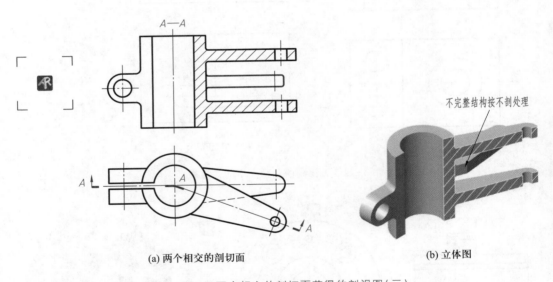

(a) 两个相交的剖切面   (b) 立体图

图 3-27   用两个相交的剖切面获得的剖视图（三）

三、断面图（GB/T 4458.6—2002）

断面图主要用来表达型材及机件某部分断面的结构形状。

（一）断面图的形成

假想用剖切面将机件的某处切断，仅画出断面的图形，称为断面图，简称断面。

断面图与剖视图的区别在于：断面图只画出剖切平面和机件相交部分的断面形状，而剖视图需要把断面和断面后可见的轮廓线都画出来，如图 3-29 所示。

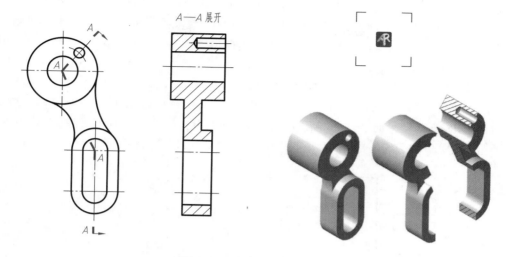

图 3-28　两个相交的剖切面

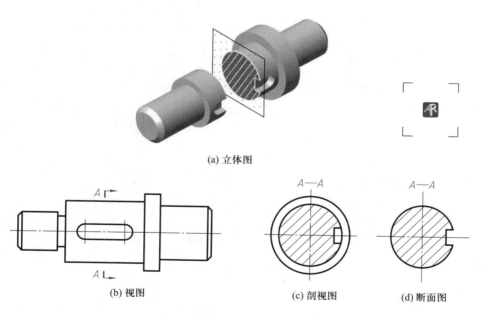

(a) 立体图

(b) 视图　　　(c) 剖视图　　　(d) 断面图

图 3-29　断面图

（二）断面图分类

根据断面图配置位置的不同,可分为移出断面和重合断面两种。

1. 移出断面

画在视图轮廓线之外的断面图,称为移出断面。

（1）画法与配置　移出断面的轮廓线用粗实线表示,图形位置应尽量配置在剖切位置符号或剖切平面迹线的延长线上(剖切平面迹线是剖切平面与投影面的交线),如图 3-30(a)所示。当遇到如图 3-30(b)所示的肋板结构时,可用两个相交的剖切平面,分别垂直于左、右肋板进行剖切,按此方式绘制的断面图,中间应用波浪线断开。当断面图形对称时,也可将断面画在视图的中断处,如图 3-31 所示。

一般情况下,绘制断面时只需画出剖切后的断面形状。

注意:如图 3-32 所示,当剖切平面通过机件上回转面形成的孔或凹坑的轴线时,这些结构按剖视画出;当剖切平面通过非圆孔会导致出现完全分离的两个断面时,这些结构也要按剖视画出,如图 3-33 所示。

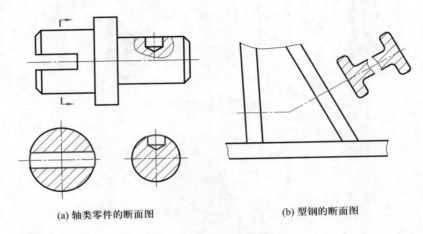

(a) 轴类零件的断面图　　　　　　　　　　(b) 型钢的断面图

图 3-30　移出断面图(一)

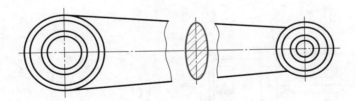

图 3-31　断面图配置在视图中断处

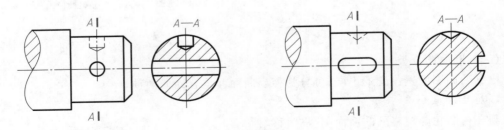

图 3-32　移出断面图(二)

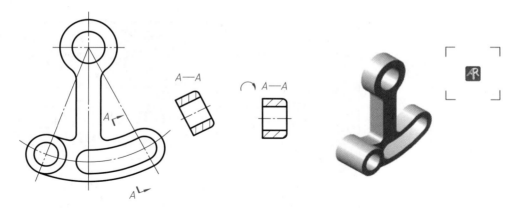

图 3-33　移出断面图(三)

（2）移出断面的标注　移出断面的标注见表 3-3。

表 3-3　移出断面的标注

断面图配置 ＼ 断面形状	对称的移出断面	不对称的移出断面
配置在剖切线或剖切符号的延长线上		
	不必标出字母和剖切符号，剖切线用细点画线表示	不必标注字母
按投影关系配置		
	不必标注箭头	不必标注箭头

断面图 断面形状 配置	对称的移出断面	不对称的移出断面
配置在其他位置	*A*—*A*	*A*—*A*
	标注字母,不必标注箭头	应标注剖切符号(含箭头)和字母
配置在视图中断处	省略标注(图3-31)	

2. 重合断面

画在视图轮廓之内的断面称为重合断面,如图3-34(a)所示的吊钩,其视图只画了一个主视图并在其中几处画出了断面形状,就把整个吊钩的结构形状表达清楚了,这比用多个视图或剖视图显得更为简便明了。

重合断面的轮廓线用细实线绘制,断面上应画出剖面符号。如图3-35所示是角钢的重合断面图,当视图中的轮廓线与重合断面的图形相交或重合时,视图中的轮廓线仍应完整画出,不可中断。

对称的重合断面不必标注,如图3-34所示。配置在剖切线上的不对称重合断面,不必注写字母,但一般要在剖切符号上画出表示投射方向的箭头,如图3-35(b)所示。

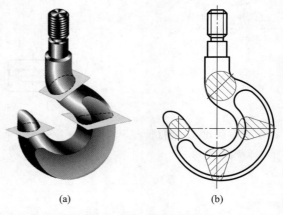

(a)　　　　　　(b)

图3-34　吊钩的重合断面图

四、局部放大图和简化画法

1. 局部放大图

当机件的某些局部结构较小,在原定比例的图形中不易表达清楚或不便标注尺寸时,可将此局部结构用较大比例单独画出,这种图形称为局部放大图。如图3-36所示,此时原视图中该部分结构可简化表示。

当机件上仅一处被放大时,在局部放大图的上方只需注明所采用的比例;若几处被放大时,必须用罗马数字依次标明被放大部位,在局部放大图的上方标注出相应的罗马数字和采用的比例,如图3-37所示。

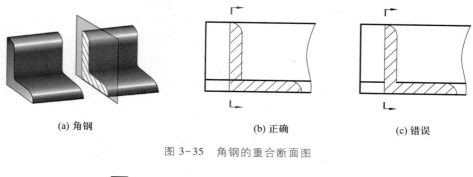

(a) 角钢   (b) 正确   (c) 错误

图 3-35   角钢的重合断面图

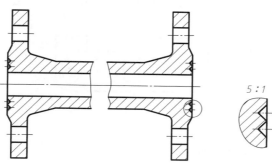

图 3-36   局部放大图（一）

画局部放大图时应注意以下几点：

（1）局部放大图可以画成视图、剖视和断面，与被放大部分的表达方式无关。局部放大图应尽量配置在被放大部位的附近，如图 3-37 所示。

（2）绘制局部放大图时，除螺纹牙型和齿轮的齿形外，应在视图上用细实线圈出被放大的部位。

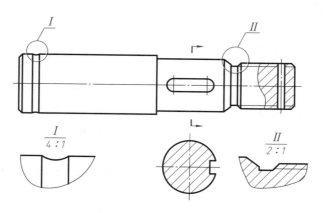

图 3-37   局部放大图（二）

2. 剖视图中的规定画法

（1）肋板、轮辐等在剖视图中的画法。机件上常常会有加强肋板和轮辐等结构,起到加固的作用。如图 3-38 所示的肋板,若按纵向剖切,这些结构不画剖面符号,而是用粗实线将它与其邻接的部分分开;而横向剖切时,则应在相应的剖视图上画上剖面符号。

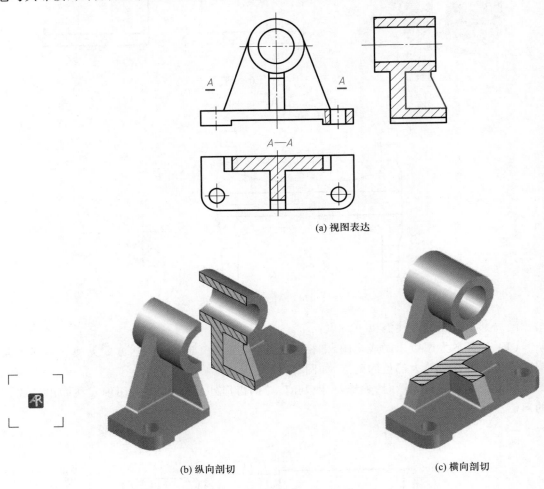

(a) 视图表达

(b) 纵向剖切

(c) 横向剖切

图 3-38 肋板的规定画法

（2）回转体上均匀分布的肋板、孔、轮辐等结构的画法。当零件回转体上均匀分布的肋板、孔、轮辐等结构不处于剖切平面上时,可将这些结构旋转到剖切平面上画出,如图 3-39 所示。

3. 简化画法

（1）当机件具有若干相同结构(齿、槽等)并按一定规律分布时,只需画出几个完整的结构,其余用细实线连接结构的顶部或底部,并注明该结构的总数。若干直径相同且成规律分布的孔(圆孔、螺孔、沉孔等),可仅画出一个或几个,其余用细点画线表示中心位置,并注明孔的总数,如图 3-40 所示。

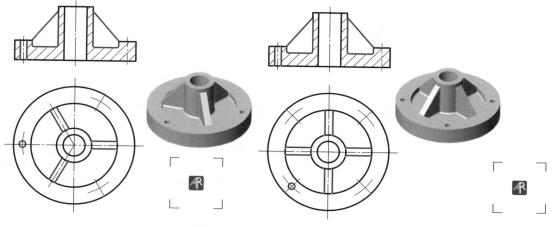

图 3-39 回转体上肋板、孔的画法

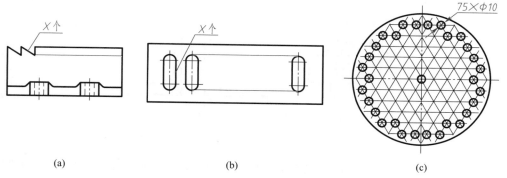

图 3-40 相同结构的简化画法

（2）对于网状物、编织物或机件上的滚花部分，可在轮廓线附近用粗实线示意画出，并在零件图上或技术要求中注明这些结构的具体要求，滚花的画法如图 3-41 所示。

（3）圆柱形法兰和类似零件上均匀分布的孔，其简化画法如图 3-42 所示。

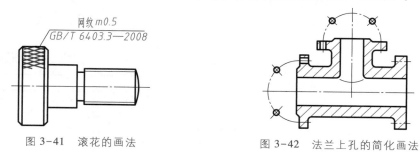

图 3-41 滚花的画法　　　　　　图 3-42 法兰上孔的简化画法

（4）在不致引起误解时，对于对称机件的视图可只画一半或 1/4，此时必须在对称中心线的两端画出两条与其垂直的平行细实线，如图 3-43 所示。

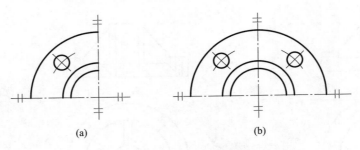

(a)   (b)

图 3-43　对称机件的简化画法

（5）机件上斜度不大的结构，若在一个视图中已表达清楚时，则其他视图可按小端画出，如图 3-44 所示。

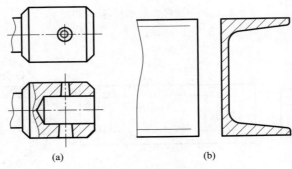

(a)   (b)

图 3-44　较小结构的简化画法

（6）倾斜圆投影的简化画法。机件上与投影面的倾斜角度小于或等于 30°的圆或圆弧，其投影可用圆或圆弧代替，如图 3-45 所示。

（7）小结构的简化画法。在不致引起误解时，零件图中的小圆角、锐边的小倒圆或小倒角允许省略不画，但必须标注尺寸或在技术要求中加以说明，如图 3-46 所示。

（8）平面表示法。当图形不能充分表达平面时，可用平面符号，即两条对角细实线表示，如图 3-47 所示。

（9）折断画法。当轴、连杆、型材等机件长度较长，并沿着这个方向形状一致或均匀变化时，在视图中可断开后缩短画出，但要按实际长度标注尺寸。断裂处用波浪线或双点画线画出，如图 3-48 所示。

（10）零件上对称结构的局部视图，如键槽、方孔等，可按如图 3-49 所示的方法表示。

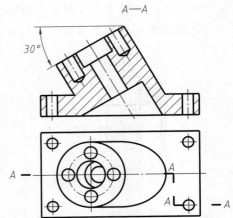

图 3-45　斜面上圆或圆弧的简化画法

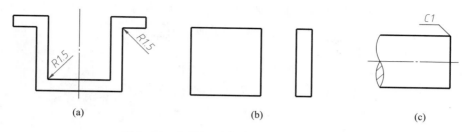

图 3-46　小圆角、小倒角的简化画法和标注

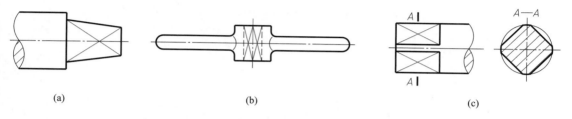

图 3-47　平面符号的画法

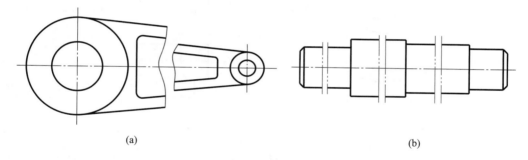

图 3-48　较长机件的简化画法

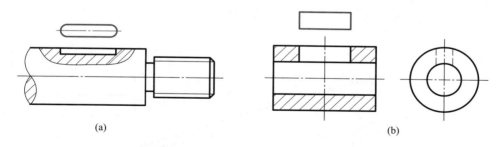

图 3-49　局部视图的简化画法

五、第三角画法简介

GB/T 14692—2008《技术制图　投影法》规定:"技术图样应采用正投影法绘制,并优先采用第一角画法。"世界上大多数国家(如中国、英国、俄国、德国等)都是采用第一角画法,

但美国、日本、加拿大、澳大利亚等则采用第三角画法。为了便于国际间的技术交流和协作，我国在国家标准 GB/T 14692—2008 中规定："必要时（如按合同规定等）允许使用第三角画法。"

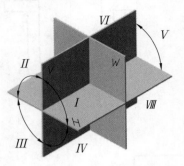

图 3-50　八个分角

所谓第几角画法，说的是三个两两互相垂直的投影平面（即正面 V、水平面 H、侧面 W），将空间分为八个部分，每个部分为一分角，依次为 Ⅰ、Ⅱ、Ⅲ、…、Ⅷ分角，如图 3-50所示。

第一角画法是将物体放在第一分角内，采用观察者→物体→投影面的位置关系进行正投影，并获得视图的过程，如图 3-51 所示。

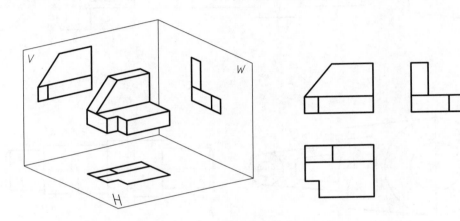

图 3-51　第一角画法的位置关系

第三角画法是将物体放在第三分角内，采用观察者→投影面→物体的位置关系进行正投影，并获得视图的过程，如图 3-52 所示。

这两种画法的六个基本视图的位置关系比较如图 3-53 所示。

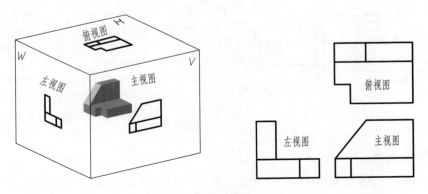

图 3-52　第三角画法的位置关系

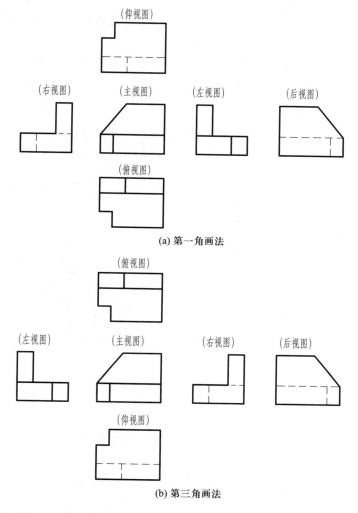

(a) 第一角画法

(b) 第三角画法

图 3-53　第一角和第三角画法的六个基本视图的位置关系比较

　　采用第三角画法时,必须在图样中画出第三角投影的识别符号,如图 3-54 所示为第一角和第三角画法的识别符号。

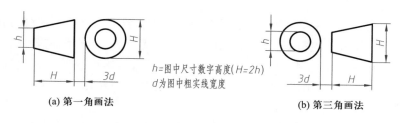

h=图中尺寸数字高度(H=2h)
d为图中粗实线宽度

(a) 第一角画法　　　　　　　　　　　　　　(b) 第三角画法

图 3-54　第一角画法和第三角画法的识别符号

在第三角画法中,剖视图和断面图统称为"剖面图",具体包括全剖面图、半剖面图、破裂剖面图、旋转剖面图和阶梯剖面图。剖面的标注与第一角画法不同,剖切线用双点画线表示,并以箭头指明投射方向,剖面的名称写在剖面图的下方。如图 3-55 所示的机件剖面图,主视图采用阶梯剖全剖面图,左视图取半剖面,肋板在主视图中纵剖不画剖面线,另外还采用了移出旋转剖面图(相当于第一角画法中的移出断面图)。

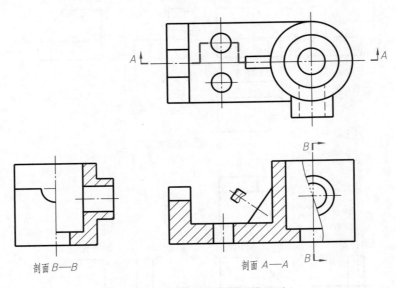

图 3-55　机件剖面图(第三角画法)

第二节　常见的零件工艺结构

零件的结构形状应满足设计要求和工艺要求。结构设计时既要考虑工业美学、造型学,更要考虑工艺可能性,否则将使制造工艺复杂化,甚至无法制造或造成废品。零件上的常见结构,多数是通过铸造(或锻造)和机械加工获得的,故称为工艺结构。了解零件上常见的工艺结构是学习零件图的基础。下面介绍典型机械零件上常见结构的基本知识和表示方法。

一、铸造工艺结构

1. 起模斜度

用铸造方法制造零件的毛坯时,为了便于将木模从砂型中取出,在铸件的内外壁上沿起模方向常设计出一定的斜度,称为起模斜度(或铸造斜度),如图 3-56(a)所示。起模斜度的大小通常为 1:100~1:20,用角度表示时一般为 1°~3°,具体可查阅相关标准。起模斜度在图上可以不标注,也可不画出,如图 3-56(b)、(c)所示。必要时,也可在技术要求中注明。

2. 铸造圆角

为保证铸件的铸造质量,防止因壁厚不均匀,冷却结晶速度不同,在肥厚处产生组织疏

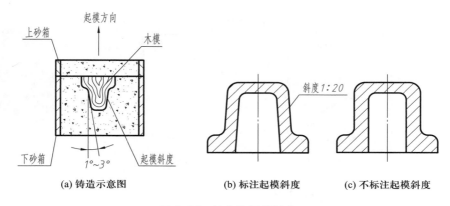

(a) 铸造示意图　　　　　(b) 标注起模斜度　　　　(c) 不标注起模斜度

图 3-56　铸件的起模斜度

松以致缩孔,薄厚相间处产生裂纹等,应使铸件壁厚均匀或逐渐变化,避免突然改变壁厚和局部肥大现象。壁厚变化不宜相差过大,为此可在两壁相交处设置铸造圆角,如图 3-57 所示。铸造圆角在图上一般不注出,而写在技术要求中,如"未注铸造圆角 R3~R5"。

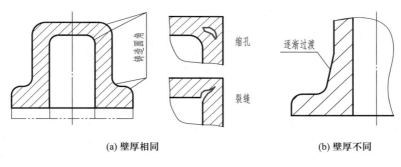

(a) 壁厚相同　　　　　　　　　　(b) 壁厚不同

图 3-57　铸件的铸造圆角

铸件表面由于圆角的存在,使表面的交线变得不很明显,这种不明显的交线称为过渡线。过渡线的画法与交线画法基本相同,只是过渡线的两端与圆角轮廓线之间应留有空隙。根据国家标准规定,过渡线采用细实线绘制。如图 3-58 所示是常见的几种过渡线的画法。

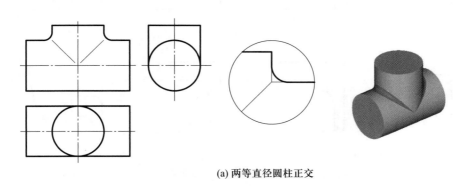

(a) 两等直径圆柱正交

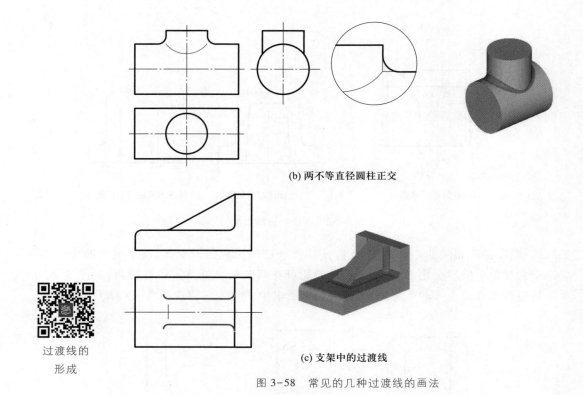

(b) 两不等直径圆柱正交

过渡线的
形成

(c) 支架中的过渡线

图 3-58　常见的几种过渡线的画法

3. 铸件壁厚

为避免铁水浇注后在冷却收缩时因为壁厚的明显差异,在材料内部产生缩孔,或在结构转折处产生裂纹等缺陷,铸件的壁厚应保持大致均匀,或采用渐变的方法尽量保持均匀,如图 3-59 所示。

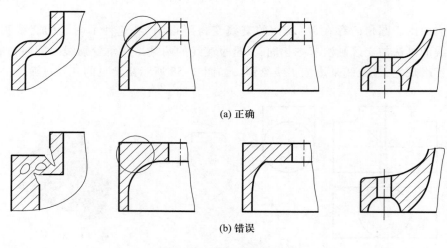

(a) 正确

(b) 错误

图 3-59　铸件壁厚的变化

二、机械加工工艺结构

1. 倒角和倒圆

为了去掉切削零件时产生的毛刺、锐边,使操作安全,便于装配,常在轴或孔的端部等处加工倒角。倒角多为45°,也可制成30°或60°,倒角宽度 C 的数值可根据轴径或孔径查有关标准确定,见附录表 A-20。GB/T 16675.1—2012 指出,在不致引起误解时,零件图中的倒角可以省略不画,其尺寸也可简化标注,如图 3-60(b)中的" $C2$ "," C "表示 45°," 2 "表示轴向距离。倒角为 30°或 60°时,标注如图 3-60(c)、(d)所示。

另外,为避免因应力集中而产生裂纹,提高零件的抗疲劳强度,有轴肩处往往制成圆角过渡形式,称为倒圆。加工后的倒圆如图 3-60(a)所示,圆角半径的数值可根据轴径或孔径查表确定。

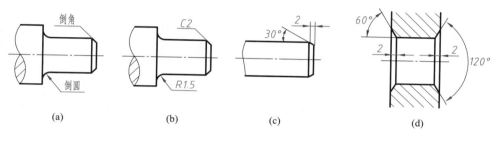

图 3-60　倒角和倒圆

上述倒角、圆角,如图中不画也不在图中标注尺寸时,可在技术要求中注明,如"未注倒角 $C2$ ""锐边倒钝""全部倒角 $C3$ ""未注圆角 $R2$ "等。

2. 退刀槽和砂轮越程槽

为了在切削零件时容易退出刀具,保证加工质量及易于装配时与相关零件靠紧,常在零件加工表面的台肩处加工出退刀槽或越程槽。常见的有螺纹退刀槽、插齿空刀槽、砂轮越程槽、刨削越程槽等。该类结构尺寸相关数值可从标准中查取,见附录表 A-21、表 A-22。一般的退刀槽(或越程槽),其尺寸可按"槽宽×槽深($b×h$)"或"槽宽×直径($b×\phi$)"标注,如图 3-61 所示。

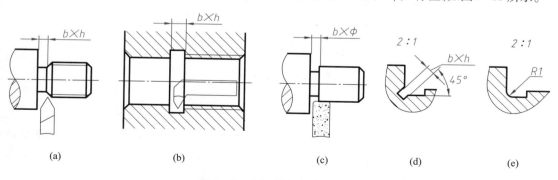

图 3-61　退刀槽和砂轮越程槽

3. 中心孔（GB/T 145—2001）

中心孔在轴的两端中心处，是专为轴类零件装夹、测量等需要而设计的结构，常见的有 A、B、C、R 四种类型，如图 3-62 所示。中心孔可在图中画出，也可用标准代号标注。

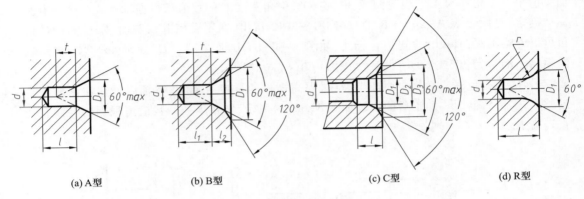

(a) A型　　　(b) B型　　　(c) C型　　　(d) R型

图 3-62　中心孔

4. 凸台和凹坑

两零件的接触面一般都要进行加工，为了减少加工面积，并保证两零件的表面接触良好，通常将两零件的接触面做成凸台或凹坑、凹槽等结构，如图 3-63 所示。

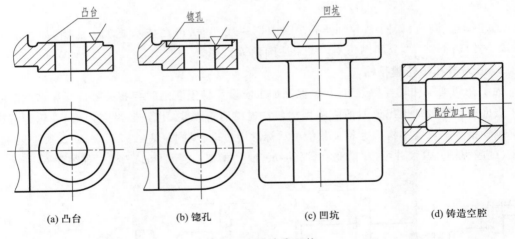

(a) 凸台　　　(b) 锪孔　　　(c) 凹坑　　　(d) 铸造空腔

图 3-63　凸台和凹坑

三、钻孔结构

钻孔时，钻头的轴线应与被加工表面垂直，否则会使钻头弯曲，甚至折断。零件表面倾斜时，可设置凸台和凹坑；钻头钻透处的结构，也要考虑到不使钻头单边受力。钻孔时，应尽可能使钻头轴线与被钻孔表面垂直，以保证孔的精度和避免钻头的折断，如图3-64 所示。

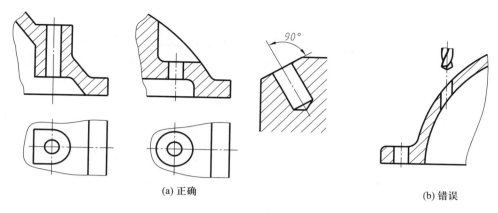

(a) 正确   (b) 错误

图 3-64　钻孔结构

四、螺纹

1. 螺纹的形成

螺纹是指在圆柱或圆锥表面上,沿螺旋线所形成的具有相同断面的连续凸起和沟槽。在圆柱或圆锥外表面上形成的螺纹称为外螺纹;在内表面上形成的螺纹称为内螺纹。内外螺纹成对使用,可用于各种机械连接,传递运动和动力。

螺纹一般是在车床、钻床上加工,如图 3-65(a)所示为车削外螺纹。若内螺纹加工直径较大时先镗内孔再用内螺纹车刀车削,如图 3-65(b)所示;若直径较小时可先用钻头钻孔(钻头顶角实为 118°,绘图时按 120°简化画出),再用丝锥攻丝加工出内螺纹,如图 3-65(c)所示。

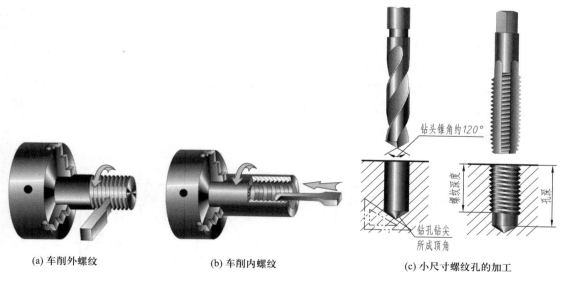

(a) 车削外螺纹　　　　　(b) 车削内螺纹　　　　　(c) 小尺寸螺纹孔的加工

图 3-65　螺纹的加工方法

2. 螺纹的基本要素

（1）牙型　通过螺纹轴线断面上的螺纹轮廓形状称为牙型,常见的有三角形、管形、梯形、锯齿形和矩形,如图 3-66 所示。其中,矩形螺纹（也叫方牙螺纹）尚未标准化,其余牙型均为标准螺纹。

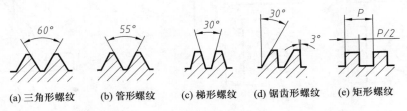

图 3-66　螺纹的牙型

（2）直径　螺纹的直径有大径（d、D）、小径（d_1、D_1）和中径（d_2、D_2）。公称直径是代表螺纹尺寸的直径,一般是指螺纹大径的公称尺寸,如图 3-67 所示。

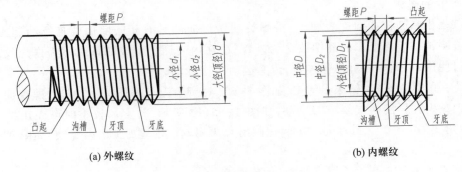

图 3-67　螺纹的牙型和直径

（3）线数 n　螺纹有单线和多线之分。沿一条螺旋线形成的螺纹为单线螺纹;沿两条或两条以上的螺旋线形成的螺纹为双线或多线螺纹,如图 3-68 所示。

（4）螺距 P 和导程 P_h　螺距 P 是螺纹上相邻两牙在中径线上对应两点间的轴向距离。导程 P_h 是螺旋线旋转一周时移动的轴向距离,如图 3-68 所示。对于单线螺纹,导程＝螺距;对于多线螺纹,导程＝n×螺距。

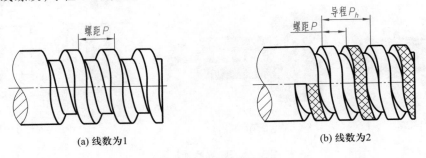

图 3-68　螺纹的线数

（5）旋向　内、外螺纹旋合时的旋转方向称为旋向,有左旋、右旋之分。旋向的判别可用如图 3-69 所示方法,工程上常用右旋螺纹。

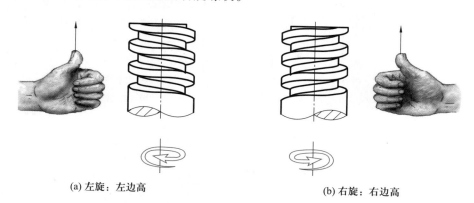

(a) 左旋：左边高　　　　　　(b) 右旋：右边高

图 3-69　螺纹的旋向

3. 螺纹的规定画法(GB/T 4459. 1—1995)

由于螺纹是采用专用机床和刀具加工,且尺寸与结构已标准化,因此根据国家标准规定,绘图时不必画出螺纹的真实投影,可采用规定画法以简化作图过程。

（1）外螺纹的画法　如图 3-70(a)所示,外螺纹大径用粗实线表示,小径用细实线表示,小径约为大径的 85%,即 $d_1 \approx 0.85d$。在平行于螺纹轴线的视图中,表示牙底的线应画入倒角或倒圆内,螺纹终止线用粗实线绘制;在垂直于螺纹轴线的视图中,细实线只画约 3/4 圈,螺纹的倒角按规定不画。在螺纹的剖视图(或断面图)中,剖面线应画到粗实线为止,如图 3-70(b)所示。

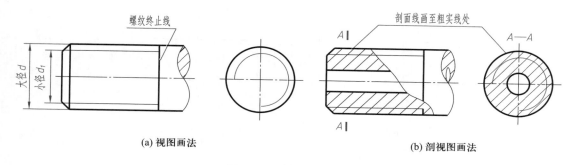

(a) 视图画法　　　　　　　　　　　(b) 剖视图画法

图 3-70　外螺纹的画法

（2）内螺纹的画法　如图 3-71(a)所示,在视图中,内螺纹不可见,所有图线均用细虚线绘制;在剖视图中螺纹大径用细实线表示,小径用粗实线表示,螺纹终止线用粗实线,剖面线画到粗实线处。在投影为圆的视图中,细实线圆只画约 3/4 圈,倒角圆省略不画,如图 3-71(b)所示。

注意:不通螺孔中的钻孔锥角应画成 120°。当内螺纹为通孔时,画法如图 3-71(c)所示。

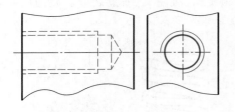 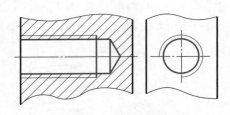

(a) 不穿通的螺纹孔（俗称盲孔）视图　　　　　　　　(b) 不穿通的螺纹孔剖视图

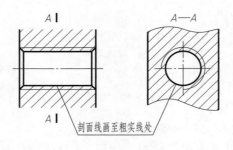

(c) 螺纹通孔

图 3-71　内螺纹的画法

（3）内外螺纹连接的画法　画螺纹连接图时,常采用全剖视图画出,内外螺纹旋合部分按外螺纹绘制,其余部分仍按各自的规定画法绘制。如图 3-72（a）所示为通孔零件的连接,图 3-72（b）为不通孔零件的连接。

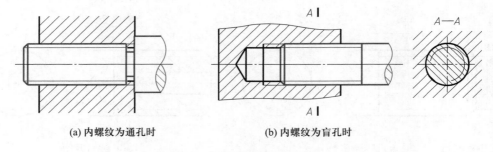

(a) 内螺纹为通孔时　　　　　　　　　　(b) 内螺纹为盲孔时

图 3-72　内外螺纹连接的画法

绘制非标准牙型的螺纹时,应画出螺纹牙型,并标出所需的尺寸及有关要求,如图 3-73所示。

4. 螺纹的标注

（1）螺纹的种类　螺纹按用途分为两大类,即连接螺纹和传动螺纹。

① 连接螺纹　常用的有四种标准螺纹,即:粗牙普通螺纹、细牙普通螺纹、管螺纹、锥管螺纹。上述四种螺纹牙型皆为三角形,其中普通螺纹的牙型为等边三角形（牙型角为 60°）。

细牙和粗牙的区别是在大径相同的条件下,细牙螺纹比粗牙螺纹的螺距小,见附录表 A-1。管螺纹和锥螺纹的牙型为等腰三角形(牙型角为 55°),螺纹以英寸为单位。管螺纹多用于管件和薄壁零件的连接,其螺距与牙型均较小,见附录表 A-2。

② 传动螺纹 是用作传递动力或运动的螺纹,常用的有梯形螺纹和锯齿形螺纹两种标准螺纹,其中后者是一种受单向力的传动螺纹。

牙型、大径和螺距符合国家标准的螺纹,称为标准螺纹;若螺纹仅牙型符合标准,大径或螺距不符合标准者,称为特殊螺纹。牙型不符合标准者,称为非标准螺纹(如方牙螺纹)。

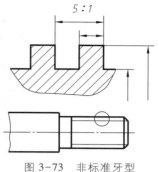

图 3-73　非标准牙型
螺纹的画法

(2)螺纹的标注 由于螺纹的规定画法不能清楚表达螺纹的牙型、螺距、线数和旋向等结构要素,因此必须按规定的标记在图样中加以说明。螺纹代号一般标注在螺纹的大径上,常用螺纹的标注见表 3-4。

表 3-4　常用螺纹的标注

螺纹种类		标注实例	代号的识别	标注要点说明
连接螺纹	普通螺纹(M)	*M20-5g6g-S*	普通粗牙螺纹,公称直径为 20,右旋,中径、顶径公差带分别为 5g、6g(如均为 6g 则省略不标),短旋合长度	1. 粗牙螺纹不注螺距,细牙螺纹标注螺距。 2. 右旋"RH"省略不注,左旋以"LH"表示。 3. 中径、顶径公差带相同时,只注一个公差带代号。 4. 螺纹旋合长度代号用字母 S、N、L 分别表示螺纹的短、中、长三种旋合长度。当旋合长度为中等时,可省略不注。 5. 螺纹标记应直接注在大径的尺寸线或延长线上
		M16×1LH-6E	普通细牙螺纹,公称直径为 16,螺距为 1,左旋,中径、小径公差带为 6E(如均为 6H 则省略不标),中等旋合长度	
	管螺纹 55°非密封管螺纹(G)	*G1$\frac{1}{2}$ A*	55°非密封管螺纹,尺寸代号为 1 $\frac{1}{2}$,公差为 A 级,右旋	1. 55°非密封管螺纹,其内、外螺纹都是圆柱管螺纹。

螺纹种类			标注实例	代号的识别	标注要点说明
连接螺纹	管螺纹	55°非密封管螺纹（G）	$G\frac{1}{2}-LH$	55°非密封管螺纹,尺寸代号为1/2,左旋	2. 外螺纹的公差等级代号分为 A、B 两级,内螺纹不标记。 3. 管螺纹的尺寸代号并非公称直径,仅能表达出管螺纹中的通孔直径,尺寸单位为英寸
		55°密封管螺纹（Rc）（Rp）（R1）（R2）	$R_1\frac{1}{2}-LH$	圆锥外螺纹,尺寸代号为1/2,左旋	1. 55°密封管螺纹,只标注螺纹特征代号、尺寸代号和旋向。 2. 管螺纹一律标注在引出线上,引出线应由大径处引出或由对称中心线处引出。 3. Rc——圆锥内螺纹的特征代号; Rp——圆柱内螺纹的特征代号; R1——与圆柱内螺纹 Rp 配合（旋合）的圆锥外螺纹的特征代号; R2——与圆锥内螺纹 Rc 配合（旋合）的圆锥外螺纹的特征代号
			$Rc1\frac{1}{2}$	圆锥内螺纹,尺寸代号为 $1\frac{1}{2}$,右旋	
			$Rp\frac{1}{2}$	圆柱内螺纹,尺寸代号为1/2,右旋	
传动螺纹	梯形螺纹（Tr）		$Tr36\times12(P6)-7H$	梯形螺纹,公称直径为 36,双线,导程为 12,螺距为 6,右旋,中径公差带为 7H,中等旋合长度	1. 两种螺纹只标注中径公差带代号。 2. 旋合长度只有中等旋合长度（N）、长旋合长度（L）两种。 3. 中等旋合长度规定不标注
	锯齿形螺纹（B）		$B40\times7LH-8c$	锯齿形螺纹,公称直径为 40,单线,螺距为 7,左旋,中径公差带为 8c,中等旋合长度	

第三节 零件图的视图表达

零件图是表达单个零件形状、大小和特征的图样,也是在制造和检验机器零件时所用的图样,又称零件工作图。在生产过程中,根据零件图样和图样的技术要求进行生产准备、加工制造及检验。因此,它是指导零件生产的重要技术文件。

一、零件图的内容

如图 3-74 所示为座体零件图,该零件是铣刀头部件中的主要零件,如图 3-75 所示。为了满足生产需要,一张完整的零件图应包括下列基本内容:

座体的结构

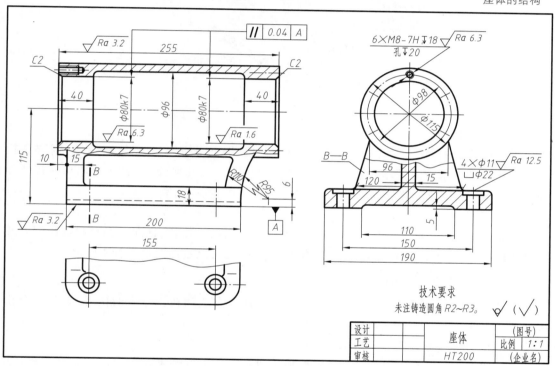

图 3-74 座体零件图

1. 一组视图

要综合运用视图、剖视、断面及其他规定和简化画法,正确、完整、清晰地表达出零件的内、外结构形状。

2. 完整的尺寸

尺寸用以确定零件各部分的大小和位置。零件图上应注出加工完成和检验零件是否合格所需的全部尺寸,尺寸标注应正确、完整、清晰、合理。

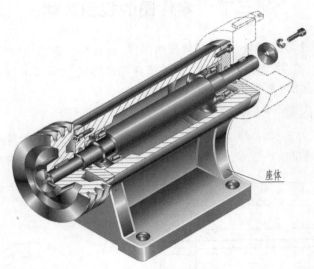

座体

图 3-75　铣刀头立体图

3. 技术要求

用一些规定的符号、数字、字母和文字注解,简明、准确地给出零件在使用、制造和检验时应达到的一些技术要求(包括表面粗糙度、尺寸公差、几何公差、表面处理和材料处理等要求)。

4. 标题栏

标题栏位于图纸的右下角,用来说明零件的名称、材料、数量、日期、图的编号、比例以及描绘、审核人员签字等。根据国家标准,有固定形式及尺寸,制图时应按标准绘制。

二、零件的视图选择

绘制零件图时,首先要根据零件的结构形状、加工方法和在机器中的位置,确定一个比较合理的表达方案,恰当地选择好零件的主视图和其他视图。

1. 视图方案中零件安放应遵循的原则

(1) 加工位置原则　加工位置是零件加工时在机床上的装夹位置。回转体类零件(如轴套类或盘盖类零件)不论其工作位置如何,一般都按轴线水平放置,如图 3-76 所示。

(2) 工作位置原则　工作位置是零件在机器中安装和工作时的位置。主视图的位置和工作位置一致,便于想象零件的工作状况,有利于阅读图样,如图 3-77 所示。

(3) 自然安放位置原则　对于箱体类、座体、支座等非回转类零件,应考虑取放置平稳的自然安放位置来作图。

(4) 重要几何要素水平、垂直安放原则　在机器中常有一些不规则零件,如叉架类零件等,其加工位置、工作位置会发生变化,有的无法自然安放,这时可将其重要的轴线、平面等几何要素水平或垂直放置。

图 3-76　回转体类零件的加工位置

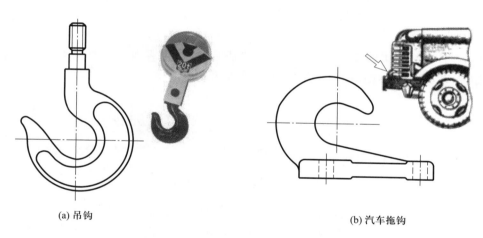

(a) 吊钩　　　　　　　　　　　　　　　　　(b) 汽车拖钩

图 3-77　零件的工作位置

2. 确定主视图的投影方向

　　主视图是零件图的核心,选择主视图时应先确定零件的安放位置,再确定投射方向。选择投射方向时,应使主视图最能反映零件的形状特征,即在主视图上尽量多地反映出零件的内外结构形状及它们之间的相对位置关系。

3. 其他视图的选择

　　其他视图是对零件主视图的补充。在绘制其他视图时,零件的主要结构和主要形状应优先基本视图或在基本视图上做剖视,而次要结构、细节、局部形状可用局部视图、局部放大图、断面图等表达,且尽可能按投影关系就近配置。每个视图都要有表达重点,做到各视图互相配合,互为补充且又不重复。在充分表达清楚零件结构形状的前提下,尽量减少其他视图的数量,力求制图简便。

第四节 零件图的尺寸标注

在前面章节中,已介绍了尺寸标注的基本规定和尺寸标注的正确性、完整性和清晰性。本节着重讨论在零件图中应怎样标注尺寸才能切合生产实际要求,即合理性的问题。

所谓"合理"是指所注尺寸既符合设计要求,又满足工艺要求。合理标注尺寸包括如何处理设计与工艺要求的关系,怎样选择尺寸基准,以及按照什么原则和方法标注主要尺寸和非主要尺寸等。

一、尺寸基准的选择

尺寸基准一般都选择零件上的一些重要面和线。尺寸标注时,面基准一般选择零件上的主要加工面、两零件的结合面、零件的对称中心面、端面、轴肩等;线基准一般选择轴、孔的轴线,零件某一方向的对称中心线等。在确定基准时,要考虑设计要求和便于加工、测量。为此有设计基准和工艺基准之分。

1. 设计基准

根据零件在机器中的位置和作用所选定的基准称为设计基准。设计基准通常是主要基准,如图 3-78 所示座体在高度方向的主要基准即为底面。

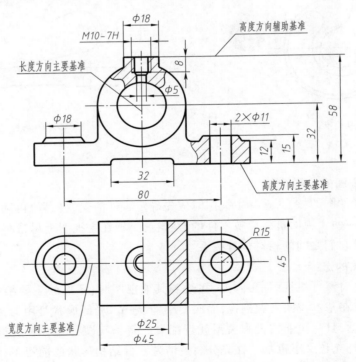

图 3-78 座体的尺寸基准

2. 工艺基准

为零件的加工和测量而选定的基准称为工艺基准。选择基准时,应尽可能使工艺基准和设计基准重合。当两者不重合时,所注尺寸应在保证设计要求的前提下满足工艺要求。

不同类型的零件,其尺寸基准的选择也不尽相同。如加工回转类零件的回转面时,其尺寸的测量一般是以车床主轴轴线为基准的,因此这类零件的尺寸基准一般考虑径向和轴向,径向尺寸基准选择以整体轴线为基准,而轴线尺寸基准则选择重要的加工端面作为基准。而非回转类零件,需要标注长、宽、高三个方向尺寸,因此常常选择这三个方向上的重要线、面作为主要基准。

二、选择尺寸的一般原则

1. 重要尺寸直接注出

影响产品性能、工作精度和配合的尺寸称为重要尺寸,应直接注出,如图 3-79 所示。

2. 避免注成封闭的尺寸链

在标注一个方向的尺寸时,注意不能形成封闭的尺寸链。应使要求高的段落尺寸得到保证,使这些尺寸的误差积累起来,最后都集中反映到某个不重要的段落上,即开环处,如图 3-80 所示。

3. 按加工工艺标注尺寸

在生产中,所注尺寸要便于使用普通量具测量,如图 3-81、图 3-82 所示。

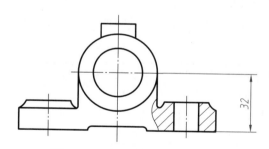

图 3-79 重要尺寸应从基准注出

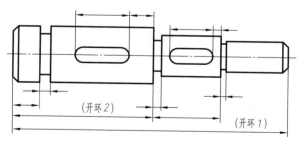

图 3-80 尺寸链不能封闭

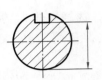 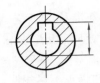

图 3-81　按测量方便标注尺寸(一)

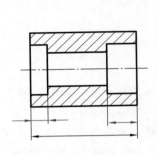 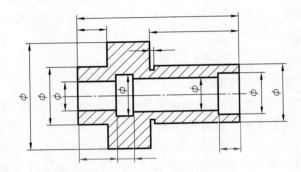

图 3-82　按测量方便标注尺寸(二)

三、零件上常见孔的尺寸标注

光孔、沉孔、螺孔(螺纹孔的简称)是零件上的结构,其尺寸标注可分为普通注法和旁注法,见表 3-5。一般情况下,推荐使用旁注法,以保证零件图各要素的清晰性。

表 3-5　常见孔的尺寸标注

类型		旁注法	普通注法	说明
光孔	一般孔	$4\times\phi5\downarrow8$ 　 $4\times\phi5\downarrow8$	$4\times\phi5$	"$\downarrow$"为深度符号,该图表示四等分光孔,直径为 5 mm,孔的深度为 8 mm
	精加工孔	$4\times\phi5^{+0.012}_{0}\downarrow6$ 孔$\downarrow8$　$4\times\phi5^{+0.012}_{0}\downarrow6$ 孔$\downarrow8$	$4\times\phi5$	钻孔深度为 8 mm,精加工孔(铰孔)深度为 6 mm

类型		旁注法	普通注法	说明
光孔	锥孔	锥销孔φ4 配作 锥销孔φ4 配作	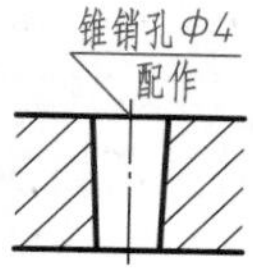 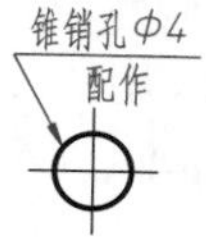 该孔无普通注法。 注意:φ4 是指与其相配的圆锥销的公称直径(小端直径)	"配作"是指该孔与相邻零件的同位锥销孔一起加工
沉孔	锥形沉孔	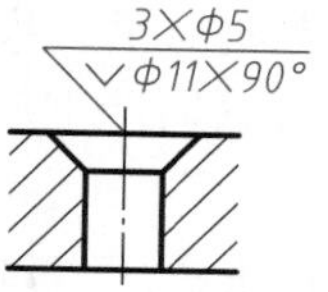 3×φ5 ⌵φ11×90°	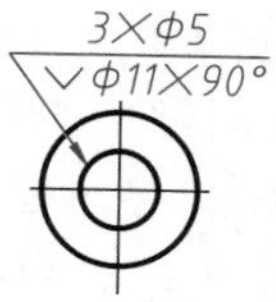 3×φ5 ⌵φ11×90°	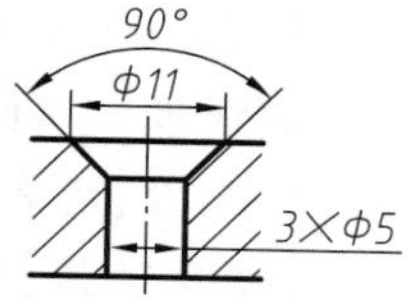 90° φ11 3×φ5	"⌵"为锥形沉孔符号,该孔为安装开槽沉头螺钉所用
	柱形沉孔	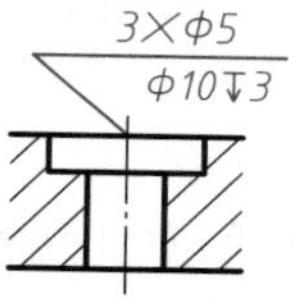 3×φ5 ⌴φ10▾3	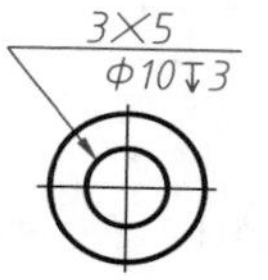 3×5 ⌴φ10▾3	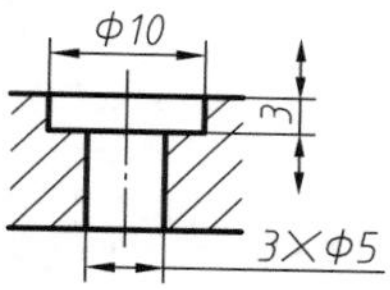 φ10 3 3×φ5	"⌴"表示柱形沉孔符号。 图中所注表示 3 等分台阶孔,小孔直径为 φ5 mm,沉孔直径为 φ10 mm,深度为 3 mm
	锪平沉孔	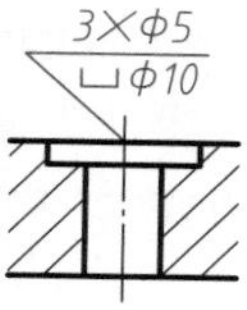 3×φ5 ⌴φ10	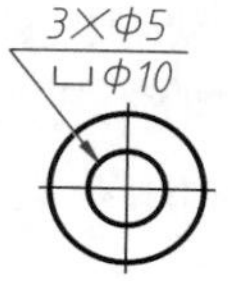 3×φ5 ⌴φ10	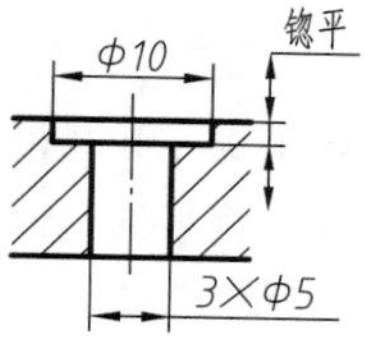 φ10 锪平 3×φ5	"⌴"为锪平符号(与柱形沉孔相同)。锪孔通常只需锪出圆平面,一般不标注孔深。 图中所注表示 3 等分台阶孔,小孔直径为 φ5 mm,锪孔直径为 φ10 mm
螺孔	通孔	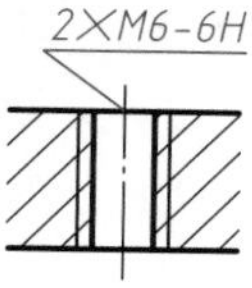 2×M6-6H	 2×M6-6H 通	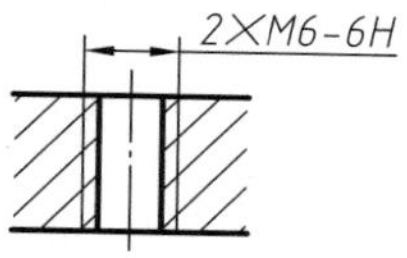 2×M6-6H	通孔结构表达清楚时,可不必标注"通";当视图中未表示时可注"通"
	不通孔	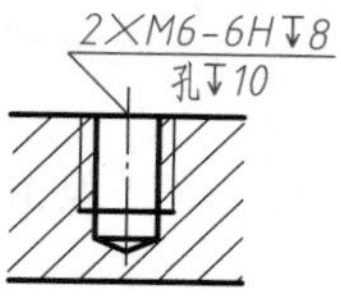 2×M6-6H▾8 孔▾10	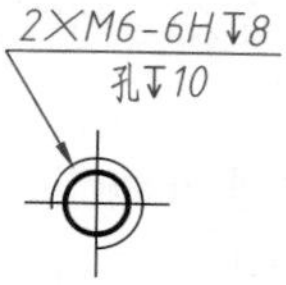 2×M6-6H▾8 孔▾10	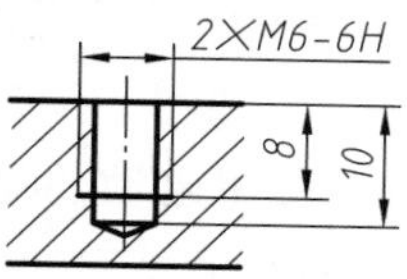 2×M6-6H 8 10	螺孔深度可与螺孔直径连注,也可分开标注,一般需要分别注出螺纹深度及光孔深度

第五节　零件图中的技术要求

零件图的技术要求,就是对零件的尺寸精度、零件表面状况等品质的要求。它直接影响零件的质量,是零件图上的重要内容之一。在零件图上,一般用代号、数字或文字来标注制造或检验该零件应达到的要求。我国已经制定了相应的国家标准,在生产中必须严格执行和遵守。

一、零件的表面结构(GB/T 131—2006)

1. 零件表面结构的概念

零件的表面结构是指零件表面的微观几何形貌,反映了零件的表面质量。表面结构是表面粗糙度、表面波纹度、表面缺陷、表面纹理和表面几何形状的总称,它们严重影响产品的质量和使用寿命,因此,在技术产品文件中必须对表面结构提出要求。

国家标准 GB/T 131—2006 中以粗糙度轮廓、波纹度轮廓和原始轮廓这三种轮廓为基础,建立了一系列参数,定量地描述对表面结构的要求,并能用仪器检测有关参数值,以评定实际表面是否合格。其中表面粗糙度参数使用最为广泛,本节重点介绍常用的表面粗糙度表示法。

2. 表面粗糙度

(1) 表面粗糙度的概念　零件表面上具有较小间距的峰谷所组成的微观几何形状特征称为表面粗糙度,如图 3-83(a)所示。表面粗糙度参数的大小对于零件的耐磨性、抗腐蚀性以及密封性等都有显著影响,因此是评定零件表面质量的一项重要技术指标。

表面粗糙度形成的原因主要与零件加工过程中的刀痕、切削分离时材料的塑性变形、刀具与零件已加工表面间的摩擦,以及工艺系统的高频振动等因素有关。零件的表面粗糙度将直接影响其耐磨性、疲劳强度、接触刚度、测量精度等性能,程度越大,零件表面性能越差;反之,则表面性能越高,但加工成本也必将随之增加。因此,在满足使用要求的前提下,应尽量选择较大的表面粗糙度参数值,以降低成本。

(2) 表面粗糙度的评定参数　评定零件表面质量的表面结构 R 轮廓参数有两种:轮廓的算术平均偏差 Ra 和轮廓的最大高度 Rz。

① 轮廓的算术平均偏差 Ra　是指在一个取样长度内,纵坐标值 $z(x)$ 绝对值的算术平均值,如图 3-83(b)所示。

轮廓的算术平均偏差 Ra 用公式可表示为

$$Ra = \frac{1}{l_r}\int_0^{l_r} |z(x)| \, \mathrm{d}x \ \text{或} \ Ra \approx \frac{1}{n}\sum_{i=1}^{n} |z_i|$$

② 轮廓的最大高度 Rz　是指在一个取样长度内,最大轮廓峰高和最大轮廓谷深之间的高度,如图 3-83(b)所示。

国家标准推荐优先选用 Ra 参数,可用电动轮廓仪进行测量,整个运算过程由仪器自动完成。评定轮廓的算术平均偏差 Ra 的数值见表 3-6(GB/T 1031—2009)。

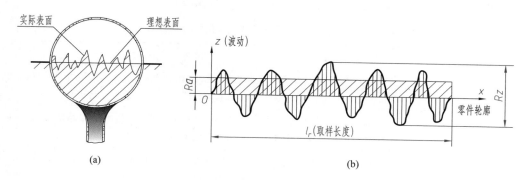

图 3-83　表面粗糙度

表 3-6　评定轮廓的算术平均偏差 Ra 的数值(优先选用系列)　　　　μm

0.012	0.025	0.05	0.1	0.2	0.4	0.8
1.6	3.2	6.3	12.5	25	50	100

3. 表面结构要求的标注符号与代号

对产品表面结构要求的几何量技术规范的符号及含义见表 3-7。

表 3-7　表面结构要求的几何量技术规范的符号及含义

符号	含义
$\sqrt{}$	基本符号,未指定工艺方法的表面,当通过一个注释解释时可单独使用
$\sqrt{}$	扩展图形符号,用去除材料的方法获得的表面;仅当其含义是"被加工表面"时可单独使用
$\sqrt{}$	扩展图形符号,不去除材料的表面;也可用于表示保持上道工序形成的表面,不管这种状况是通过去除材料或不去除材料形成的
$\sqrt{}$ $\sqrt{}$ $\sqrt{}$	完整图形符号,当要求标注表面结构特征的补充信息时,应在上述图形符号的长边上加一段横线
$\sqrt{}$ $\sqrt{}$ $\sqrt{}$	在上述三个符号上均加一个小圆,表示投影视图上封闭的轮廓线所表示的各表面具有相同的表面粗糙度要求

常见的表面粗糙度参数 Ra 值的代号及含义见表 3-8。

表 3-8 常见的表面粗糙度参数 Ra 值的代号及含义

代号	含义
$\sqrt{}\ Ra\,6.3$	表示任意加工方法,单向上限值,默认传输带,R 轮廓,算术平均偏差为 6.3 μm,评定长度为 5 个取样长度(默认),"16% 规则"(默认)
$\sqrt{}\ Ra\,6.3$	表示去除材料,单向上限值,默认传输带,R 轮廓,算术平均偏差为 6.3 μm,评定长度为 5 个取样长度(默认),"16% 规则"(默认)
$\sqrt{}\ Ra\,6.3$	表示不去除材料,单向上限值,默认传输带,R 轮廓,算术平均偏差为 6.3 μm,评定长度为 5 个取样长度(默认),"16% 规则"(默认)
$\sqrt{}\ U\ Ra_{max}\,6.3$ $L\ Ra\,1.6$	表示不去除材料,双向极限值,两个极限值使用默认传输带,R 轮廓,上限值:算术平均偏差为 6.3 μm,评定长度为 5 个取样长度(默认),"最大规则",下限值:算术平均偏差为 1.6 μm,评定长度为 5 个取样长度(默认),"16% 规则"(默认)

注:表中的传输带是指滤波方式参数。

4. 表面结构要求在零件图上的标注

(1)标注总则。表面结构要求对每一个表面一般只标注一次,并尽可能标注在相应的尺寸及其公差的同一视图上。除非另有说明,所标注的表面结构要求是对完工零件表面的要求。

(2)表面结构的注写和读取方向与尺寸的注写和读取方向一致,如图 3-84 所示。表面结构要求可标注在轮廓线上,其符号应从材料外指向并接触表面。必要时,表面结构符号也可用带箭头或黑点的指引线引出标注,或直接标注在延长线上,如图 3-85、图 3-86 所示。

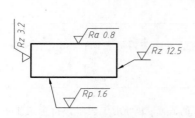

图 3-84 表面结构要求的注写方向

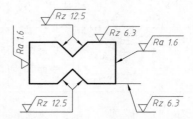

图 3-85 表面结构要求标注在轮廓线、延长线上

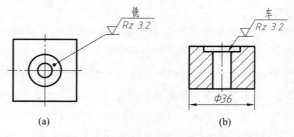

图 3-86 用指引线引出标注表面结构要求

在不至于引起误解时,表面结构要求也可以标注在指定的尺寸线上,如图 3-87 所示。

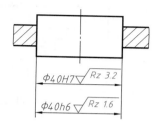

图 3-87　表面结构要求在尺寸线上的标注

（3）表面结构要求可标注在几何公差框格的上方,如图 3-88 所示。

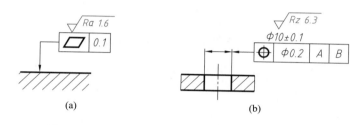

(a)　　　　　　　　　　　　　　　　　(b)

图 3-88　表面结构要求在几何公差框格上方的标注

（4）圆柱和棱柱表面结构要求只标注一次。如每个棱柱表面有不同的表面结构要求,则应分别单独标注,如图 3-89 所示。

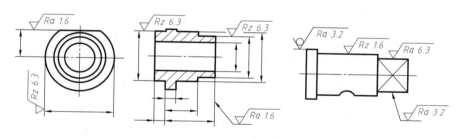

图 3-89　圆柱和棱柱表面结构要求的标注

（5）简化标注法有以下两种方法:

① 如果工件的多数(包括全部)表面有相同的表面结构要求,则其表面结构要求可统一标注在图样的标题栏附近。表面结构要求的符号后面应该有两种情况,如图 3-90 所示为两种简化标注法,但不包括全部表面有相同要求的情况。

② 当多个表面具有相同的表面结构要求或图纸空间有限时可采用简化标注法,如图 3-91 所示。对有相同表面结构要求的表面进行简化标注,可用带字母的完整符号指向零件表面,或表面结构符号指向零件表面,再以等式的形式在图形或标题栏附近对多个表面相同的表面结构要求进行标注。

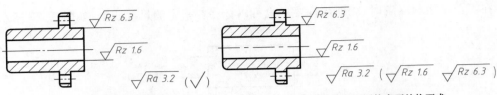

(a) 在圆括号内给出无任何其他标注的基本符号　　　　(b) 在圆括号内给出不同的表面结构要求

图 3-90　表面结构要求的简化注法

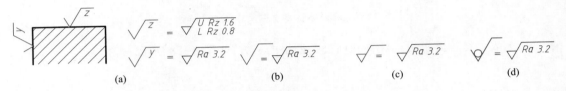

(a)　　　　　　　　　　(b)　　　　　　　　(c)　　　　　　　　(d)

图 3-91　在图纸空间有限时的简化注法

（6）由几种不同的工艺方法获得的同一表面,当需要明确每种工艺方法的表面结构要求时,可按如图 3-92 所示进行标注。

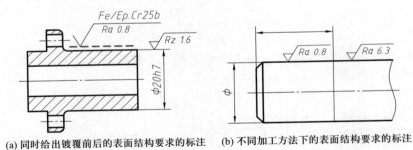

(a) 同时给出镀覆前后的表面结构要求的标注　　　　(b) 不同加工方法下的表面结构要求的标注

图 3-92　不同工艺方法获得的同一表面的表面结构要求的标注

如图 3-93~图 3-96 所示列举了常见机械结构的粗糙度的标注方法。

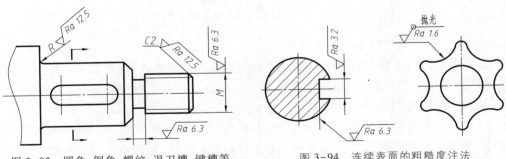

图 3-93　圆角、倒角、螺纹、退刀槽、键槽等　　　　图 3-94　连续表面的粗糙度注法
　　　　　结构的粗糙度标注

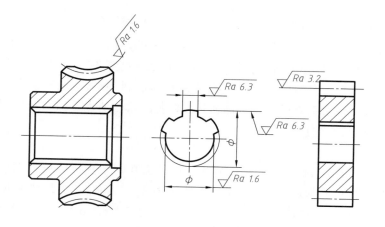

图 3-95　齿轮工作表面、花键等重复要素的粗糙度注法

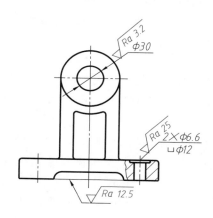

图 3-96　两侧面同时加工及锪孔的粗糙度注法

　　零件表面粗糙度参数值的选用,应该既要满足零件表面的功用要求,又要考虑其经济合理性。表面粗糙度值的常用系列及对应的加工方法(GB/T 6060.1—2018、GB/T 6060.2—2006)可参考表 3-9。

表 3-9　常用加工方法的表面粗糙度值

加工方式	表面粗糙度值 $Ra/\mu m$
铸造加工	100、50、25、12.5、6.3
钻削加工	12.5、6.3
铣削加工	12.5、6.3、3.2
车削加工	12.5、6.3、3.2、1.6
磨削加工	0.8、0.4、0.2
超精磨削加工	0.1、0.05、0.025、0.012

二、极限与配合(GB/T 1800.1—2020、GB/T 1800.2—2020)

在日常生活中,如人们经常使用的自行车和手表的零件,或者生产中使用的各种设备中的零件等,出现损坏后,修理人员很快就可以用同样规格的零件换上,恢复它们应有的功能。究其原因,是因为这些零件具有互换性。在机械和仪器制造中,遵循互换性原则,不仅能显著提高劳动生产率,而且能有效保证产品质量并降低成本。所以,互换性是机械和仪器制造中的重要生产原则与有效技术措施。

1. 互换性

在机械和仪器制造工业中,零、部件的互换性是指在同一规格的一批零件或部件中,任取其一,不需任何挑选或附加修配(如钳工修理)就能装在机器上,达到规定的性能要求。为满足机械制造中零件所具有的互换性,要求生产零件尺寸应在允许的公差范围之内。这就必须对一种零件的形式、尺寸、精度、性能等规定一个统一的标准。同类产品还需按尺寸大小合理分档,以减少产品的系列,这就是产品的标准化。在工程中,对于零件是以"极限"的标准化来解决,对于零件与零件之间的装配则以"配合"的标准化来解决,由此产生了"极限与配合"制度。

2. 尺寸的基本术语

(1)公称尺寸   设计给定的尺寸称为公称尺寸,如图 3-97 所示的尺寸 $\phi 30$。

(2)实际尺寸   通过测量所得的尺寸称为实际尺寸(由于存在测量误差,实际尺寸并非真值)。

(3)极限尺寸   允许零件尺寸变化的两个界限值称为极限尺寸。这是以公称尺寸为基数来确定的。两个界限值中较大的一个称为上极限尺寸,较小的一个称为下极限尺寸。由此可见,极限尺寸可以大于、小于或等于公称尺寸。

如图 3-97 所示,孔的上极限尺寸为 $\phi 30.021$,下极限尺寸为 $\phi 30$;轴的上极限尺寸为 $\phi 29.993$,下极限尺寸为 $\phi 29.980$。

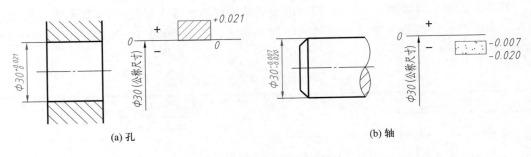

(a)孔   (b)轴

图 3-97   孔和轴的尺寸公差

3. 极限偏差与尺寸公差的基本术语

(1)极限偏差   极限尺寸与其公称尺寸的代数差称为极限偏差。极限偏差包括上极限偏差与下极限偏差,其数值可以是正值、负值或零。

$$上极限偏差=上极限尺寸-公称尺寸$$

$$下极限偏差=下极限尺寸-公称尺寸$$

国家标准规定:孔的上极限偏差代号为 ES,孔的下极限偏差代号为 EI;轴的上极限偏差代号为 es,轴的下极限偏差代号为 ei。如在图 3-97 中,孔的上极限偏差为 +0.021,轴的上极限偏差为 -0.007;孔的下极限偏差为 0,轴的下极限偏差为 -0.020。

（2）尺寸公差（简称公差） 尺寸的允许变动量称为尺寸公差。

$$尺寸公差=上极限尺寸-下极限尺寸=上极限偏差-下极限偏差$$

注意:尺寸公差一定为正值。如在图 3-97 中,孔的公差为 0.021,轴的公差为 0.013。

4. 尺寸公差带和公差带图

尺寸公差带即尺寸的允许变动范围的图解形式。

在分析尺寸公差时,可以公称尺寸为基准（俗称为"零线"）,用夸大了间距的两条直线表示上、下极限尺寸,这两条直线所限定的区域称为公差带。用该方法绘制的简图称为公差带图,如图 3-97 和图 3-98 所示。

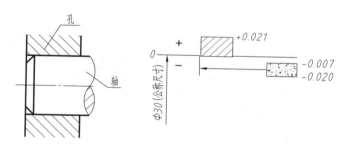

图 3-98 孔和轴的公差带图

5. 标准公差与基本偏差

国家标准 GB/T 1800.2—2020 规定,在公差带图中,公差带是由标准公差和基本偏差组成,其中标准公差决定公差带的高度,基本偏差确定公差带相对于零线的位置。

（1）标准公差 标准公差是由国家标准规定的,用于确定公差带大小的任一公差。

公差等级确定尺寸的精确程度,国家标准把公差等组分为 20 个等级,分别用 IT01、IT0、IT1～IT18 表示,IT(international tolerance)表示标准公差。国家标准把 ≤500 mm 的公称尺寸范围分成 13 段,按不同的公差等级列出了各段公称尺寸的公差值,为标准公差,详见附录表 A-17。

对于一定的公称尺寸,公差等级越高,标准公差值就越小,其尺寸的精确程度就越高。公称尺寸和公差等级相同的孔与轴,它们的标准公差值相等。

（2）基本偏差 用以确定公差带相对于零线位置的上极限偏差或下极限偏差称为基本偏差,一般是指靠近零线的那个偏差。

根据实际需要,国家标准分别对孔和轴各规定了 28 个不同的基本偏差。轴和孔的基本偏差数值见附录表 A-18 和附录表 A-19。

如图 3-99 所示，基本偏差用拉丁字母表示，大写字母代表孔，小写字母代表轴。

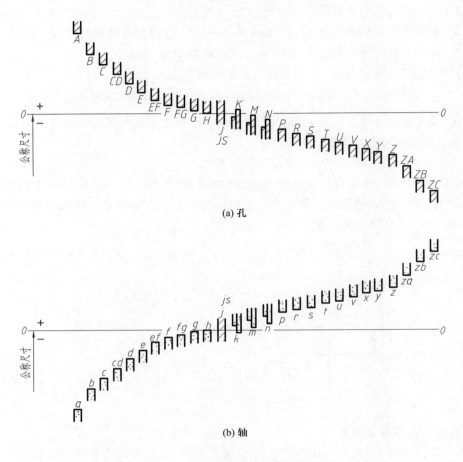

(a) 孔

(b) 轴

图 3-99　孔、轴的基本偏差系列图

轴的基本偏差从 a~h 为上极限偏差，从 j~zc 为下极限偏差，js 的上、下极限偏差分别为 $+\dfrac{IT}{2}$ 和 $-\dfrac{IT}{2}$。

孔的基本偏差从 A~H 为下极限偏差，从 J~ZC 为上极限偏差。JS 的上、下极限偏差分别为 $+\dfrac{IT}{2}$ 和 $-\dfrac{IT}{2}$。

轴和孔的另一偏差可根据轴和孔的基本偏差和标准公差，按以下代数式计算。

轴的上极限偏差（或下极限偏差）　es＝ei＋IT　或　ei＝es－IT

孔的上极限偏差（或下极限偏差）　ES＝EI＋IT　或　EI＝ES－IT

（3）公差带代号　孔、轴的公差带代号由基本偏差代号和公差等级两部分组成，如

图 3-100 所示。

$\phi100H7$ 的含义是:公称尺寸为 $\phi100$,标准公差等级为 7 级,基本偏差为 H 的孔的公差带。

$\phi100m6$ 的含义是:公称尺寸为 $\phi100$,标准公差等级为 6 级,基本偏差为 m 的轴的公差带。

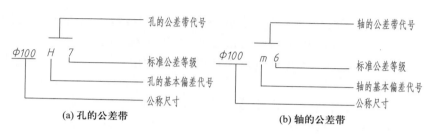

图 3-100　公差带代号的含义

6. 配合

在机器装配中,将公称尺寸相同的、相互结合的孔和轴公差带之间的关系称为配合。根据机器的设计要求和生产实际的需要,国家标准将配合分为三类,如图 3-101(b)~(d)所示。

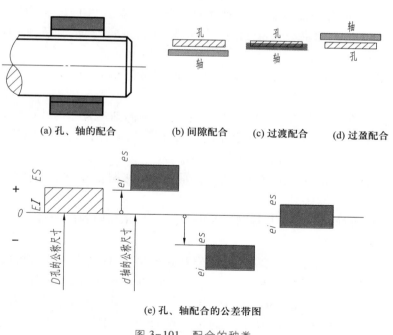

图 3-101　配合的种类

（1）间隙配合　具有间隙（包括最小间隙为零）的配合称为间隙配合。间隙配合时，孔的公差带在轴的公差带之上。

由于孔的实际尺寸总比轴的实际尺寸大，轴与孔之间存在间隙，因此轴在孔中能相对运动。

（2）过盈配合　具有过盈（包括最小过盈为零）的配合称为过盈配合。过盈配合时，孔的公差带在轴的公差带之下。

由于孔的实际尺寸总比轴的实际尺寸小，因此在装配时需要一定的外力或使带孔零件加热膨胀后，才能把轴压入孔中，此时轴与孔之间不能产生相对运动。

（3）过渡配合　可能具有间隙或过盈的配合称为过渡配合。过渡配合时的孔与轴的公差带相互交叠。

这时轴的实际尺寸比孔的实际尺寸有时小，有时大。它们装在一起后，可能出现间隙或出现过盈，但间隙或过盈都相对较小。

7. 配合制

配合制是指同一极限制的孔和轴组成配合的一种制度，也就是配合基准制。指以两个配合零件中的一个为基准件，并选定标准公差带，而改变另一个零件（非基准件）的公差带位置，从而形成各种配合的制度。国家标准中规定了两种配合制，即基孔制和基轴制。

（1）基孔制　基本偏差为一定的孔的公差带，与不同基本偏差的轴的公差带构成各种配合的一种制度称为基孔制。这种制度在同一公称尺寸的配合中，是将孔的公差带位置固定，通过变动轴的公差带位置，得到各种不同的配合，如图 3-101（a）~（d）所示。

基孔制的孔称为基准孔。国标规定基准孔的下极限偏差为零，"H"为基准孔的基本偏差。

（2）基轴制　基本偏差为一定的轴的公差带，与不同基本偏差的孔的公差带构成各种配合的一种制度称为基轴制。这种制度在同一公称尺寸的配合中，是将轴的公差带位置固定，通过变动孔的公差带位置，得到各种不同的配合。

基轴制的轴称为基准轴。国家标准规定基准轴的上极限偏差为零，"h"为基轴制的基本偏差。

分析图 3-99 可知：基孔制（基轴制）中，a~h（A~H）用于间隙配合；j~zc（J~ZC）用于过渡配合和过盈配合。

（3）常用配合与优先配合　20 个标准公差等级和 28 种基本偏差可组成大量的配合。根据机械工业产品生产使用的需要，考虑到定值刀具、量具的统一，国家标准对孔、轴的公差带选用分为优先、其次和最后三类，前两类合称常用公差带。组成基孔制的常用配合有 45种，其中优先配合有 16 种；组成基轴制的常用配合有 38 种，其中优先配合有 18 种，见表 3-10 和表 3-11。应尽量选用优先配合和常用配合。

表 3-10 基孔制配合的优先配合 (摘自 GB/T 1800.1—2020)

基准孔	轴公差带代号																
	b	c	d	e	f	g	h	js	k	m	n	p	r	s	t	u	x
	间隙配合							过渡配合			过盈配合						
H6						$\frac{H6}{g5}$	$\frac{H6}{h5}$	$\frac{H6}{js5}$	$\frac{H6}{k5}$	$\frac{H6}{m5}$	$\frac{H6}{n5}$	$\frac{H6}{p5}$					
H7					$\frac{H7}{f6}$	$\frac{H7}{g6}$	$\frac{H7}{h6}$	$\frac{H7}{js6}$	$\frac{H7}{k6}$	$\frac{H7}{m6}$	$\frac{H7}{n6}$	$\frac{H7}{p6}$	$\frac{H7}{r6}$	$\frac{H7}{s6}$	$\frac{H7}{t6}$	$\frac{H7}{u6}$	$\frac{H7}{x6}$
H8				$\frac{H8}{e7}$	$\frac{H8}{f7}$		$\frac{H8}{h7}$	$\frac{H8}{js7}$	$\frac{H8}{k7}$	$\frac{H8}{m7}$				$\frac{H8}{s7}$		$\frac{H8}{u7}$	
			$\frac{H8}{d8}$	$\frac{H8}{e8}$	$\frac{H8}{f8}$		$\frac{H8}{h8}$										
H9			$\frac{H9}{d8}$	$\frac{H9}{e8}$	$\frac{H9}{f8}$		$\frac{H9}{H8}$										
H10	$\frac{H10}{b9}$	$\frac{H10}{c9}$	$\frac{H10}{d9}$	$\frac{H10}{e9}$			$\frac{H10}{h9}$										
H11	$\frac{H11}{b11}$	$\frac{H11}{c11}$	$\frac{H11}{d10}$				$\frac{H11}{h10}$										

注:彩色字为优先配合。

表 3-11 基轴制配合的优先配合 (摘自 GB/T 1800.1—2020)

基准轴	孔公差带代号																
	B	C	D	E	F	G	H	JS	K	M	N	P	R	S	T	U	X
	间隙配合							过渡配合			过盈配合						
h5						$\frac{G6}{h5}$	$\frac{H6}{h5}$	$\frac{JS6}{h5}$	$\frac{K6}{h5}$	$\frac{M6}{h5}$	$\frac{N6}{h5}$	$\frac{P6}{h5}$					
h6					$\frac{F7}{h6}$	$\frac{G7}{h6}$	$\frac{H7}{h6}$	$\frac{JS7}{h6}$	$\frac{K7}{h6}$	$\frac{M7}{h6}$	$\frac{N7}{h6}$	$\frac{P7}{h6}$	$\frac{R7}{h6}$	$\frac{S7}{h6}$	$\frac{T7}{h6}$	$\frac{U7}{h6}$	$\frac{X7}{h6}$
h7				$\frac{E8}{h7}$	$\frac{F8}{h7}$		$\frac{H8}{h7}$										
h8			$\frac{D9}{h8}$	$\frac{E9}{h8}$	$\frac{F9}{h8}$		$\frac{H9}{h8}$										
				$\frac{E8}{h9}$	$\frac{F8}{h9}$		$\frac{H8}{h9}$										
h9			$\frac{D9}{h9}$	$\frac{E9}{h9}$	$\frac{F9}{h9}$		$\frac{H9}{h9}$										
	$\frac{B11}{h9}$	$\frac{C10}{h9}$	$\frac{D10}{h9}$				$\frac{H10}{h9}$										

注:彩色字为优先配合。

8. 极限与配合的标注（GB/T 4458.5—2013）

（1）在装配图中的标注方法 配合的代号由两个相互结合的孔和轴的公差带的代号组成，用分数形式表示，分子为孔的公差带代号，分母为轴的公差带代号，标注的通用形式如图 3-102（a）所示。

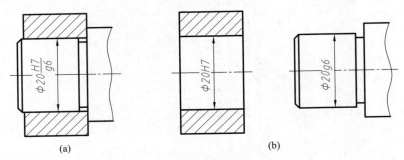

(a)   (b)

图 3-102 极限与配合的标注（一）

（2）在零件图中的标注方法 标注公差带代号如图 3-102（b）所示。这种注法一般和采用专用量具检验零件统一起来，以适应大批量生产的要求，因此不需要标注偏差数值。

标注偏差数值如图 3-103 所示。

上（下）极限偏差注在公称尺寸的右上（下）方，偏差数字应比公称尺寸数字小一号。当上（下）极限偏差数值为零时，可简写为"0"，另一偏差数仍标在原来的位置上，如图 3-103（b）所示。如果上、下极限偏差的数值相同，则在公称尺寸数字后标注"±"符号，再写上极限偏差数值。这时数值的字体与公称尺寸字体同高，如图 3-104 所示。这种注法主要用于小批量或单件生产，以便加工和检验时减少辅助时间。

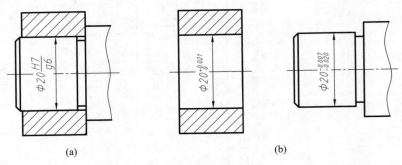

(a)   (b)

图 3-103 极限与配合的标注（二）

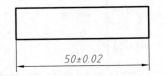

50±0.02

图 3-104 极限与配合的标注（三）

公差带代号和偏差数值一起标注，如图 3-105(b)所示。这种注法主要用于零件的不定量生产。

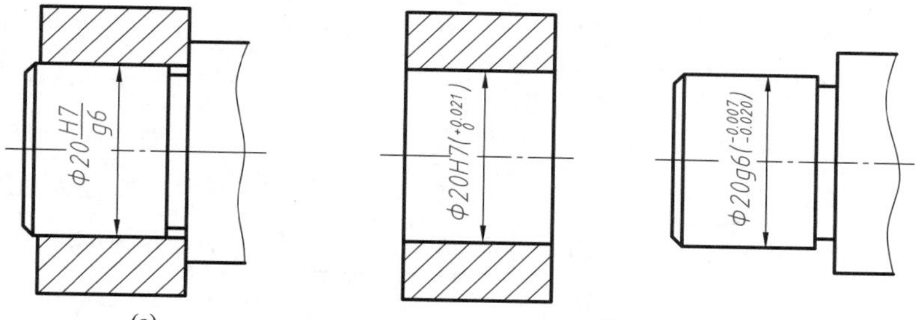

图 3-105 极限与配合的标注(四)

三、几何公差(GB/T 1182—2018)

产品的质量不仅需要通过表面结构、极限与配合来保证，还需要用零件的几何形状和构成零件几何要素(点、线、面)的相对位置的准确度来保证。为此，国家标准对评定产品质量还规定了一项重要技术指标——几何公差。对零件上有几何公差要求的要素，均应按标准中规定的代号加以标注。

1. 几何公差的定义

零件上的要素是指构成零件几何特征的点、线、面。这些要素是由一定大小的线性尺寸或角度尺寸确定的几何形状，可以是组成要素(如圆柱面、端面等)，也可以是导出要素(如中心线或中心面)。

零件的几何公差可具体分成以下四类：

(1) 形状公差　指单一要素的形状所允许的变动全量。

(2) 方向公差　关联实际要素对基准在方向上允许的变动全量。

(3) 位置公差　关联实际要素对基准在位置上允许的变动全量。

(4) 跳动公差　关联实际要素绕基准回转一周或连续回转时所允许的最大跳动量。

2. 几何公差符号

几何公差的几何特征和符号见表 3-12。

表 3-12　几何公差的几何特征和符号

公差类型	几何特征	符号	基准	公差带
形状公差	直线度	—	无	两平行直线，两平行平面，圆柱面
	平面度	▱	无	两平行平面
	圆度	○	无	两同心圆
	圆柱度	⌭	无	两同轴圆柱面
	线轮廓度	⌒	无	两包络线(等距曲线)
	面轮廓度	⌓	无	两包络面(等距曲面)

公差类型	几何特征	符号	基准	公差带
方向公差	平行度	∥	有	两平行平面,圆柱面
	垂直度	⊥	有	两平行平面,圆柱面
	倾斜度	∠	有	两平行平面,圆柱面
	线轮廓度	⌒	有	两包络线(等距曲线)
	面轮廓度	⌓	有	两包络面(等距曲面)
位置公差	位置度	⊕	有或无	圆、球、两平行直线(平面)、圆柱面
	同心度 (用于中心点)	◎	有	圆
	同轴度 (用于轴线)	◎	有	圆柱面
	对称度	≡	有	两平行平面
	线轮廓度	⌒	有	两包络线(等距曲线)
	面轮廓度	⌓	有	两包络面(等距曲面)
跳动公差	圆跳动	↗	有	两同心圆
	全跳动	↗↗	有	两同轴圆柱面,两平行平面

3. 几何公差代号及其标注

（1）几何公差代号　几何公差代号由框格和带指示箭头的指引线组成,如图 3-106(a)所示。其中,框格由两格或多格组成,框格中的主要内容从左到右按以下次序填写:几何公差特征符号;公差值及有关附加符号;基准符号及有关附加符号。框格的高度应是框格内所书写字体高度的两倍,框格的宽度应是:第一格等于框格的高度;第二格应与标注内容的长度相适应;第三格以后各格须与有关字母的宽度相适应。

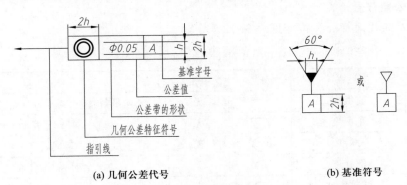

(a) 几何公差代号　　　　　　　　　(b) 基准符号

图 3-106　几何公差代号及基准符号

（2）基准符号　对有方向公差、位置公差及跳动公差要求的零件，应标注基准符号，如图 3-106（b）所示。表示基准的字母用大写英文字母表示，其中 E、F、I、J、M、O、P、L、R 不能采用。

注意：几何公差代号中的框格线、图形符号、基准符号的线宽为 $h/10$（B 型字体线宽），既不是细实线，也不是粗实线。

（3）几何公差在图样上的标注　在图样中，几何公差一般采用代号标注。当无法采用代号标注时，允许在技术要求中用文字说明。

① 被测要素或基准要素为线或表面时的标注。当被测要素或基准要素为线或表面时，指引线箭头应指向该要素的轮廓线或其引出线上，并应明显地与尺寸线错开，如图 3-107 所示。

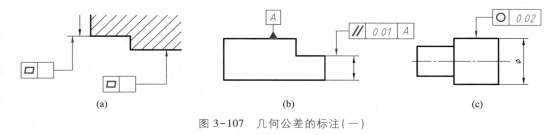

(a)　　　　　　　(b)　　　　　　　(c)

图 3-107　几何公差的标注（一）

② 被测要素或基准要素指向实际表面时的标注。当被测要素或基准要素指向实际表面时，箭头或基准符号可置于带点的参考线上，如图 3-108 所示。

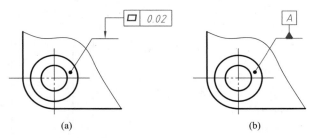

(a)　　　　　　　(b)

图 3-108　几何公差的标注（二）

③ 被测要素或基准要素为轴线、对称中心面、球心时的标注。被测要素或基准要素为轴线、对称中心面、球心时，指引线箭头或基准代号上的连线与该要素的尺寸线对齐，如图 3-109 所示。公差值前加注 ϕ，表示给定的公差带为圆形或圆柱形。

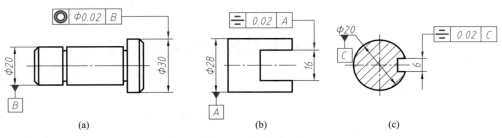

(a)　　　　　　　(b)　　　　　　　(c)

图 3-109　几何公差的标注（三）

④ 同一被测要素有多项几何公差要求时的标注。当同一被测要素有多项几何公差要求标注时,框格可绘制在一起,并共用一条指引线,如图 3-110 所示。

⑤ 多个被测要素有同一几何公差要求时的标注。当多个被测要素有同一几何公差要求时,可共用一个框格,从指引线上引出多个箭头指向被测要素,如图 3-111 所示。

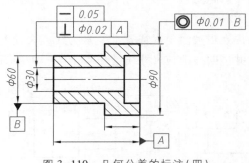

图 3-110　几何公差的标注(四)

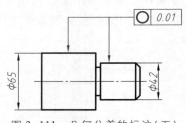

图 3-111　几何公差的标注(五)

如图 3-112 所示是几何公差在齿轮毛坯图上的标注。具体含义如下:

◯ 0.04 表示 φ100h6 外圆的圆度公差为 0.04 mm。

↗ 0.025 B 表示 φ100h6 外圆对孔 φ45P7 轴线的径向圆跳动公差为 0.025 mm。

∥ 0.01 A 表示该零件上箭头所指两端面之间的平行度公差为 0.01 mm。

注意:这里的基准 A 是指任选基准。通常对具有对称形状的零件,实际上无法区分被测要素和基准要素时,可采用任选基准进行标注。

除了上述表面结构、极限与配合及几何公差三项外,零件上的技术要求还常常包括对零件物理、化学性能方面的要求,如对材料热处理和表面处理等方面的要求。此类要求一般会写在文字性的技术要求中,通常靠近标题栏放置。

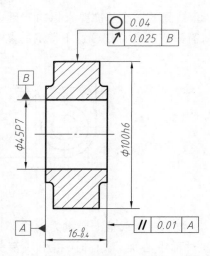

图 3-112　几何公差在齿轮毛坯图上的标注

第六节　典型零件图的绘制与识读

一、典型零件图的画法

工程实际中的零件结构千变万化,但从总体结构上可分成轴套类、盘盖类、箱体类及叉架类等典型零件。每类零件的表达方法有共同的一面,掌握相应零件的表达方法可以做到举一反三,触类旁通。下面分别例举案例,介绍它们的结构特点及零件图的画法。

（一）轴套类零件

1. 结构特征

轴套类零件的主体为回转类结构,且常常由若干个同轴回转体组合而成,径向尺寸小,轴向尺寸大,即为细长类回转结构,且零件上常有倒角、倒圆、螺纹、螺纹退刀槽、砂轮越程槽、键槽、小孔等结构。轴套类零件可细分为轴类和套类,其中:轴类零件一般为实心结构,是机器某一部分的回转核心零件,其主要功能是支承传动零件(齿轮、带轮、离合器等)和传递扭矩,如图3-113所示的铣刀头刀轴;套类零件为空心结构,也是机械中常见的一种零件,主要起支承和导向作用,如图3-114所示的连接套。

图3-113　铣刀头刀轴　　　　　　　　　　图3-114　连接套

2. 视图表达

轴套类零件一般在车床上加工,要按形状和加工位置确定主视图,轴线水平放置,大头在左、小头在右,键槽和孔结构可以朝前,这样便于操作者看图,少出或不出废品。轴套类零件一般只画一个主视图,对于零件上的键槽、孔等结构可作出局部剖视图、移出断面,而砂轮越程槽、退刀槽、中心孔等结构则一般用局部放大图表达。

如图3-115所示的轴是铣刀头上的一个主要零件。由图可知轴的结构形状,整根轴由七个同轴的圆柱体组成,呈细长状,上面分别有销孔、键槽、倒角、中心孔、退刀槽等常见结构。视图表达采用加工位置原则,轴线水平,主视图以视图为主显示出七个台阶状的圆柱结构。由于该轴上的销孔与三处键槽的特征不在同一个方向,本着兼顾的原则,键槽朝上(或下)放置,主视图中采用了三处局部剖视图表达了其位置、长度和深度。另外,由于该轴长度较长,受到图幅的限制,主视图中还采用了折断画法,压缩了中间段$\phi44$圆柱的部分尺寸。

除主视图外,该轴左端的键槽分别用简化的局部视图和移出断面图表示出了它的形状和宽度、深度,最右端的键槽则同样用移出断面图表示出了双键槽结构的宽度、深度,而左端的销孔和右边键槽处的退刀槽则用了两处局部放大图给出。

如图3-116所示为连接套零件图,该零件属于套类零件。

3. 尺寸标注

轴套类零件的尺寸主要是轴向和径向尺寸,径向尺寸的主要基准是轴线,轴向尺寸的主要基准是该方向上重要的端面。对于多段组合的轴,由于工艺需要一般需要若干个基准,其中有一个最重要的是设计基准。

轴的结构

如图 3-115 所示的轴零件图中,径向以整体轴线为基准,轴向以 $\phi44$ 外圆的左端面为基准(该端面在装配体里起轴向定位作用),轴向的其他尺寸多按该零件的实际加工顺序注出。

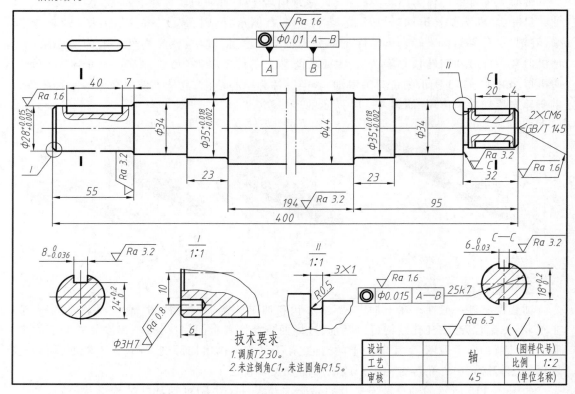

图 3-115　轴零件图

4. 技术要求

轴通常是由支承轴颈支承在机器的机架或箱体上实现运动传递和动力传递的功能,其表面的精度及其与轴上传动件配合表面的位置精度对轴的工作状态和精度有直接的影响。轴类零件的技术要求通常包含以下几个方面:

(1) 表面粗糙度　这是根据轴运转速度和尺寸精度等级决定的。回转配合面粗糙度要求较高,单位为 μm,一般为 $Ra1.6$、$Ra0.8$ 等;端面次之,装配接触面常为 $Ra3.2$,其他要求较低;键槽的两侧面要求一般为 $Ra3.2$,底面为 $Ra6.3$;螺纹结构无特殊要求时默认值为 $Ra6.3$;其他无特殊要求时可在图纸右下角标注集中标注"$Ra12.5$"或"$Ra6.3$"。

(2) 尺寸公差　主要指直径和长度的尺寸精度。这主要由使用要求和配合性质确定:对主要支承轴颈,可为 IT9~IT6;特别重要的轴颈可为 IT5。长度尺寸要求一般不严格,常按未注公差尺寸加工。

注意:零件的尺寸公差必须根据所在装配图的配合要求才能进行标注。

（3）几何公差　该类零件的形状公差主要是指支承轴颈的圆度、圆柱度;位置公差主要指装配传动件的配合轴颈相对于装配轴承的支承轴颈的同轴度、圆跳动及端面对轴心线的垂直度等。

可按上述要求对如图 3-115 所示轴零件图中的技术要求进行具体分析。

（4）其他要求　为改善轴类零件的切削加工性能或提高综合力学性能及其使用寿命,必须根据轴的材料和使用要求,规定相应的热处理要求,如调质处理、淬火等。

套类零件的外圆表面多以过盈配合或过渡配合与机架或箱体孔配合起支承作用,其技术要求推荐如下:孔的表面粗糙度值为 $Ra1.6\sim0.16\ \mu m$,要求高的精密套筒可达 $Ra0.04\ \mu m$,外圆表面粗糙度值为 $Ra3.2\sim0.63\ \mu m$;孔的直径尺寸公差等级一般为 IT7,要求较高的轴套可取 IT6,要求较低的通常取 IT9;几何公差有圆度、圆柱度、垂直度、对称度等要求。

同样,可按上述要求对如图 3-116 所示连接套零件图中的技术要求进行具体分析。

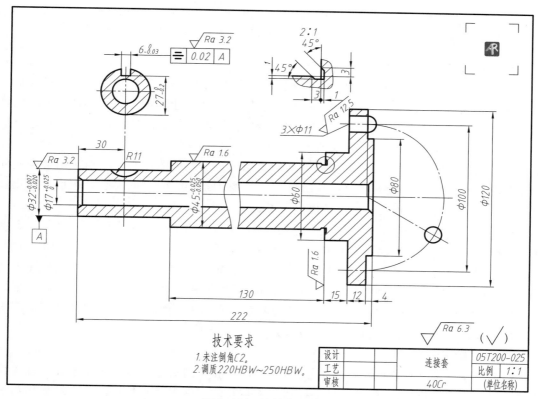

图 3-116　连接套零件图

（二）盘盖类零件

1. 结构特征

盘盖类零件也是机器上的常见零件,一般是回转体,其结构特点是径向尺寸较大,轴向尺寸相对较小,一般为扁平状结构。盘盖类零件还能细分成:盖(如轴承盖、端盖等)、盘(法兰盘、托盘等）、轮（齿轮、手轮、带轮等）等。该类零件的主要几何构成有孔、外圆、端面和沟槽等；其中孔和一个端面常常是加工、检验和装配的基准。这类零件在机器中主要起传运、支承、轴向定位或密封等作用，材料多为铸件或锻件。

如图 3-117 所示为几种常见的盘盖类零件的三维造型。

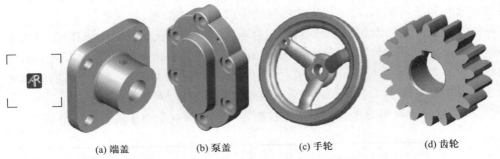

(a) 端盖　　　　(b) 泵盖　　　　(c) 手轮　　　　(d) 齿轮

图 3-117　几种常见的盘盖类零件的三维造型

2. 视图表达

盘盖类零件的加工以车削为主，有的表面则需在磨床上加工，所以按其形体特征和加工位置原则选择主视图，轴线水平放置。但有些较复杂的盘盖，因加工工序较多，主视图也可按工作位置画出。盘盖类零件一般需要两个基本视图表达，反映出轴向内部结构与端面形状结构。根据结构特点，当主视图具有对称面时，可作半剖视；无对称面时可做全剖或局部剖视，这时可根据具体的情况选择不同类型的剖切面。而左视图或右视图则多用来表达外形和盘上的孔或槽的分布情况。轮辐、肋板等可用移出断面或重合断面表示，也可用简化画法；细小结构如小孔、油槽则采用局部放大图表示。

如图 3-118 所示为手轮零件图。手轮是一种机器上常见的，直接用手操作的零件，可用来操纵机床某一部件的运动或者调节某一部件的位置等。由图 3-117(c)、图 3-118 可知手轮是一个很典型的盘盖类零件，其结构由轮毂、轮辐、轮缘三部分构成。该零件的视图表达采用加工位置原则，轴线水平，主视图采用局部剖视图，反映出手轮的内部结构，此时三根均布的轮辐采用简化画法，且按不剖处理。左视图则反映了该零件的外形，且对轮辐采用了重合断面，反映出该轮辐的横截面为椭圆结构。

3. 尺寸标注

盘盖类零件主要有两个方向的尺寸，即径向尺寸和轴向尺寸。通常选用轴孔的轴线作为径向设计基准，而轴向一般以经过机械加工并与其他零件表面相接触的较大端面作为设计基准。分析图 3-118 的手轮零件图可知，该零件的径向基准为键槽所在孔 ϕ12H9 的轴线，轴线基准则为该孔的右端面，这是手轮安装在轴上的一个接触面。

由于盘盖类零件上常有一些孔类结构，因此定形和定位尺寸要明显标注。尤其是在圆周上分布的小孔的定位圆直径是这类零件的典型定位尺寸，多个小孔一般采用如"3×ϕ5EQS"的形式标注。本着尺寸标注的清晰性原则，盘盖类零件的内外结构形状尺寸应分开标注。

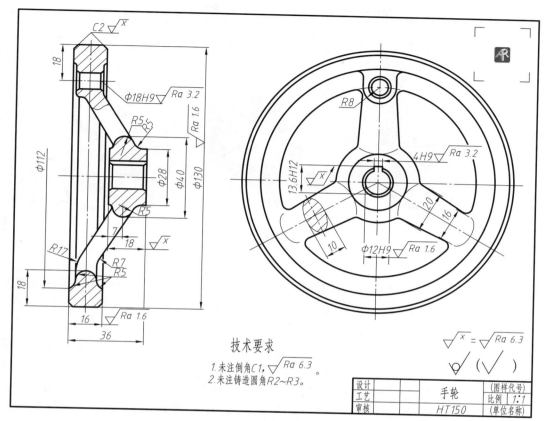

图 3-118　手轮零件图

4. 技术要求

（1）表面粗糙度　盘盖类零件有配合关系的内外表面及起轴向定位作用的端面,其表面粗糙度值要低一些。如有配合要求的孔,其表面粗糙度值一般为 $Ra3.2\sim0.8\ \mu m$,要求高的精密齿轮内孔可达 $Ra0.4\ \mu m$。端面作为零件的装配基准,其表面粗糙度值一般为 $Ra6.3\sim1.6\ \mu m$。

（2）尺寸公差　盘盖类零件的内孔和一个端面是该类零件安装于轴上的装配基准,设计时大多以内孔和端面为设计基准来标注尺寸和各项技术要求。孔的精度要求较高,其直径尺寸公差等级一般为 IT7。盘盖类的外圆精度要求较低,外径尺寸公差等级通常取 IT7 或更低。根据工作特点和作用条件,对用于传动的轮盘件还有一些专项要求。

（3）几何公差　盘盖类零件往往对支承用端面有较高平面度及两端面平行度要求;对转接作用中的内孔等有与平面的垂直度要求;外圆、内孔间有同轴度的要求等。

可按上述要求对图 3-118 所示手轮零件图中的技术要求进行具体分析。

（三）箱体类零件

1. 结构特征

箱体类零件是机器及其部件的基础件,用以支承和容纳安装机器或部件中的其他零件,如轴、轴承和齿轮等。该类零件的内外结构比较复杂,内腔尤其复杂,表面过渡线较多。如图 3-119 所示,箱体类零件常用薄壁围成不同的空腔,箱体上还有安装底板、支承孔、凸台、放油孔、肋板、销孔及螺孔等结构。

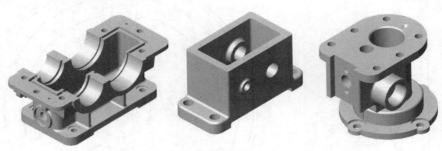

图 3-119   箱体类零件

2. 视图表达

箱体类零件的外形、内腔结构都比较复杂,由于其毛坯多为铸件,因此该类零件的加工工序较多,一般不考虑加工位置安放,而采用自然位置安放或工作位置安放,选择最能反映其各组成部分形状特征及相对位置的方向作为主视图的投射方向。注意选择主视图的剖切线路和剖视的种类(全剖、半剖、局部剖)时要内外兼顾,尽可能多地反映零件的各个具体结构。对于主视图尚未表达清楚的结构,通过若干其他视图表达完整。总之,箱体类零件一般需要几个基本视图来表达整体结构;常用局部视图、斜视图、局部放大图以及简化画法等各种方法表达局部结构,并在视图上选择合适的剖切,组成整套表达方案。

如图 3-120 所示的三元子泵体,为了反映泵体的主要特征,按照零件主视图的选择原则,选择图示方向 K 作为主视图的方向,即自然安放位置,将底板放平,能较理想地表达该零件的整体形象。

在如图 3-121 所示的三元子泵体零件图中,主视图选择全剖视图,清晰表达泵体的内腔结构,同时增加重合断面图表达肋板的特征。除主视图外,该泵体还采用了三个视图,其中:

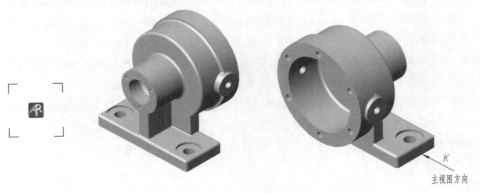

K
主视图方向

图 3-120   三元子泵体

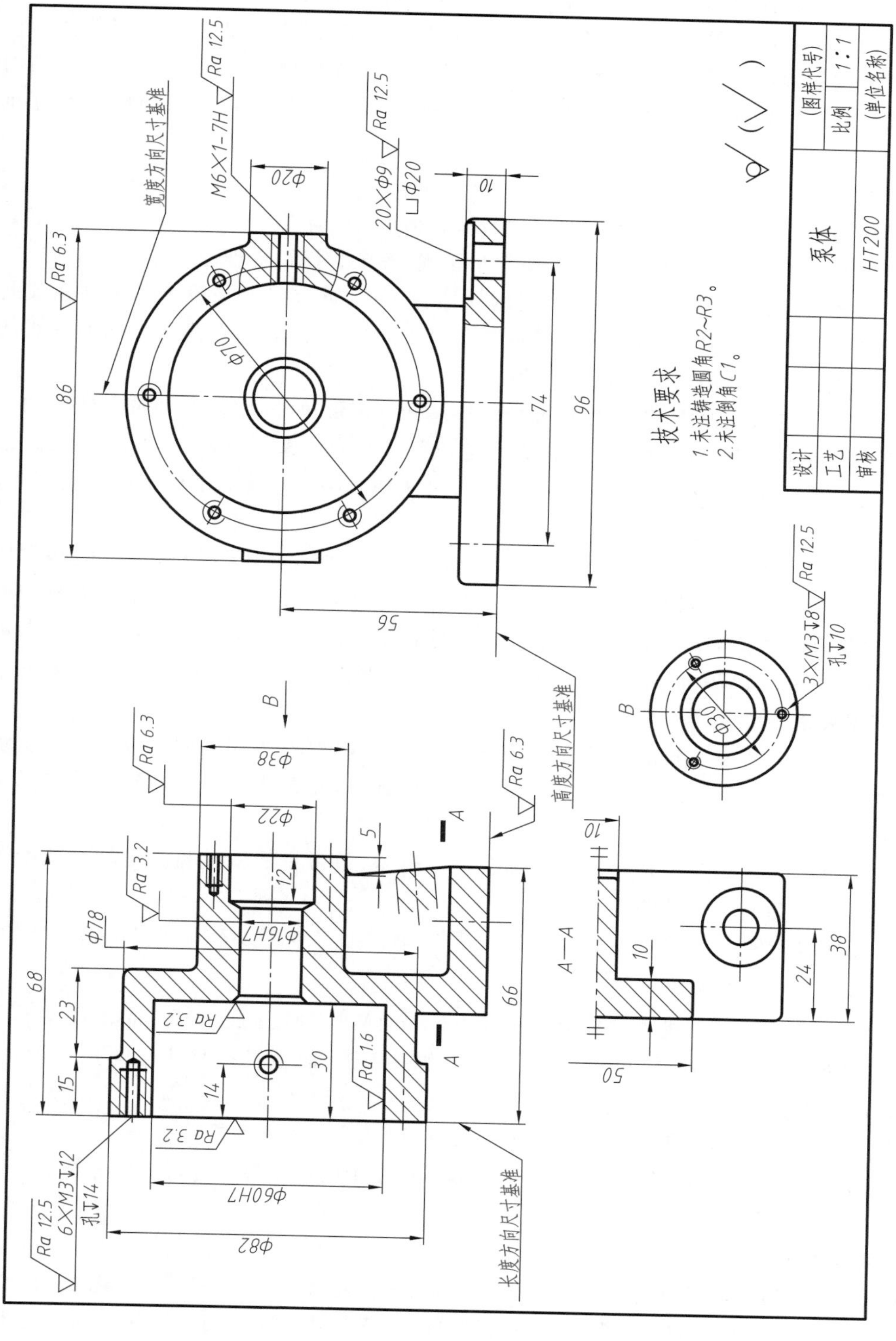

图 3-121 三元子泵体零件图

技术要求
1. 未注铸造圆角R2~R3。
2. 未注倒角C1。

泵体

HT200

左视图采用局部剖视图,表达泵体主要的轮廓结构,两处局部剖视图重点表示前后凸台内部的螺纹结构以及底板上的安装孔结构。俯视图采用"A—A",表达底板上两个安装孔的特征及肋板的结构只画可见结构。由于是对称结构,受到图幅的影响,又灵活运用了对称结构的简化画法来表示。另外,该泵体还采用 B 向局部视图,反映前后凸台上 3 处螺纹的分布情况,进一步明确了凸台的形状。

3. 尺寸标注

箱体类零件的形状比较复杂,尺寸也比较多,标注尺寸前先进行形体分析,按一定的方法和步骤进行。箱体类零件尺寸标注的要求是正确、齐全、清晰、合理。

箱体类零件需标注长、宽、高三个方向的尺寸。在长、宽方向上一般选择零件在装配体中的定位面、线,以及主要的对称面、线等重要几何要素为尺寸基准,在高度方向上一般选择零件的安装支承面、定位轴线等为尺寸基准。

根据已定好的尺寸基准,按照形体分析法逐块标注定形尺寸、定位尺寸及总体尺寸。特别要注意,确定结构之间的定位尺寸,在标注定位尺寸时应联系零件在装配时的状态,比如安装孔的中心距、箱体孔的中心高、孔的中心距、尺寸基准要素与其他结构的位置确定等,都要直接标注,以保证加工、装配精度。

以三元子泵体为例说明箱体类零件尺寸的标注方法与步骤。如图 3-121 所示,该泵体的长度方向尺寸基准为过 φ82 外圆柱的左端面,宽度方向的尺寸基准为泵体的前后对称中心平面,高度方向的尺寸基准为底面。泵体的定位尺寸包括:长度方向尺寸 24、14;宽度方向尺寸 74;高度方向尺寸 56、φ70、φ30。泵体的其他尺寸均为定形尺寸,可用形体分析法分解标注。

4. 技术要求

箱体类零件的结构一般较为复杂,其支承孔本身的尺寸精度、相互间位置精度及支承孔与其端面的位置精度对零件的使用性能有很大的影响,因此箱体类零件的技术要求通常包含以下几个方面:

(1)尺寸公差　箱体上有配合的孔都有尺寸公差,最常见的就是与滚动轴承或滑动轴承的配合。还有与其他零件的配合。

(2)表面粗糙度　箱体类零件大多为铸造件,加工面应标注 Ra 等评定值的具体数值,不加工面标注不加工符号"$\sqrt{}$"。

(3)几何公差　箱体类零件常有平面度(支承面)、同轴度(支承某一轴的两端箱孔轴线)、垂直度(两组箱孔轴线之间)、平行度(箱孔轴线对底面,或箱孔轴线之间)、位置度(安装孔之间)等要求。

(4)材质要求　箱体类零件的热处理一般有退火、表面淬火等要求。

可按上述要求对图 3-121 所示三元子泵体零件图中的技术要求进行具体分析。

(四)叉架类零件

1. 结构特征

叉架类零件常常是一些外形不很规则、结构相对较复杂的中小型零件,在各类机器中一般都是传力构件的组成,如机床拨叉、发动机边杆、铰链杠杆等。叉架类零件可细分为支架、叉两类,其中:叉是操纵件,操纵其他零件进行变位运动;支架是支承件,用以支持其他零件。如图3-122(a)、(b)所示均为支架,结构特征是由三(四)部分组成,即工作部分(图中的上端大圆柱筒)、支承或安装部分(图中的下端底板),以及连接部分(中间部分的两块板)组成,其上常有光孔、螺孔、肋板、槽等结构,连接部分的断面形状通常为"+""丁""⌐""—""凵""工"形等;而图3-122(c)、(d)所示为拨叉,结构特征也由三(或四)部分组成,工作部分为叉口,另一端的大圆柱筒与操纵轴配合,拨动叉口的运动,连接部分与支架类似。

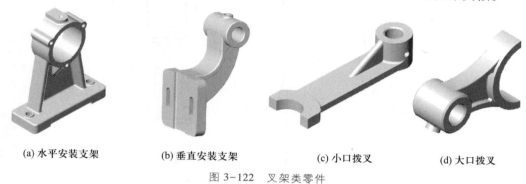

(a) 水平安装支架　　(b) 垂直安装支架　　(c) 小口拨叉　　(d) 大口拨叉

图 3-122　叉架类零件

2. 视图表达

叉架类零件的形体复杂,且多为不规则形状,有时无法自然安放,一般考虑把零件上的主要几何要素水平或垂直放置。如图3-122中,支架可自然安放,拨叉则不行,这时可考虑按拨叉的对称中心面水平安放。

叉架类零件的主视图应选择尽可能多地反映整体形象的投射方向,图3-122中支架、拨叉的主视图投射方向如图3-123所示。其他视图的考虑与箱体类零件相同,即主视图尚未表达清楚的结构,通过若干其他视图表达完整。

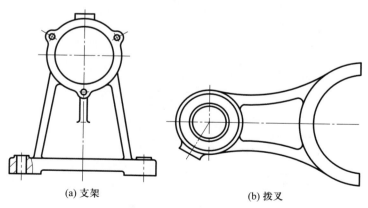

(a) 支架　　　　　　　　(b) 拨叉

图 3-123　支架、拨叉的主视图投射方向

如图3-124所示为水平安装支架的视图表达,俯视图采用了全剖视,表达底板结构、连接板截面结构;左视图采用全剖视图,表达上方圆柱筒相贯结构、顶部凸台内部结构、三等分

均布孔结构、前方肋板形状特征以及形体间的位置关系；B 向局部视图表达了顶部凸台的形状特征。

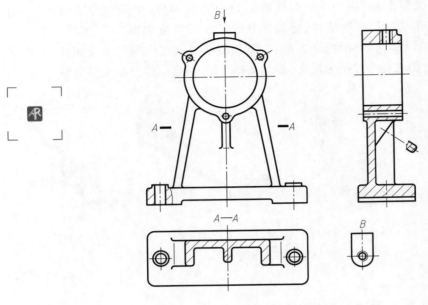

图 3-124　水平安装支架的视图表达

如图 3-125 所示为大口拨叉的视图表达，除主视图外，俯视图补充表达整体结构，移出断面图表达了连接板的截面结构。

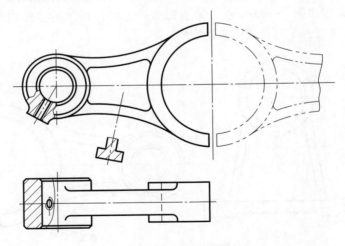

图 3-125　大口拨叉的视图表达

3. 尺寸标注

叉架类零件的尺寸标注要求仍然是"正确、齐全、清晰、合理"。

（1）尺寸基准　叉架类零件上一般加工的表面并不是很多,但由于其结构形状比较复杂,各表面间有一定的位置精度要求,因此较多地选择要加工的孔及其端面作为尺寸标注的基准。叉架类零件在长、宽方向选择其在装配体中的定位面、线以及主要的对称面、轴线等重要几何要素作为尺寸基准;在高度方向选择其安装支承面、定位轴线等为尺寸基准。

（2）尺寸标注方法　叉架类零件的外形一般不很规则,应通过形体分析,根据已定好的尺寸基准,分部分标注定形尺寸和定位尺寸。叉架类零件的标注方法与箱体类零件相似,但要注意标注定位尺寸时应联系零件在装配时的状态,如安装孔的中心距、中心高等要直接标注,如图3-126所示,拨叉零件图中安装孔的中心距尺寸120。

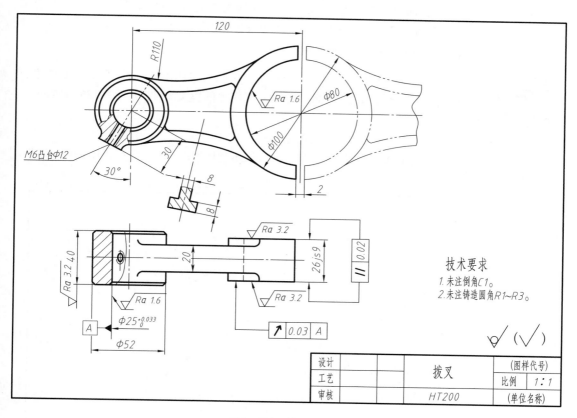

图 3-126　拨叉零件图

4. 技术要求

叉架类零件上的技术要求,按具体零件功用和结构的不同而有较大的差异。一般情况下,叉架类零件的主要孔的加工精度要求都较高,孔与孔、孔与其他表面之间的相互位置精度也有较高的要求,工作面的表面粗糙度、精度要求较高。总体来说,叉架类零件技术要求的项目、要求与箱体类零件有类似之处。

（1）表面粗糙度　重要的孔、平面,其表面粗糙度要求为 $Ra1.6\ \mu m$、$Ra3.2\ \mu m$;一般要

求为 $Ra6.3\ \mu m$；精度要求不高的孔、平面则为 $Ra12.5\ \mu m$ 等。

（2）尺寸公差　重要的孔尺寸公差为 H7、H8 等；重要的中心距有 JS8、JS9 等公差，其余均为自由公差。

（3）几何公差　叉架类零件图上常有平面度、直线度等形状公差以及垂直度、平行度、位置度等位置公差要求。

除以上几何类技术要求外，叉架类零件图上还有一些材质方面的要求，如热处理、表面处理等，应避免的铸造缺陷、铸造圆角等。

如图 3-126 所示的拨叉是一个很典型的叉类零件。综合分析拨叉零件图的尺寸、技术要求可知，该零件上安装部分的孔 $\phi25$ 以及工作部分的叉口孔径 $\phi80$ 应是该零件加工的重点所在。按上述要求对拨叉零件图中的其他技术要求进行具体分析。

二、利用 AutoCAD 软件绘制零件图

利用 AutoCAD
绘制拨叉
零件的视图

利用 AutoCAD 软件绘制零件图，除了绘制一组视图以外，还需要对零件进行尺寸和技术要求的标注。下面以绘制一张完整的拨叉零件图（图 3-126）为例来进行说明。

1. 使用 AutoCAD 绘制视图

（1）调用 A3 样板图，新建文件"拨叉零件图"，A3 图纸样式如图 3-127 所示。

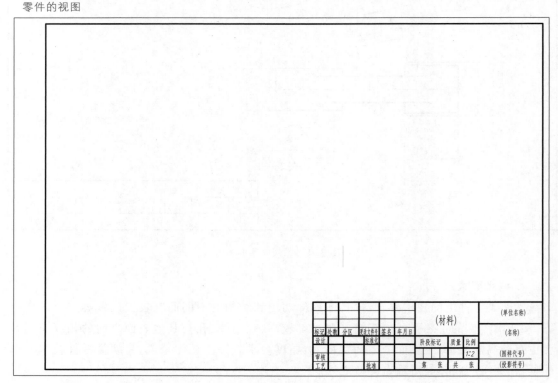

图 3-127　A3 图纸样式

（2）布图。利用直线命令（Line）、偏移命令（Offset）绘制基准线、定位线，如图 3-128 所示。注意在绘制时要采用"对象捕捉追踪"模式来实现在主、俯视图之间的"长对正"关系。

（3）绘制左侧圆筒部分。利用直线（Line）、偏移（Offset）、倒角（Chamfer）、镜像（Mirror）等命令绘制俯视图部分，在"对象捕捉追踪"模式下利用圆（Circle）命令绘制主视图部分，如图 3-129 所示。

（4）绘制左侧凸台部分。打开"草图设置"对话框的"极轴追踪"选项卡，在"角增量"下拉列表框选择"30°"，然后在"极轴追踪"模式下绘制凸台孔主视图的轴线。再利用偏移（Offset）、椭圆（Ellipse）、倒圆角（Fillet）、样条曲线（Spline）、修剪（Trim）等命令完成凸台视图部分的绘制，如图 3-130 所示。

利用 AutoCAD 标注拨叉零件图的尺寸和技术要求

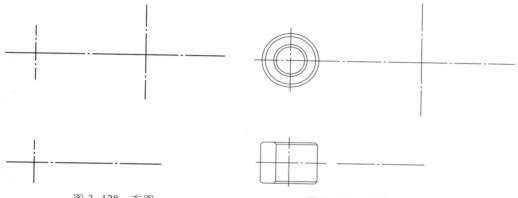

图 3-128　布图　　　　　　　　图 3-129　绘制左侧圆筒部分

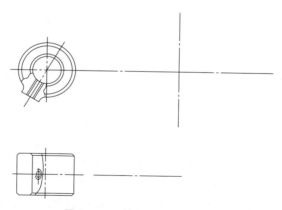

图 3-130　绘制左侧凸台部分

（5）绘制右侧叉头部分（不含双点画线部分）。利用圆（Circle）、偏移（Offset）、直线（Line）、修剪（Trim）等命令来绘制，如图 3-131 所示。

（6）绘制中间的连接部分。利用命令圆（Circle）中的"相切、相切、半径（T）"选项及偏移（Offset）、倒圆角（Fillet）、镜像（Mirror）和修剪（Trim）等命令来绘制，如图 3-132 所示。

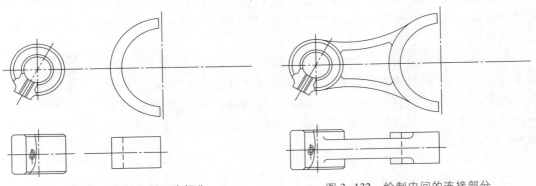

图 3-131　绘制右侧叉头部分　　　　　图 3-132　绘制中间的连接部分

（7）绘制断面图部分。利用直线（Line）、偏移（Offset）、修剪（Trim）、样条曲线（Spline）等命令绘制，如图 3-133 所示。

（8）绘制右侧的双点画线部分。利用镜像（Mirror）、样条曲线（Spline）、修剪（Trim）等命令绘制，如图 3-134 所示。

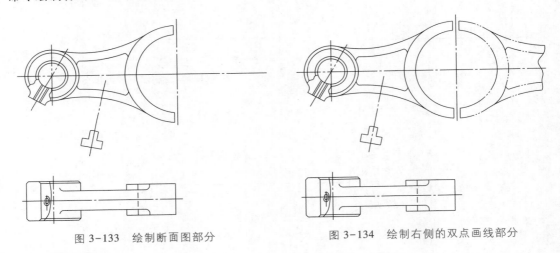

图 3-133　绘制断面图部分　　　　　　图 3-134　绘制右侧的双点画线部分

利用 AutoCAD 标注拨叉零件图中的尺寸和技术要求

（9）绘制剖面符号。如图 3-135 所示，利用图案填充命令（Bhatch），完成对拨叉零件图中剖面符号的绘制。

2. 使用 AutoCAD 进行尺寸和技术要求的标注

（1）文本样式设置。利用文字样式命令（STYLE）创建一个样式名为"数字"的文字样式，字体名为"gbeitc"，文字的"宽度因子"为 1，如图 3-136 所示。

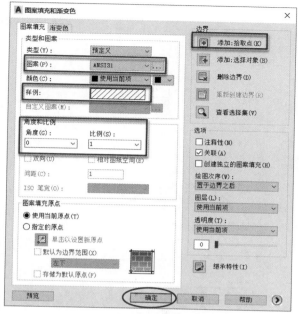

(a)"图案填充和渐变色"对话框

(b)填充图案选项板

图 3-135 图案填充设置

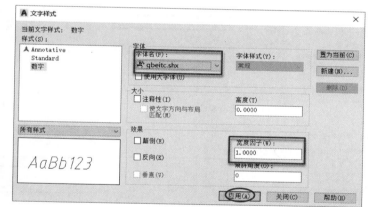

(a)"新建文字样式"对话框

(b)"数字"设置效果

图 3-136 创建新的文字样式

（2）设置不同的尺寸标注样式。尺寸样式的设置是尺寸标注的基础。AutoCAD 默认的标注环境并不能完全满足我国工程图标注的需要,特别是具体零件产品的个性化标注,因此有必要在标注零件图前对标注环境进行设置。根据尺寸的不同类别,一般可通过"标注样式管理器"的设置来满足零件图标注尺寸的需要,如图 3-137 所示。

按零件图的要求设置线性尺寸标注参数,具体如图 3-138 所示。注意本例中选用的绘图比例为 1∶1,因此比例因子应取"1"。

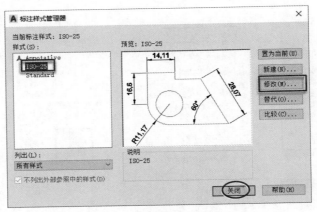

图 3-137　"标注样式管理器"对话框

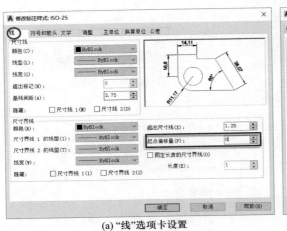

(a) "线"选项卡设置

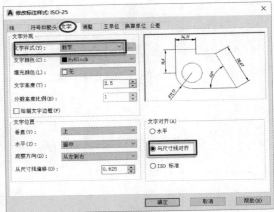

(b) "文字"选项卡设置

(c) "调整"选项卡设置

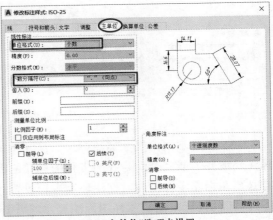

(d) "主单位"选项卡设置

图 3-138　线性尺寸标注的参数设置

在线性设置的基础上新建"yuan"标注样式用于圆弧类尺寸的标注,具体设置如图 3-139 所示。

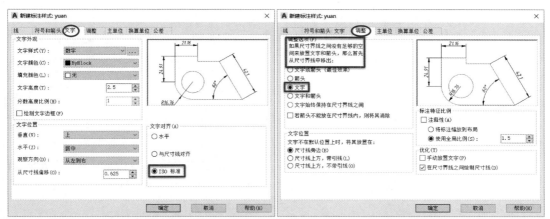

(a)"文字"选项卡设置　　　　　　　　　　　(b)"调整"选项卡设置

图 3-139　圆弧类尺寸标注的参数设置

在线性设置的基础上新建"jiaodu"标注样式用于角度尺寸的标注,其参数设置如图 3-140 所示。

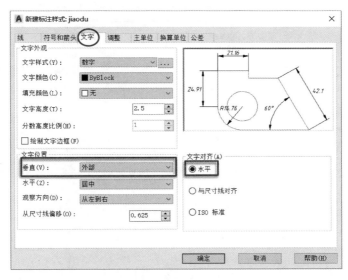

图 3-140　角度标注的参数设置

(3)拨叉零件图的尺寸标注。单击"标注"菜单栏下各标注选项命令或在命令行输入标注选项命令等进行标注。但最便捷的方法是利用如图 3-141 所示的"标注"工具栏中的命令按钮来标注。

图 3-141 "标注"工具栏

① 在尺寸标注样式为"ISO-25"下,利用线性命令按钮 ⊢⊣ ,标注零件图中的"120""2""40"和"20"。

② 利用线性命令按钮 ⊢⊣ ,结合"特性"对话框或标注样式管理器中的"替代"功能,标注零件图中带有前缀或后缀尺寸"φ52"和"26js9"的标注,如图 3-142、图 3-143 所示。

图 3-142 "特性"对话框

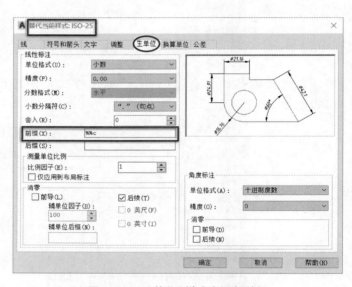

图 3-143 "替代"样式中添加前缀

③ 利用对齐命令按钮 ↖ ,标注零件图中的倾斜尺寸"30""8"。

④ 在尺寸标注样式"yuan"下,利用直径命令按钮 ⊘ ,标注零件图中的尺寸"φ80"和"φ100"。

⑤ 在尺寸标注样式"yuan"下,利用半径命令按钮 ⟋ ,标注零件图中的尺寸"R110"。

⑥ 在尺寸标注样式"jiaodu"下,利用角度命令按钮 △ ,标注零件图中的角度尺寸"30°"。

⑦ 利用快速引线命令(Qleader),标注零件图中的引线尺寸"M6 凸台 φ12",如图 3-144 所示。

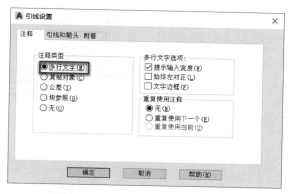

图 3-144 利用"引线设置"标注尺寸

（4）拨叉零件图中的技术要求标注。

① 尺寸公差标注。

创建"ISO-25"样式的替代样式，标注零件图中的公差尺寸"$\phi 25^{+0.033}_{0}$"，如图 3-145 所示；也可按 ⊢⊣ 命令正常标注，然后利用"特性"对话框中的"公差"选项进行相应的修改。

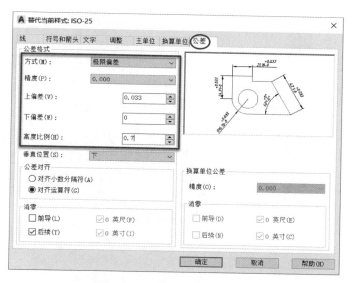

图 3-145 "公差"选项卡设置

② 几何公差的标注。利用快速引线命令标注几何公差 $\boxed{\nearrow \,|\, 0.03 \,|\, A}$ 和 $\boxed{/\!/ \,|\, 0.02}$，具体设置如图 3-146 所示。

③ 表面粗糙度的标注。零件图中表面粗糙度的标注是通过创建块和插入块操作来完成的。

按表面粗糙度符号的画法绘制出符号"$\sqrt{}$"，再通过属性定义命令，产生内容为"CCD"的可变参数，最终效果为 $\sqrt{\text{CCD}}$，如图 3-147 所示。

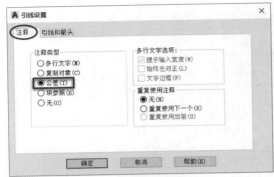

(a) "注释"选项卡设置

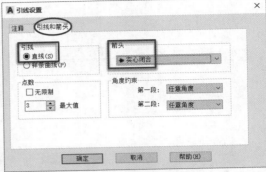

(b) "引线和箭头"选项卡设置

(c) "特征符号"对话框

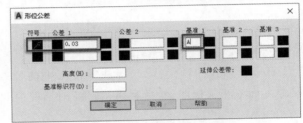

(d) "形位公差"对话框

图 3-146 几何公差标注的设置

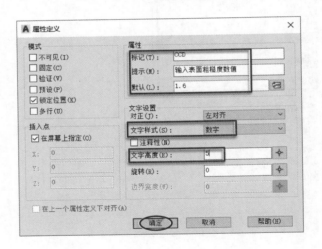

图 3-147 "属性定义"对话框

利用块定义命令创建表面粗糙度块,如图 3-148 所示。

利用插入命令标注零件图中的表面粗糙度,如图 3-149 所示。

(5)利用多行文字命令对零件图中的文字技术要求及标题栏中的零件名称、材料等内容进行输入操作,至此完成整个零件图的绘制。

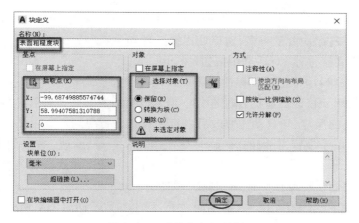

图 3-148 "块定义"对话框

3. 技能指导

（1）文本样式的设置方法。

制图标准中对尺寸数字的书写有一定的要求。AutoCAD 中 Gbenor. shx（直体）、Gbeitc. shx（斜体）这两种字体不仅符合制图标准，而且还支持写入汉字，故通常选用这两种字体作为标注字体。在实际绘图中往往需要标注一些特殊的字符，如标注度（°）、±、φ 等。由于这些字符不能从键盘上直接输入，因此 AutoCAD 提供了相应的控制符，如 φ 的控制符为％％C，度（°）的控制符为％％D，"±"的控制符为％％P。

（2）尺寸样式的设置。

① 尺寸样式的设置是尺寸标注的基础，对尺寸的标注有着非常重要的作用。在设置过程中除了根

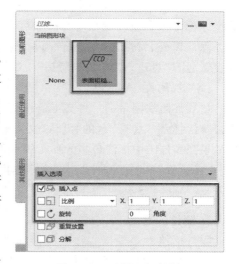

图 3-149 "插入"对话框

据国家标准的要求进行设置外，其中个别选项可以根据自己的习惯进行设置，如"箭头"大小的设置。

② 在进行尺寸标注时，若发现整个尺寸标注外观不合理时尽可能不要分别调整文字、箭头和各种间隙的尺寸，这样容易导致混乱。应充分利用"调整"对话框中"使用全局比例"增量框进行设置，以便统一缩放各种尺寸元素。

③ 尺寸标注一般根据所标注的内容进行，但有时一种标注样式往往不能满足标注的需要。因此，掌握"尺寸样式"设置中的"替代"，合理使用替代尺寸标注样式也是非常重要的。

④ 尺寸公差的标注一般有三种方法：一是在"尺寸样式"设置中利用"替代"的方法设置公差数值，然后进行标注；二是直接标注尺寸，然后利用特性管理器编辑标注。三是在执行各种尺寸标注命令时，在输入"M"选项时直接输入具体数据，比如"％％C25+0.033^0"，然后

选中"+0.033^0",点击"文字格式"对话框中的"堆叠"按钮 $\frac{b}{a}$,即可完成尺寸公差 $\phi25^{+0.033}_{0}$ 的标注。若尺寸公差标注数量不多,建议使用第二种和第三种方法。

（3）"标注样式管理器"对话框中按钮的作用。

"置为当前"按钮:用于把需要标注的某样式设为当前样式。

"修改"按钮:用于修改已有的标注样式。但修改后所有按该标注样式标注尺寸,包括已经标注和将要标注的尺寸,均自动按修改后的标注样式进行更新。

"替代"按钮:用于设置当前样式的临时替代样式。它与"修改"按钮的不同之处在于它仅对将要标注的尺寸有效。要想结束替代功能,可将另一标注样式置为当前样式,或选中该样式用右键在弹出的快捷菜单中选择"删除"项即可。

"比较"按钮:用于比较标注样式的不同之处,列出参数不同时的对照表。

（4）尺寸的编辑方法。

AutoCAD 的尺寸编辑命令（Dimtedit）,可对已经标注完成的尺寸进行修改尺寸文字、调整尺寸标注位置及改变尺寸界线角度等编辑。

除此以外,特性命令（Properties）的选项区几乎包含了尺寸样式管理器中所有选项卡中的设置,用户可进行"直线和箭头""文字""公差"等各种参数的修改与设置。

（5）块属性（Attdef）。

块属性是块附带的一种文本信息,它只有被定义成块以后才能使用,常用于可变文本的输入,其对话框中"属性"区的"默认"文本框是用于输入粗糙度的一个值,该值可任意输入,但用户如果把零件图中标注最多的那个粗糙度值作为输入值,可提高标注速度。注意该对话框中的"文字设置"区"文字样式"及"文字高度"应与当前尺寸标注中的字体样式、大小一致。

三、零件测绘

1. 测绘的定义

零件测绘就是根据实际零件,通过测量绘制出实物图样的过程。测绘与设计不同,测绘是先有实物,再画出图样;而设计一般是先有图样后有样机。如果把设计工作看成是构思实物的过程,那么测绘工作可以说是一个认识实物和再现实物的过程。

零件测绘的种类分为设计测绘、机修测绘和仿制测绘三种。在生产过程中,在产品设计或维修机器需要更换某一零件或对现有机器进行仿制时,常常需要对零件进行测绘。

2. 徒手绘图的基本方法

徒手图也称草图,是不借助绘图工具,目测形状及大小徒手绘制的图样。在机器测绘、讨论设计方案、技术交流、现场参观时,受现场或时间限制,通常只能绘制草图。绘制草图是工程技术人员必须具备的一项技能。

画草图的要求是:画线要稳,图线要清晰;目测尺寸要尽量准,各部分比例匀称;绘图速度要快;标注尺寸无误,书写清楚。

画草图的铅笔比用仪器画图的铅笔软一号,铅笔头削成圆锥形,画粗实线时笔尖要秃些,画细实线时笔尖可尖些。要画好草图,必须掌握徒手绘制各种线条的基本手法。注意:

零件草图仍然是符合国家标准的图,尽管不用仪器绘制,但零件草图的内容与零件图相同,只是线条、字体等为徒手绘制。因此,零件草图绝不是一张潦草的图。

（1）握笔方法　手握笔的位置要比用仪器绘图时高些,以利运笔和观察目标。笔杆与纸面成45°~60°,执笔稳而有力。一般选用 HB 或 B 的铅笔,为了便于控制图大小比例和各图形间的关系,可利用方格纸画草图。

（2）直线的画法　画直线时,握笔的手要放松,手腕靠着纸面,沿着画线的方向移动,眼睛注意线的终点方向,便于控制图线。

画水平线时,图纸可放斜一点,将图纸转动到画线最为顺手的位置;画垂直线时,自上而下运笔;画斜线时可以转动图纸到便于画线的位置。画短线,常用手腕运笔,画长线则用手臂动作,如图3-150(a)所示。

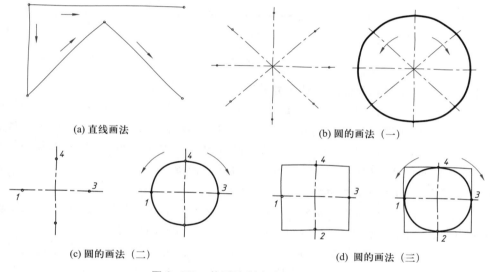

(a) 直线画法　　　　　　　　　　(b) 圆的画法（一）

(c) 圆的画法（二）　　　　　　　(d) 圆的画法（三）

图 3-150　徒手绘制直线和圆的方法

（3）圆和曲线的画法　画圆时,应先定圆心位置,画好两条中心线,再在中心线上按半径标记好四个点,接着画左半圆(或右半或上半),再画右半圆(或左半或下半),如图 3-150(c)所示。画大圆时,可在45°方向上加画两条中心线,也做好标记,如图 3-150(b)所示。画小圆时也可先过标记点画一个正方形,再顺势画圆,如图 3-150(d)所示。

注意:画图时不必死盯住所做的标记点,而应顺势而为。

对于圆角、椭圆及圆弧连接,也是尽量利用与正方形、长方形、菱形相切的特点画出,如图 3-151 所示。

（4）常见角度30°、45°、60°的画法　画30°、45°、60°等特殊角度的斜线时,可利用两直角边比例关系近似地画出,如图 3-152(a)、(b)所示;或者借助于半圆来近似得到,如图 3-152(c)所示。

（5）复杂图形画法　当遇到较复杂形状时,采用铅丝勾描轮廓、拓印和坐标法的方法进行曲线或曲面轮廓的确定。如果平面能接触纸面时,用色描法,直接用铅笔沿轮廓画出线来。

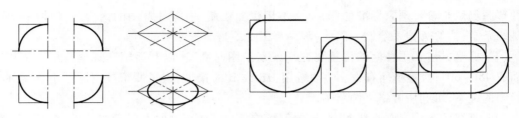

图 3-151　圆角、椭圆及圆弧连接画法

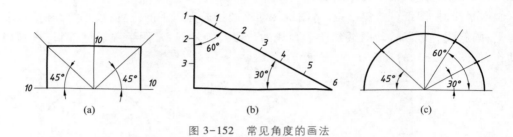

图 3-152　常见角度的画法

3. 常用的测绘工具以及测量零件尺寸的方法

如图 3-153 所示为常用的测量工具,一般可用钢板尺或游标卡尺直接测量长度尺寸,用游标卡尺或千分尺测量外圆面和内孔尺寸,用圆角规测量圆角尺寸,用螺纹规测量螺纹尺寸,用万能角度尺测量角度。对于精度要求不高的尺寸一般用钢板尺、外卡钳和内卡钳测量,测量较精确的尺寸则用游标卡尺、千分尺或其他精密量具。

4. 绘制零件草图的方法和步骤

（1）了解和分析测绘对象　首先应了解零件的名称、用途、材料以及它在机器（或部件）中的位置和作用,然后对该零件进行结构分析和制造方法的大致分析。

（2）确定视图表达方案　根据零件形状特征的原则,按零件的加工位置或工作位置确定主视图,再按零件的内外结构特点选用必要的其他视图、剖视图、断面图等表达方法。

（3）绘制零件草图

① 在图纸上定出各个视图的位置,徒手画出各个视图的基准线、中心线,注意尺寸和标题栏占用的空间。

② 画出各个视图的主要轮廓、零件内外部结构,逐步完成各个视图的底稿。

③ 检查底稿,徒手加深图线,画出剖面线,注意各类图线粗细分明。

④ 选择尺寸基准,画出尺寸线、尺寸界线。

⑤ 测量尺寸并注出尺寸。

⑥ 确定技术要求,并标注。

⑦ 填写标题栏。

（4）绘制零件工作图的方法和步骤　由于零件草图是在现场测绘的,有些问题的表达可能不是很完善,因此,在画零件图之前,应仔细检查零件草图表达是否完整,尺寸有无遗漏,各项技术要求之间是否协调,确定零件的最佳表达方案。画零件图的方法和步骤如下:

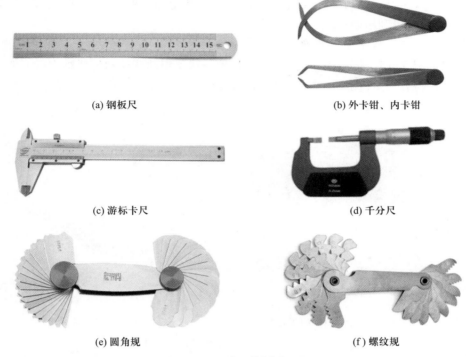

(a) 钢板尺　　　　　　　　　　　　　　(b) 外卡钳、内卡钳

(c) 游标卡尺　　　　　　　　　　　　　　(d) 千分尺

(e) 圆角规　　　　　　　　　　　　　　(f) 螺纹规

图 3-153　常用的测量工具

① 方案调整　对零件草图进行审核,对表达方法做适当调整。

② 选好比例　根据零件的复杂程度选择比例,尽量选用原值比例 1∶1。

③ 选择幅面　根据表达方案、比例,选择标准图幅。

④ 绘制底图　先定出各视图的基准线,再画出图形,然后标出尺寸,最后注写技术要求,填写标题栏。

⑤ 校核,描深,审核。

⑥ 填写标题栏。

5. 零件测绘时的注意事项

(1) 零件的制造缺陷,如砂眼、气孔、刀痕、磨损等,都不应画出。

(2) 零件上因制造、装配需要而形成的工艺结构,如铸造圆角、倒角等必须画出。

(3) 有配合关系的尺寸(如配合的孔与轴的直径),一般只要测量它的公称尺寸。其配合性质和相应的公差值,应在分析考虑后,再查阅有关手册确定。没有配合关系的尺寸或不重要的尺寸,允许将测量所得尺寸做适当调整。

由于按实物测量出来的尺寸,往往不是整数,所以应对所测量出来的尺寸进行圆整。查阅附录,可发现参数系中的尾数多为 0、2、5、8 及某些偶数值,因此尺寸圆整的基本原则是逢 4 舍,逢 6 进,遇 5 保证。经圆整后的尺寸可简化计算,使图形清晰,更重要的是可以采用更多的标准刀量具,缩短加工周期,提高生产效率。

（4）对螺纹、键槽、轮齿等标准结构的尺寸，应把测量的结果与标准值对照，一般均采用标准的结构尺寸，以利于制造。

（5）测绘中零件技术要求的确定，可参考有关资料或根据类比法确定。

下面以如图 3-154 所示的一级直齿圆柱齿轮减速器中的从动轴的测绘进行说明。通过测绘该轴，要求熟悉零件测绘的方法步骤，并对典型零件的视图表达、尺寸标注、技术要求注写等做一次综合应用实践。

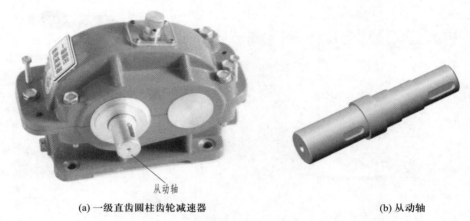

(a) 一级直齿圆柱齿轮减速器   (b) 从动轴

图 3-154　一级直齿圆柱齿轮减速器与从动轴

绘制零件草图过程如下：

（1）分析结构，确定表达方案。该轴的主体结构为多段同轴圆柱，局部有两处键槽。零件的放置遵循加工位置原则，取轴线水平放置；投影方向选择使零件的键槽朝着正前方的方向，便于利用主视图表达主体结构及键槽的类型特征，另加两个断面图表达两处键槽的截面结构。

（2）徒手绘制零件草图（一组视图），如图 3-155 所示。

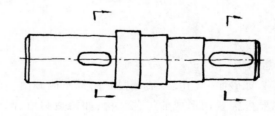

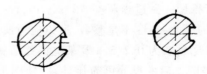

图 3-155　从动轴的零件草图（一组视图）

（3）分析尺寸基准，选择径向以整体轴线为基准；轴向以最大一段圆柱靠键槽一侧的台阶面（端面）为设计基准，画好从动轴的尺寸线，如图 3-156 所示。

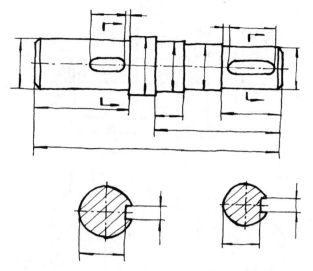

图 3-156　从动轴的零件草图（标注尺寸线）

（4）测量标注尺寸，标准结构要查表。制定技术要求，填写标题栏，完成零件草图的绘制，如图 3-157 所示。

根据从动轴在减速器中的作用，从动轴的技术要求参考如下：

① 尺寸公差　在安装轴承段标注 k6，安装联轴器段标注 n6；键槽公差由查表确定（选用"一般键连接"规格）；其余为自由公差，即默认值 h12，不需标注。

② 表面粗糙度　轴承段、联轴器段标注 Ra 值为 1.6，其台阶面标注 Ra 值为 3.2，键槽两侧面 Ra 值为 3.2，其余 Ra 值为 6.3。

③ 几何公差包括以下两方面：

同轴度　基准要素为两轴承段圆柱的公共轴线，被测要素为两轴承段圆柱的轴线。

对称度　两键槽相同，基准要素为键槽所在圆柱的轴线，被测要素为键槽两侧面的对称中心面。

④ 文字标注的技术要求配置在图样下方，标题栏上方。

热处理：调质 220HBW~250HBW。

倒角：未注倒角 $C1$。

⑤ 填写零件标题栏，完成零件草图的绘制。

零件名称：从动轴；材料：40Cr；比例：1∶1。

绘制零件正图过程如下：

（1）选择绘图比例、图幅。采用的比例为 1∶1，选用 A3 图纸绘制。

（2）布图，绘制基准线，注意使主视图中的细点画线位于图纸中间偏上的位置。

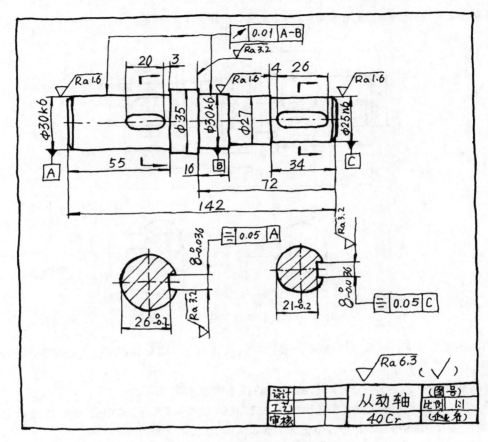

图 3-157　完整的从动轴零件草图

（3）利用绘图工具绘制一组视图。

（4）标注尺寸及技术要求。

（5）填写标题栏。

绘制完成结果如图 3-158 所示。

四、零件图的识读

1. 读零件图的基本要求

（1）了解零件的名称、材料和用途。

（2）了解各零件组成部分的几何形状、相对位置和结构特点，想象出零件的整体形状。

（3）分析零件的尺寸和技术要求。

2. 读零件图的方法和步骤

（1）读标题栏，概括了解。

了解零件的名称、材料、画图的比例，从而大体了解零件的功用。

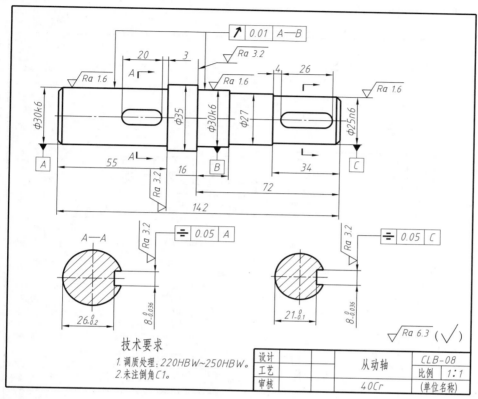

从动轴的
表达方案

图 3-158　从动轴零件图

（2）分析视图,想象结构形状。

要明确零件视图的数量;找出主视图,并分析主视图的选择原则;分析各视图之间的投影关系,所采用的表达方法及表达重点。看视图时,先主后次;先整体,后细节;先易后难。按投影对应关系分析形体时,要兼顾零件的尺寸及其功用,以便帮助想象零件的内外形状。

（3）分析尺寸。

① 分析尺寸基准,根据物体的结构特点和基准的几何形式,找出零件长、宽、高三个方向上的主要基准和辅助基准。

② 了解零件各部分的定形尺寸、定位尺寸和零件的总体尺寸,分析零件的功能性尺寸（如主要加工面的尺寸）。

（4）看技术要求。

分析技术要求,结合零件表面粗糙度、公差与配合等内容,以便弄清加工表面的尺寸和精度要求。

（5）综合考虑。

把读懂的结构形状、尺寸标注和技术要求等内容综合起来,就能比较全面地读懂零件图。

3. 识读零件图案例

案例一:泵轴零件图(图 3-159)

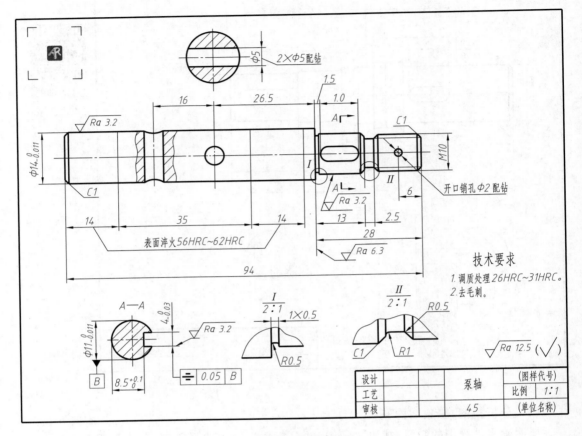

图 3-159　泵轴零件图

(1) 看标题栏　从标题栏中了解零件的名称(泵轴)、材料(45 钢),比例(1:1)等。

(2) 表达方案分析　本图分析可知:该泵轴零件图由主视图、两个移出断面图、两个局部放大图组成。其中主视图以视图为主表达主体结构,并用一处局部剖视图表示出一个 $\phi5$ 孔为通孔结构;两个移出断面图分别表示了键槽的深度及另一处 $\phi5$ 孔(通孔);两个局部放大图则清楚表示出了两处的越程槽结构。

(3) 读零件结构　细读各个视图,这时可利用形体分析法或线面分析法具体识读零件上各部分的细节。本例分析可知:该零件为一个很典型的轴类零件,视图表达采用加工位置原则。其主体结构由左往右依次是:$\phi14$ 圆柱(该段中有两个相互垂直的 $\phi5$ 通孔)、$\phi11$ 圆柱(该段中有一个键槽及台阶根部越程槽)、M10 粗牙螺纹(该段中有一个 $\phi2$ 的通孔及螺纹退刀槽),轴的两端面分别有 1×45°倒角。

(4) 尺寸分析　结合尺寸可进一步了解零件上各结构的具体情况。本例分析可知:该零件的径向尺寸基准是整体轴线;轴向尺寸基准是$\phi 11$圆柱的左端面。

  其轴向尺寸链如图3-160所示。从该图中可看出,该零件的加工主要为车外圆及端面、钻孔及铣键槽,因此它的轴向尺寸是分上下两侧进行标注的,便于看图和测量。从$\phi 11$圆柱的左端面起第一链尺寸为94、28;第二链尺寸为28、13、2.5;第三链尺寸为14、35、14。每个链中均有一个开环结构。其中第三链中结合文字说明可知$\phi 14$圆柱上两侧需进行特殊的热处理。装开口销$\phi 2$的孔是要等该轴装配好后才进行钻孔的。

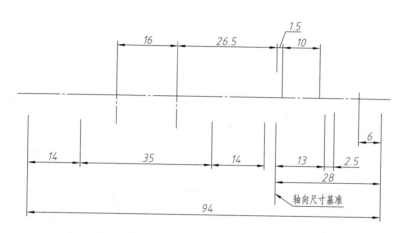

图3-160 泵轴的轴向尺寸链

  在$A—A$断面图中,$\phi 11$圆柱上键槽的宽度为4,深度为$(11-8.5)=2.5$,键槽长10则从主视图中查得。另一处断面图则说明$\phi 14$圆柱上2处$\phi 5$的通孔实际上是在装配好后才钻的孔。

  另外,两处局部放大图上很清楚地显示了键槽处的越程槽、开口销处的螺纹退刀槽的详细尺寸。注意:这两处结构均为标准结构。

  (5)技术要求分析

  表面粗糙度 要求较高的是$\phi 14$圆柱面、$\phi 11$圆柱面及键槽两侧面,其表面粗糙度值均为$Ra3.2$;$\phi 11$圆柱的左端面处的表面粗糙度值为$Ra6.3$,其余所有表面的表面粗糙度值均为$Ra12.5$。

  尺寸公差 $\phi 14_{-0.011}^{0}$,查表可知其公差带代号为h6。查键槽附录表A-13对比可知,该轴与键为较松键连接。

  几何公差 由$A—A$断面图可知,键槽宽度4的对称平面相对于$\phi 11$圆柱轴线有一对称度要求,其公差值为0.05。

  其他方面 该零件$\phi 14$圆柱段要求有局部的特殊热处理(用电阻丝局部加热),其他部分需进行调质处理。

  (6)综合归纳 把零件的结构形状、尺寸标注、工艺和技术要求等内容综合起来,就能了解零件的全貌,也就看懂了零件图。本案例中的零件是一个很典型的轴类零件,如图3-161所示为泵轴的三维造型。

图 3-161　泵轴的三维造型

案例二:固定钳身零件图(图 3-162)

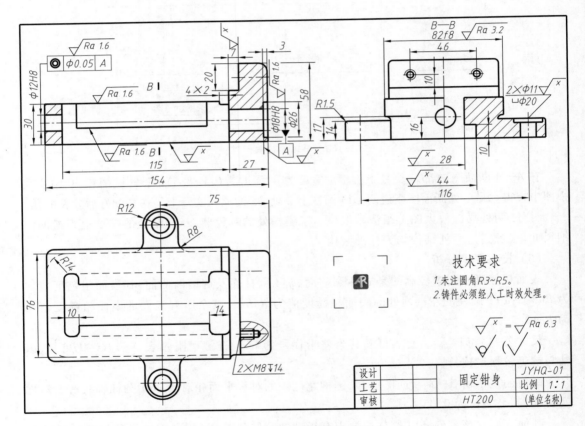

图 3-162　固定钳身零件图

技术要求

1.未注圆角R3~R5。
2.铸件必须经人工时效处理。

设计		固定钳身	JYHQ-01
工艺			比例 1:1
审核		HT200	(单位名称)

(1)初读,知其概貌。

先看标题栏,可知零件名称为固定钳身,材料为 HT200,绘图比例为 1：1。浏览一下全图,可知零件的大致结构为长方块。

（2）细读，分析视图表达方案，详解各部分结构。

① 分析表达方案。主视图为全剖视图，反映零件内腔的具体结构；俯视图采用局部剖视，表达主体结构的形状特征、拱形块的形状特征；对右边叠加块作局部剖表达螺孔的详细结构；左视图采用了半剖视图，表达右边叠加块的形状特征、拱形块的厚度，以及进一步表达了整体结构和局部小结构。其各视图表达方案如图 3-163 所示。

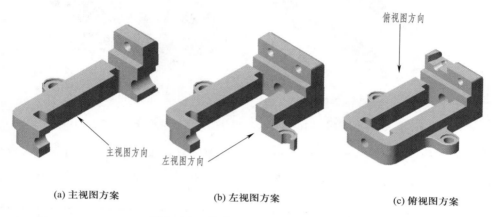

(a) 主视图方案　　　　　　(b) 左视图方案　　　　　　(c) 俯视图方案

图 3-163　固定钳身各视图表达方案

② 读出各部分结构。主体是带"工"形孔的长方块，上方大下方小；中部下方前后对称叠加拱形块，拱形块上有安装孔；右上方叠加块，有台阶、螺孔、圆角等结构，整个零件前后对称。

（3）分析尺寸及技术要求。

① 尺寸分析。该零件在长度方向选择右端面作为尺寸基准，在宽度方向选择前后对称面作为尺寸基准，在高度方向选择底面作为尺寸基准。采用形体分析法标注尺寸，定位尺寸在长度方向有 75，宽度方向有 46、116，高度方向有 16、10；其余尺寸都是定形尺寸。

② 技术要求分析。

表面粗糙度　有 $Ra1.6$、$Ra3.2$、$Ra6.3$ 以及"不加工"几个精度，其中表面粗糙度要求最高的是 $\phi12$ 及 $\phi18$ 两处孔的内表面。

尺寸公差　$\phi12H8$、$\phi18H8$、$82f8$。

几何公差　同轴度公差，基准要素为右边 $\phi18H8$ 孔的轴线，被测要素为左边 $\phi12H8$ 孔的轴线，即 $\phi12H8$ 孔的轴线相对于 $\phi18H8$ 孔的轴线的同轴度公差值为 $\phi0.05$。

其他　人工时效处理，未注铸造圆角 $R3 \sim R5$。

（4）综合归纳，整体想象。

综合归纳，固定钳身的结构如图 3-164（a）所示，是如图 3-164（b）所示机用虎钳的支承基础件。由该零件的特征结构可知，这是一个很典型的箱体类零件。把该零件的结构形状、尺寸标注和技术要求等内容综合起来，就看懂了固定钳身零件图。

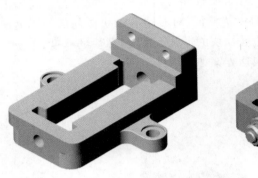

(a) 固定钳身结构

(b) 机用虎钳结构

图 3-164　零件与部件的三维造型

　　按上述读图方法,识读一下如图 3-165 所示的旋塞盖零件图和如图 3-166 所示的脚踏板零件图。其中,旋塞盖是一个较典型的盘盖类零件,脚踏板则是一个叉架类零件。

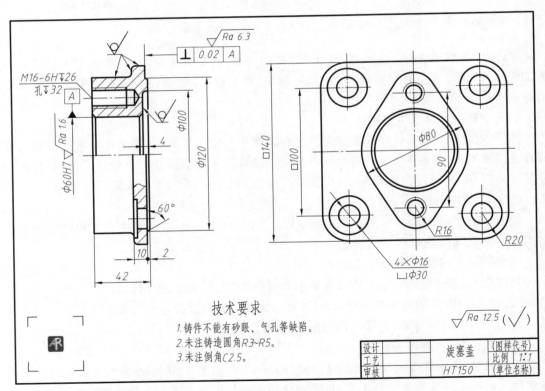

图 3-165　旋塞盖零件图

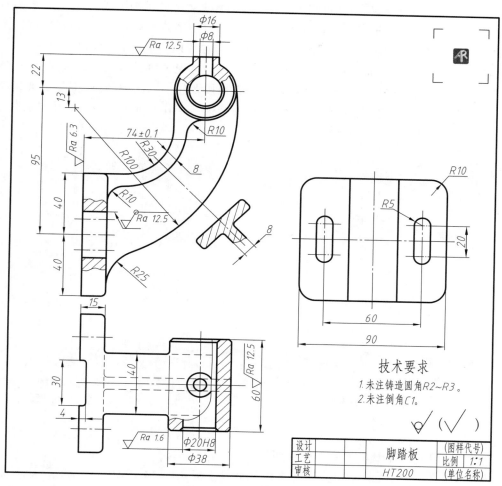

图 3-166 脚踏板零件图

五、零件的三维造型

1. 三维绘图基础

AutoCAD 不仅具有强大的二维绘图功能,而且还具备一定的三维造型能力。与二维图形相比,三维图形更能清楚地表达设计者的意图,可以让观察者从不同角度来观察和操作对象,并通过赋予材质和渲染功生成逼真的三维效果图,且可以直接从三维模型得到物体的多个二维投影图。

利用 AutoCAD 可创建以下三种类型的三维模型:线框模型(wireframe model)、表面模型(surface model)和实体模型(solid model)。其中,实体模型具有线、表面、体的全部信息。对于此类模型,可以区分对象的内部及外部,可以对它进行打孔、切槽和添加材料等布尔运算形成复杂的三维实体模型,对实体装配进行干涉检查,分析模型的质量特性,如质心、体积和惯性矩。对于计算机辅助加工,用户还可利用实体模型的数据生成数控加工代码,进行数控刀具轨迹仿真加工等。此外,由于消隐和渲染技术的运用,可以使实体具有很好的可视性,因而实体模型广泛应用于机械、广告设计和三维动画等领域。本单元以介绍三维实体建模为主。

（1）三维建模工作界面　在制作三维模型时,用户首先必须了解三维建模界面、三维实体的观察与渲染、三维建模中广泛使用的用户坐标系以及建模方法等,这些都是三维建模的基础。AutoCAD 专门设置了三维建模空间,使用时只需从工作空间的下拉列表中选择【三维建模】选项即可,如图 3-167 所示。

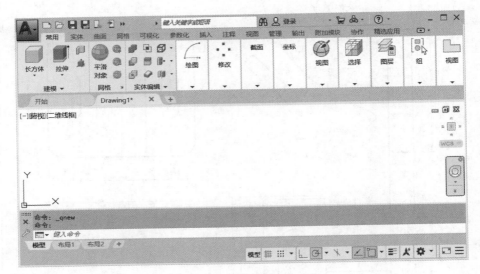

图 3-167　三维建模工作空间

三维建模常用的工具栏如图 3-168 所示。

（2）坐标系　在 AutoCAD 中,坐标系包括世界坐标系（WCS）和用户坐标系（UCS）两种类型。世界坐标系是系统默认的二维图形坐标系,其原点及坐标轴的方向固定不变,不能满足三维建模的需要。因此在绘制三维图形时,经常要建立和改变用户坐标系来绘制不同面上的平面图形。如图 3-169 所示为 UCS 工具栏。

（3）三维模型的观察方法　在三维建模环境中,为了创建和编辑三维图形各部分的结构特征,需要不断地调整显示方式和视图设置,以更好地观察三维模型。AutoCAD 提供了多种观察三维视图的方法,常用的观察方法有:

① 视图方式查看三维图形　AutoCAD 提供了 10 种视图样式,如图 3-170 所示,其中"西南等轴测"视图相当于机械制图中正等测轴测图的效果。

② View Cube 操控器查看三维图形　拖动绘图区右上角 View Cube 工具的顶点、边线和表面,如图 3-171 所示,可以根据需要快速调整模型的视点,查看模型在任意方位的结构形状。这是一个非常直观的 3D 导航立方体,单击操控器上方的 🏠 图标,可以将视图恢复到西南等轴测视图。

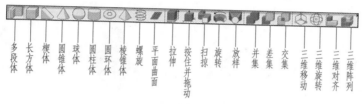

多段体　长方体　楔体　圆锥体　球体　圆柱体　圆环体　棱锥体　螺旋　平面曲面　拉伸　按住并拖动　扫掠　旋转　放样　并集　差集　交集　三维移动　三维旋转　三维对齐　三维阵列

(a) "建模"工具栏

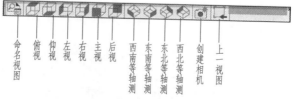

命名视图　俯视　仰视　左视　右视　主视　后视　西南等轴测　东南等轴测　东北等轴测　西北等轴测　创建相机　上一视图

(b) "视图"工具栏

二维线框　三维线框　三维隐藏　真实　概念　管理

(c) "视觉样式"工具栏

受约束的动态观察　自由动态观察　连续动态观察

(d) "动态样式"工具栏

图 3-168　三维建模常用的工具栏

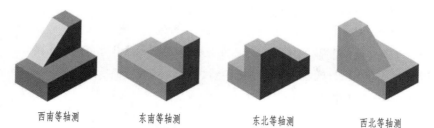

图 3-169　UCS 工具栏

西南等轴测　　　东南等轴测　　　东北等轴测　　　西北等轴测

图 3-170　"视图"工具栏中的四种等轴测视图显示效果

③ 三维动态观察器查看三维图形　AutoCAD 提供了一个交互的三维动态观察器,用户可以使用鼠标来实时地控制和改变这个视图以得到不同的观察效果,共有受约束的动态观察、自由动态观察以及连续动态观察共 3 种类型,如图 3-172 所示。

图 3-171　View Cube 工具

(4) 视觉样式　AutoCAD 通常是通过视觉样式来控制三维图形的显示,以满足用户对三维模型的外观显示的不同要求。AutoCAD 提供很多种视觉样式,如二维线框、三维隐藏、真实、概念等种视觉样式,常见视觉样式效果如图 3-173 所示。

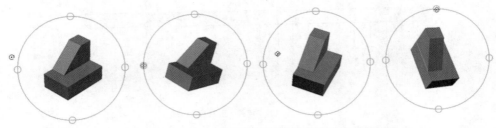

图 3-172 "自由动态观察"时鼠标位置与形状的关系

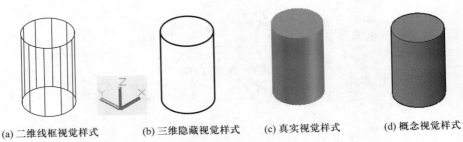

(a) 二维线框视觉样式　　(b) 三维隐藏视觉样式　　(c) 真实视觉样式　　(d) 概念视觉样式

图 3-173　常见视觉样式效果

2. 三维实体的创建方法

泵轴的
三维建模

AutoCAD 提供了多种创建三维实体模型的方法,用户既可以用基本实体命令创建,也可以由二维平面图形生成复杂的三维实体。

（1）基本实体命令创建实体　AutoCAD 实体建模中涉及的基本实体包括圆柱体、圆锥体、球体、长方体、棱锥体及楔体等。用户只要了解基本实体的几何特点,然后按命令行提示进行操作即可。

（2）拉伸方法创建实体　利用拉伸方法绘制三维实体,就是将二维截面沿指定的高度或路径拉伸为三维实体,前提是二维截面必须是用边界命令（Boundary）或多段线编辑命令（Pedit）形成的封闭多段线,或者面域命令（Region）生成的平面。拉伸命令为 Extrude（工具栏按钮 ▉ ）,拉伸操作效果如图 3-174 所示。

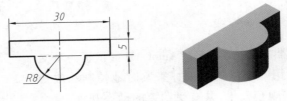

图 3-174　拉伸操作效果

（3）旋转方法创建实体　用旋转方法绘制三维实体,就是将二维截面对象绕指定的旋转轴旋转为三维实体。其二维截面对象为封闭多段线或面域,且位于旋转轴的一侧,才能建立旋转实体。旋转命令为 Revolve（工具栏按钮 ▦ ）,其操作效果如图 3-175 所示。

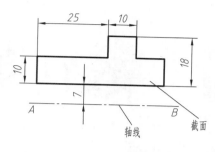

图 3-175　旋转操作效果

（4）扫掠方法创建实体　用扫掠方法绘制三维实体,就是将二维截面对象沿开放或闭合的二维或三维路径生长所形成的实体。其二维截面对象为封闭多段线或面域,扫掠命令为 Sweep(工具栏按钮 ），其操作效果如图 3-176 所示。该案例中弹簧中径为 $\phi40$,圈数为 5 圈,簧丝直径为 $\phi6$,弹簧高度为 60,簧丝直径为 $\phi6$。

（5）放样方法创建实体　用放样方法绘制三维实体,就是在数个截面之间的空间中创建三维实体。其二维截面对象为封闭的多段线或面域,且截面数必须为两个或两个以上。放样命令为 Loft(工具栏按钮 ），其操作效果如图 3-177 所示。该案例中,截面 1、2、3、4 均为圆形,直径分别为 $\phi20$、$\phi18$、$\phi8$ 和 $\phi6$,截面间的距离分别为 30、15 和 15。

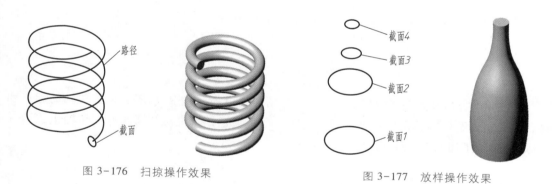

图 3-176　扫掠操作效果　　　　　　　　图 3-177　放样操作效果

通过上述造型方法形成基本的实体造型后,可通过布尔运算将多个形体组合为一个形体,从而实现复杂形体的三维造型。该运算命令包括"并集""差集""交集"三种,利用它们可以创建一些复杂的三维实体。布尔运算示例如图 3-178 所示。

3. 案例展示

（1）轴套类零件的三维造型　以如图 3-161 所示的泵轴的三维造型为例进行说明。

① 切换到主视图状态,在"视图样式"二维线框模式下绘制如图 3-179 所示泵轴的半个轮廓平面图(含圆角、倒角及螺纹结构)。注意:本例中的螺纹造型直接采用简化画法绘制螺纹断面后再采用旋转命令生成,与真实螺纹不完全相同。

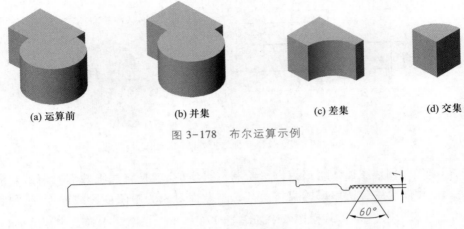

(a) 运算前　　　　　(b) 并集　　　　　(c) 差集　　　　　(d) 交集

图 3-178　布尔运算示例

图 3-179　泵轴的半轮廓平面图

② 根据泵轴零件图所示的尺寸及位置绘制出右侧两个表示圆孔的圆、键槽及矩形(20×2.5),距离左侧孔轴线 23.5,如图 3-180 所示。将上述图形创建为面域。

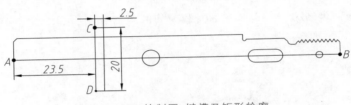

图 3-180　绘制圆、键槽及矩形轮廓

③ 选取主体轮廓,利用旋转命令 以如图 3-180 所示的 *A*、*B* 两点为旋转轴的起点和终点完成主体结构旋转操作。再次利用旋转命令将上述矩形面域以 *CD* 为旋转轴生成圆柱实体,最终结果如图 3-181 所示。

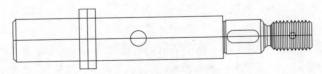

图 3-181　旋转命令创建主要轮廓及小圆柱实体

④ 利用拉伸命令 ,选取两小圆及键槽轮廓线,拉伸距离为 20,完成圆柱孔及键槽的基本造型。单击"西南等轴测"按钮 ,结果如图 3-182 所示。

⑤ 分别利用三维移动命令 ,选取键槽轮廓和右侧的两个圆柱实体,向前移动尺寸 3和向后移动尺寸 10,结果如图 3-183 所示。

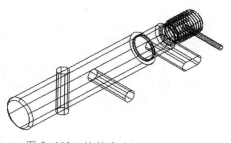

图 3-182　拉伸命令后的三维效果

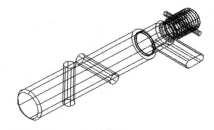

图 3-183　三维移动命令后的三维效果

⑥ 利用差集命令 ，在主体回转轮廓上去除键槽和两圆柱孔，完成泵轴的三维造型。单击"视觉样式"工具栏上的"真实"按钮 ，最终结果如图 3-184 所示。

图 3-184　泵轴零件的三维模型

（2）箱体类零件的三维造型

以如图 3-162 所示的固定钳身的三维造型为例。

① 将当前视图切换到俯视图状态，在"二维线框"模式下绘制如图 3-185（a）所示的图形，该图形为固定钳身零件底部右侧部分去除圆角后的轮廓线。将其创建为面域后采用拉伸命令，拉伸高度为 17，形成如图 3-185（b）所示的底板轮廓造型。

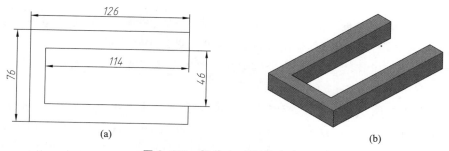

(a)

(b)

图 3-185　操作 1：底板轮廓造型

② 利用拉伸、三维移动、三维镜像及并集命令创建固定钳身前后两侧的耳板及锪平沉孔，结果如图 3-186 所示。

③ 再次切换到俯视图状态,在"二维线框"模式下绘制如图3-187(a)所示的图形,生成面域后利用拉伸命令,拉伸高度为13,导轨造型如图3-187(b)所示。

④ 创建4×82×2的长方体,然后通过三维移动、差集命令在上一步骤所创建的实体上表面右侧减去刚创建的长方体,结果如图3-188所示。

⑤ 利用三维移动、并集命令把创建的实体组合成一个整体,结果如图3-189所示。

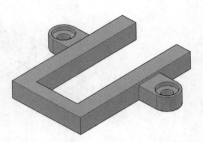

图3-186 操作2:耳板轮廓造型

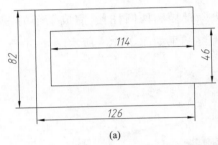

(a)

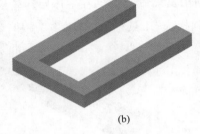

(b)

图3-187 操作3:底板上导轨轮廓造型

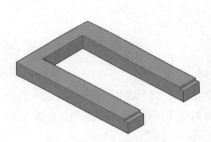

图3-188 操作4:导轨越程槽轮廓造型

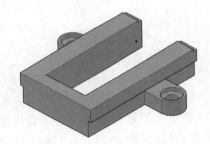

图3-189 操作5:轮廓拼装

⑥ 创建90×8×20的长方体,然后通过三维移动、镜像、并集命令在上一步骤创建的实体内侧的前后表面各添加一个刚创建的长方体,结果如图3-190所示。

⑦ 利用拉伸、三维移动、差集等命令创建固定钳身左侧直径为$\phi12$的孔,结果如图3-191所示。

⑧ 切换到主视图状态,在"二维线框"模式下绘制零件主视图的右侧夹紧板部分,如图3-192(a)所示,生成面域后采用拉伸命令,拉伸高度为76,结果如图3-192(b)所示。

⑨ 利用三维移动、并集命令把前面创建的所有实体组合成一体,结果如图3-193所示。

⑩ 利用旋转、三维移动、差集等命令在固定钳身右侧生成一个台阶孔和两个螺孔,结果如图3-194所示。利用圆角命令对该零件中的一些结构进行倒圆角,完成固定钳身的三维造型,最终结果如图3-195所示。

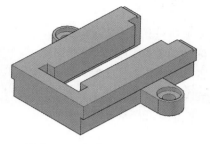

图 3-190　操作 6:工字槽造型

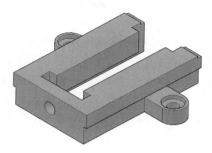

图 3-191　操作 7:生成装螺杆的孔

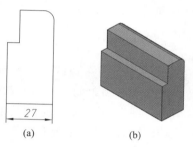

(a)　　　　　(b)

图 3-192　操作 8:夹紧板轮廓造型

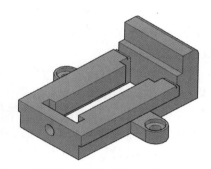

图 3-193　操作 9:轮廓拼装

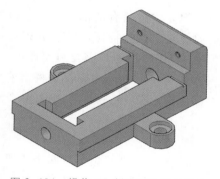

图 3-194　操作 10:创建螺孔及台阶孔

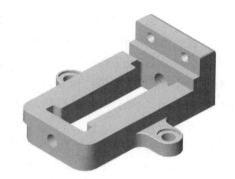

图 3-195　倒圆角,完成固定钳身的三维造型

4. 技能指导

(1) 零件的造型思路及具体步骤。

第一步:利用形体分析法将零件分块,拆分成长方体、柱体、回转体等基本立体,并绘制出各部分的二维特征图。

第二步:将二维特征图利用"拉伸""旋转""扫掠""放样"等建模方式创建较复杂立体。

第三步:利用移动、复制或三维操作(如三维阵列及三维旋转)等命令创建或编辑简单立体"装配"到正确位置。要多从不同视图特别是主、俯、左三个视图中去观察各组成部分的空间位置,以确保它们准确地拼装。如果观察角度不好的时候,要从多个视点来观察各块的相对位置,否则很容易出现"装配"偏差。

第四步:利用布尔运算或实体编辑等命令最终完成零件的三维实体造型。

对于具有复杂型腔的实体,最好将外形结构实体和内腔结构实体分别创建,然后分别对两实体中的所有子实体进行并集操作,最后再对这两部分实体进行差集操作来完成整个实体的创建。这样做的好处在于防止用户可能由于操作顺序不当,结果导致型腔结构不符合预期要求,需要采取进一步处理操作,从而增加了三维造型工作量。

(2) 面域(Region)。

面域是具有边界的平面区域,不是线框而是一个面。成功创建面域必须满足两个条件:一是创建面域的线框必须封闭,二是构成该线框的线段要首尾相连,不能出现交叉。由圆、椭圆、多边形等命令生成的封闭图形可直接作为截面进行拉伸、旋转等操作,不再另外需要进行面域操作。

(3) 边界(Boundary)、多段线编辑(Pedit)。

边界命令和多段线编辑命令都可以将截面线框转换成一个封闭多段线。但两者有区别。使用多段线编辑命令必须满足两个条件:一是要转换的线框必须封闭;二是构成该线框的线段要首尾相连,不能出现交叉。而边界命令是在保留原有图形的基础上,通过拾取内部点来形成一条新的多段线。该命令对初始图形是否封闭以及其中的线段是否有交叉都不做要求,因此该命令的使用更为简单,更容易操作。

(4) 拉伸(Extrude)、拉按并拖动(Presspull)。

使用拉伸命令和拉按并拖动命令都可以拉伸图形,但要注意两者的部分区别。拉伸命令可将原有二维视图直接生成曲面模型和实体模型,前提是二维特征图一定要处理成面域或多段线。拉按并拖动命令只能创建实体模型,其原有的二维特征图只需要封闭即可,且完成该命令的操作后,原有的二维特征线框仍然存在。另外,拉按并拖动命令仅可将当前坐标平面(即 XY 平面)上的封闭区域进行拉伸。如果该封闭区域不在 XY 平面上,则该命令对此封闭区域无法拉伸。

(5) 布尔运算(并集、差集)。

并集、差集运算是布尔运算中使用频率较高的两个子命令,其中并集可将两个或两个以上的实体对象合并成一个新的复合实体;差集则从一个实体中去除另外一个实体,最常见是打孔、切槽;交集则是取多个实体的共同部分。注意,并集、交集的选择没有先后顺序,差集的选择要注意有先后顺序,先选择要保留的实体,按回车键后再选择要去除的实体。对待复杂零件的三维造型,要养成先做并集后做差集的好习惯。

(6) 倒角、圆角

三维实体中,既可用直角边命令(Filletedge)及圆角边命令(Chamferedge)两个三维命令来进行倒角和倒圆,也可用二维绘图中的倒角命令(Fillet)及圆角命令(Chamfer)来进行,操作方法基本类似。在三维实体中倒角命令作用的对象是"边"或"环",而圆角命令作用的对象是"边"或"链"。在 AutoCAD 操作中,对三维实体倒圆角时要注意操作顺序,尽量使用"链"操作,否则极易出现操作失败。此时命令行显示:"建模操作错误:检测到的情况太复杂,无法封口。未能进行光顺。圆角失败。"

（7）控制三维实体显示的系统变量。

isolines：该变量用来控制分格线数目,改变实体的表面轮廓线密度。该变量的有效值为0~2047,缺省值为4。分格线数值越大,实体越易于观察,但是等待显示时间加长。

dispsilh：该变量控制实体轮廓边的显示,取值为0或1,设置为0表示不显示轮廓边,设置为1表示显示轮廓边。

facetres：该变量用来调节经Hide（消隐）、Shade（着色）、Render（渲染）命令后实体的平滑度,有效值为0.01~10.0,缺省值为0.5。数值越大,显示越光滑,但执行Hide等命令时等待显示时间加长。通常在进行最终输出时,才增大其值。

如图3-196所示为不同的系统变量（Isolines）对实体效果的影响。

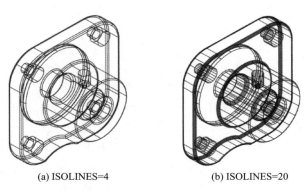

(a) ISOLINES=4   (b) ISOLINES=20

图3-196 系统变量对实体效果的影响

（8）剖切（Slice）与切割（Section）的区别。

剖切命令通过切开现有实体并移去指定部分,从而创建新的实体,可以保留剖切实体的一半或全部,且剖切实体保留原实体的图层和颜色特性。可利用该命令运用于观察复杂零件的内部结构,而切割命令则使用平面和实体、曲面或网格的交集创建面域,原三维实体不受影响,可用于观察零件的断面形状。

（9）编辑三维实体对象（Solidedit）与渲染处理（Render）。

使用"实体编辑"工具栏中的各个子命令对实体面进行拉伸、移动、偏移、旋转、倾斜、抽壳、着色和复制等操作,如图3-197所示。

并 差 交 拉 移 偏 删 旋 倾 复 着 圆 倒 复 着 压 清 分 抽 检
集 集 集 伸 动 移 除 转 斜 制 色 角 角 制 色 印 除 割 壳 查
      面 面 面 面 面 面 面 面 边 边 边 边

图3-197 "实体编辑"工具栏

渲染是对三维图形对象加上颜色、材质、灯光、背景、场景等因素,更真实地表达图形的外观和纹理。渲染是输出图形前的关键步骤,尤其在效果图的设计中,渲染可以表达设计的真实效果。"渲染"工具栏如图 3-198 所示。

图 3-198 "渲染"工具栏

 单元总结

本单元讲述零件的图样画法;典型机械零件的分类及画法;零件的尺寸基准选择和尺寸标注;零件图上技术要求的标注与识读(包含表面结构、尺寸公差、几何公差);零件测绘的方法与步骤;典型零件图的阅读及 AutoCAD 三维造型等内容。

本单元的重点是四种典型零件的绘制及识读,包括尺寸及技术要求的标注及识读。要根据零件的特点,灵活运用国家标准规定的各种图样画法合理表达零件的内外结构。其中:视图主要表达机件的外部形状,剖视图用于主要表达内部形状复杂的机件,断面图用于表达实心机件、肋板及各种型材的截面形状,简化画法用于特殊机件的表达。生产实践中的工程图样,通常是综合应用各种表达方法绘制的,表达方法应清晰简洁。只要方案得体,同一个零件可能会有多个合理的表达方案。在尺寸标注方面,同样需要根据零件的结构特点,确定长、宽、高三个方向的尺寸基准,在大致了解零件加工方法的前提下正确、合理地标注尺寸。技术要求的制定要符合产品的设计要求,制定得是否恰当合理将直接影响零件的质量与制造成本。要想掌握好尺寸和技术要求的制定,必须经过刻苦地学习,积极地实践,不断地总结和交流。

利用 AutoCAD 软件绘制零件图时,要学会调用样板图,综合运用绘图、编辑命令的操作,提高二维绘图技能。特别是如何运用 AutoCAD 正确标注尺寸和技术要求,这是本单元 AutoCAD 二维绘图的一个重点。对零件进行 AutoCAD 三维造型时,注意要对零件进行形体分析,采用合适的方法逐块造型,并进行布尔运算最终形成复杂的零件形体。希望多加实践,在操作中不断增强 AutoCAD 造型技巧。

另外,机械零件上常有一些局部工艺结构,如铸造圆角、中心孔、螺纹、键槽、螺纹退刀槽、砂轮越程槽、倒角等结构,这些结构的尺寸有一些是标准化的,有部分为推荐数据,测绘时要学会查阅相关资料。

1. 方便他人,与时俱进

除三视图外,国家标准还规定了机件的各种表达方法,以使绘图和看图更简单清晰。表达方法的选择首先考虑的是图形表达和布局要方便他人识读,不能只考虑画图方便。在日常为人处中也要如此,多为他人考虑,方便他人,要逐步树立为人民服务的思想。我国的制图标准主要采用第一分角画法,美国、日本等国家和地区一般采用第三分角画法,制图国家标准与时俱进,不断修订,逐渐和国际标准接近。随着国际交流的进一步加大,要用唯物辩证法发展的观点来理解和掌握相关标准,以便更好地实现共同发展,实现中国制造强国的理想。

2. 抓住主要矛盾,培养"大局意识"

唯物辩证法认为:矛盾的两个方面通常并不是绝对均衡的,往往有主次之分。在复杂事物的发展过程中,处于支配地位、对事物发展起决定作用的矛盾就是主要矛盾,其他处于从属地位、对事物发展不起决定作用的矛盾则是次要矛盾,这就要求解决问题要抓主要矛盾。零件图的表达方案是否合适,直接影响零件是否表达清楚和清晰,这是主要矛盾。而主视图的表达方案是主要矛盾的主要方面,决定了表达方案的优劣,确定了主视图的表达方案后,其他视图均是次要方面,问题可迎刃而解。

绘制零件图时,需要在图纸上合理布置视图,要从全局考虑布置视图,使图形分布均匀。这其实引导人们在平时的学习和生活中,也必须树立高度自觉的大局意识,善于从全局高度、用长远眼光观察形势,分析问题,善于围绕党和国家的大事认识和把握大局,自觉地在顾全大局前提下脚踏实地地做好本职工作。

3. 注重实践

实践是检验真理的标准,揭示了实践在制图课程教学中的重要性。本单元的零件图部分包含大量的实践教学内容,通过实践不但培养绘图和看图能力以及空间思维能力,而且也教会辩证地认识问题、分析问题、解决问题,培养逻辑思维能力和辩证思维能力。

4. 感受现代化设计工具魅力

50年代初,人们根据数控机床的原理,用绘图笔代替刀具而发明了第一台平板式数控图机,随后又发明了滚筒式数控绘图机。同期国际上发明了阴极射线管,从而使数据可以以图形的方式显示在荧光屏上。由于计算机、图形显示器、光笔、图形数据转换器等设备的生产和发展,以及人们对图学的理论探讨及应用研究,逐渐形成了一门新兴的学科——计算机图形学。近十年来,计算机技术的进步和学科的发展,智能机器人、无人机等高科技产品不断涌现。作为一名工程技术人员必须掌握现代化的设计工具,学好计算机绘图,为将来进一步学习打下良好的基础,树立远大理想和爱国主义情怀,培养责任感和使命感,积极主动应对新一轮科技革命与产业变革,掌握先进制造技术,勇于创新,为实现中国的强国之梦打下坚实的基础。

单元拓展

计算机图形学的前世、今生与未来

单元四
标准件与常用件的绘制

 学习导航

在机器或部件中，除一般零件外，还有标准件（如螺栓、螺钉、螺母、垫圈、键、销和滚动轴承等）和常用件（如齿轮、弹簧）。这些标准结构的画法、标注都是由国家标准所规定的，任何一个工程技术人员都必须不折不扣地认真贯彻执行，决不允许有任何偏差。本单元要学会各类标准件及常用件的查表选用、规格标记及规定画法。

机器设备经常用到螺栓、螺钉、螺母、垫圈、键、销等标准件连接相关零件，以此来实现零件的装配安装。标准件是指为了使零件有更好的互换性及便于批量生产和使用，对其形式、结构、材料、尺寸、精度及画法等实现标准化的零件或零件组。除此以外，像齿轮、弹簧等零件的部分结构和参数也已标准化，称为常用件。由于标准化，这些零件可组织专业化大批量生产，提高生产效率并获得质优价廉的产品。国家标准对每一种标准件都规定对应编号，以方便制造和使用。一台机器的零件标准化程度越高，使用维护就越方便，就越有利于机器的推广、销售并获得市场占有率。

在绘图时，为了提高效率，对上述零件中已标准化的结构和形状不必按其真实投影画出，而是根据相应的国家标准规定的画法、代号和标记进行绘图和标注。本章介绍标准件与常用件的基本知识、规定画法、代号与标记以及相关标准表格的查用。如图 4-1 所示为轴承架的装配，这里用到了螺栓联接、螺钉联接。

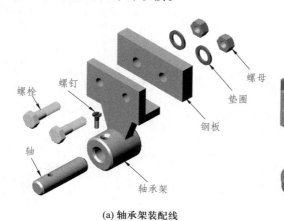

轴承架的装配

(a) 轴承架装配线

(b) 轴承架安装

图 4-1　轴承架的装配

第一节　螺纹紧固件联接

一、常用螺纹紧固件的种类和标记

螺纹紧固件包括螺栓、螺柱、螺母、螺钉和垫圈等,如图 4-2 所示。由于种类多,使用量大,所以由专门厂家批量生产,并实现了标准化、系列化。

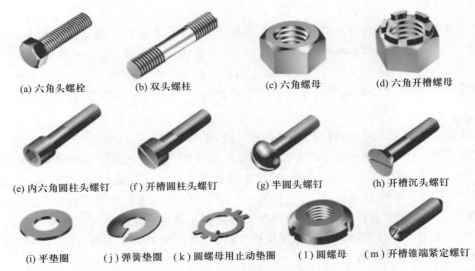

(a) 六角头螺栓　　(b) 双头螺柱　　(c) 六角螺母　　(d) 六角开槽螺母

(e) 内六角圆柱头螺钉　(f) 开槽圆柱头螺钉　(g) 半圆头螺钉　(h) 开槽沉头螺钉

(i) 平垫圈　　(j) 弹簧垫圈　　(k) 圆螺母用止动垫圈　(l) 圆螺母　(m) 开槽锥端紧定螺钉

图 4-2　常用螺纹紧固件

常用螺纹紧固件的规定标记见表 4-1。

表 4-1　常用螺纹紧固件的规定标记

名称	图例和标记	名称	图例和标记
六角头螺栓	螺栓　GB/T 5782　M12×50	双头螺柱	螺柱　GB/T 897　M12×50
开槽沉头螺钉	螺钉　GB/T 68　M10×45	1 型螺母	螺母　GB/T 6170　M16

名称	图例和标记	名称	图例和标记
开槽圆柱头螺钉	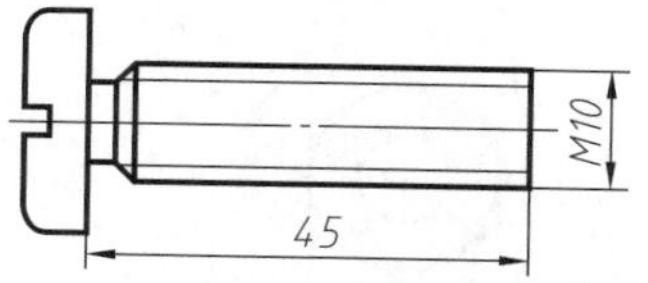 螺钉 GB/T 65 M10×45	1 型开槽螺母	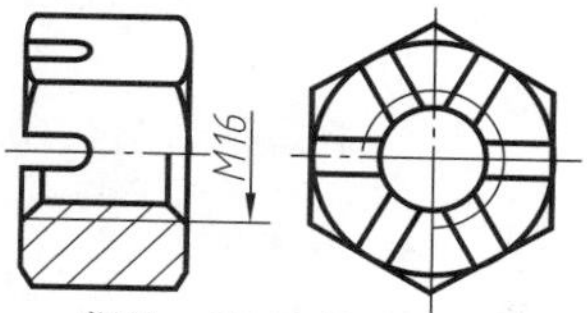 螺母 GB/T 6178 M16
内六角圆柱头螺钉	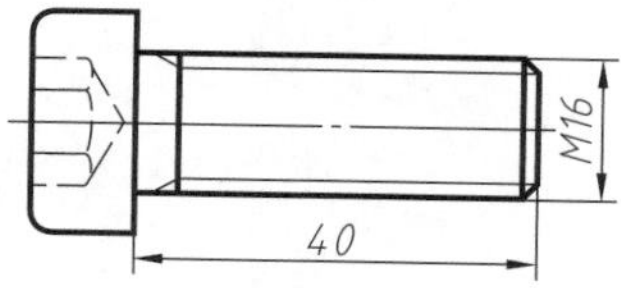 螺钉 GB/T 70 M16×40	弹簧垫圈	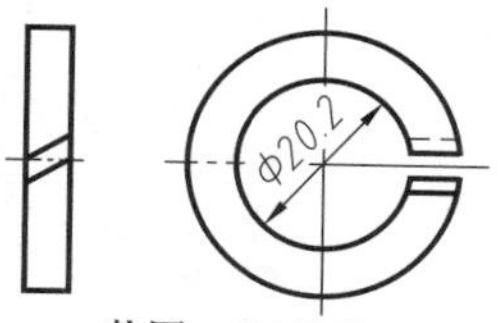 垫圈 GB/T 93 20
开槽锥端紧定螺钉	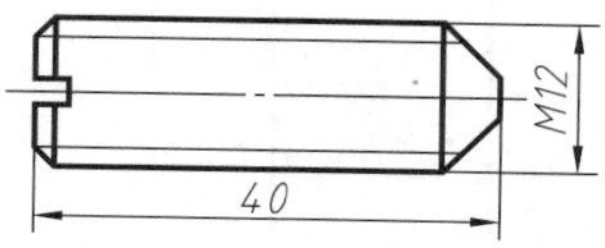 螺钉 GB/T 71 M12×40	平垫圈	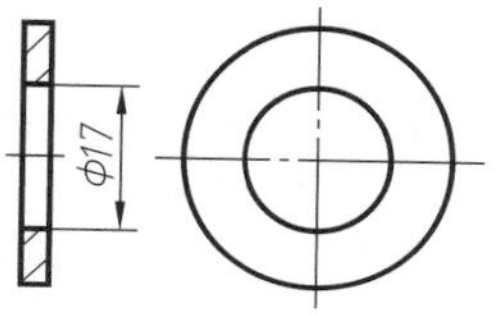 垫圈 GB/T 97.1 16

二、常用螺纹紧固件的画法

对于已经标准化的螺纹紧固件,一般不再单独画出它们的零件图,但在装配图中需画出其联接情况。螺纹紧固件的画法常采用比例画法或简化画法,如有需要也可采用查表画法。采用比例画法时,螺纹紧固件各部分的尺寸(除公称长度 L 外)一般只需根据螺纹的公称直径,按一定的比例近似地画出。

常用螺纹紧固件的比例画法见表 4-2。

表 4-2　常用螺纹紧固件的比例画法

名称	常用螺纹紧固件的比例画法
螺栓	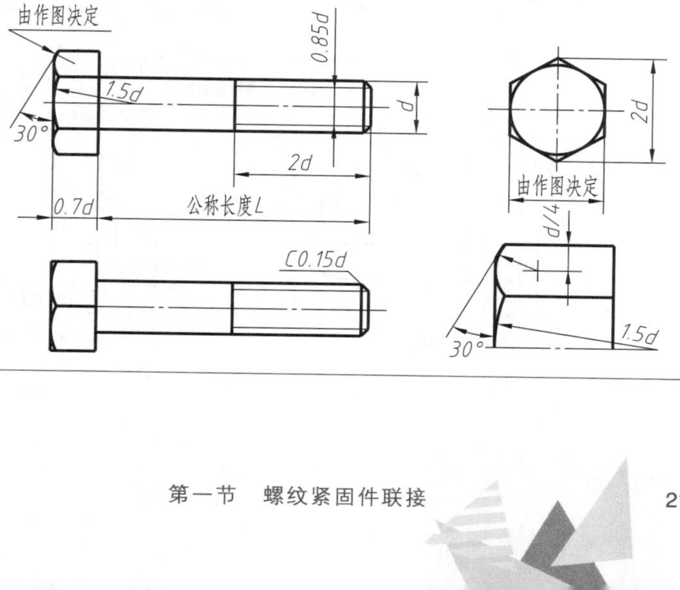

名称	常用螺纹紧固件的比例画法
螺母	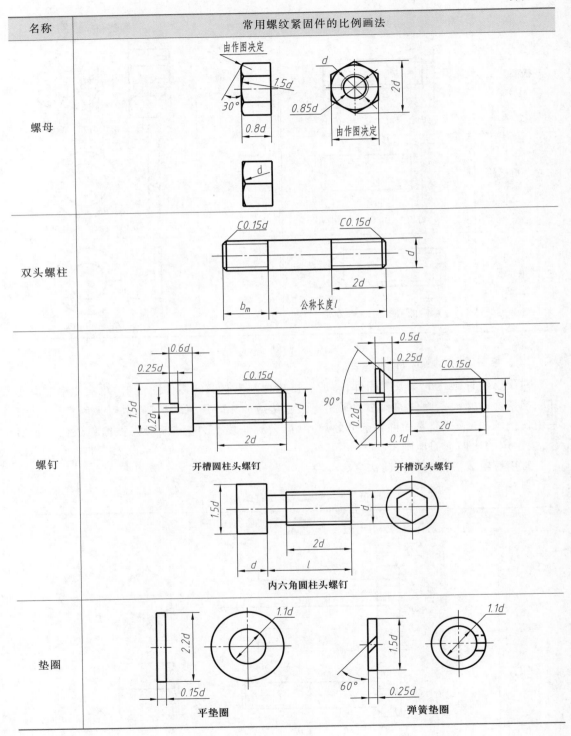
双头螺柱	
螺钉	
垫圈	

　单元四　标准件与常用件的绘制

三、螺纹紧固件的联接

常见螺纹紧固件的联接形式有：螺栓联接、双头螺柱联接和螺钉联接。

1. 螺栓联接

螺栓联接适用于两个不太厚并能钻成通孔的零件。装配时，将螺栓从一端穿入两个零件的光孔中，另一端加上垫圈，然后旋紧螺母，即完成了螺栓联接，如图4-3（a）所示。

螺栓联接图一般用简化画法，如图4-3（b）所示。绘制螺栓联接时，需注意以下几点：

（1）当联接图画成剖视图时，此时剖切平面通过联件的轴线，螺栓、螺母、垫圈等均按不剖绘制，即只画外形。

（2）两个零件接触面处只画一条粗实线，不得将轮廓线加粗。凡不接触的表面，不论间隙多小，在图上应画出间隙，如螺栓与孔之间应画出间隙。

（3）在剖视图中，相互接触的两个零件其剖面线方向应相反。而同一个零件在各剖视图中，剖面线的倾斜方向和间隔应相同。

（4）螺纹紧固件上的工艺结构，如倒角、倒圆、退刀槽等均可省略不画。

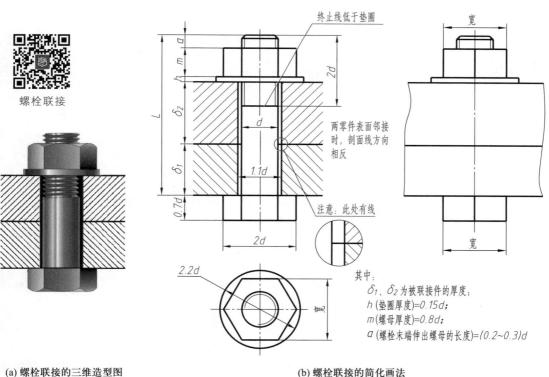

(a) 螺栓联接的三维造型图　　　　　　　　(b) 螺栓联接的简化画法

图4-3　螺栓联接

2. 双头螺柱联接

当其中一个被联接零件很厚，或因拆卸频繁不宜采用螺栓联接时，可采用双头螺柱联接。装配时,先将螺柱的一端(旋入端)旋入较厚零件的螺孔中,另一端(紧固端)穿过另一零件的通孔,套上垫圈,最后装上螺母拧紧,即完成了双头螺柱的联接,如图 4-4(a)所示。

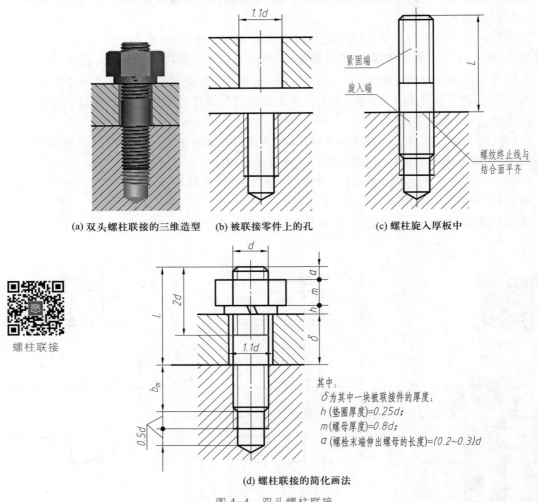

(a) 双头螺柱联接的三维造型　　(b) 被联接零件上的孔　　(c) 螺柱旋入厚板中

其中:
δ 为其中一块被联接件的厚度;
h (垫圈厚度)=$0.25d$;
m (螺母厚度)=$0.8d$;
a (螺栓末端伸出螺母的长度)=$(0.2\sim0.3)d$

(d) 螺柱联接的简化画法

图 4-4　双头螺柱联接

螺柱联接

　　双头螺柱联接图的画法与螺栓联接图类似,如图 4-4(b)、(c)所示。绘制时,需注意以下几点:

　　(1) 双头螺柱的公称长度 L 是指双头螺柱上无螺纹部分长度与拧螺母一侧螺纹长度之和,而不是双头螺柱的总长。由上图可看出:$L \geqslant \delta+h+m+a$。

　　当通过计算得到螺柱长度后,应从相应螺柱的国家标准所规定的长度系列中选取最接近的标准长度值来替代计算结果。

　　(2) 双头螺柱的两端都有螺纹。其中用来旋入被联接零件的一端,称为旋入端,用来旋紧螺母的一端,称为紧固端。旋入端的长度 b_m 与螺孔的深度有关,根据螺孔零件的材料不同,其旋入端的长度有四种规格,每一种规格对应一个国标代号,见表 4-3。

表 4-3　双头螺柱旋入端的长度

被旋入零件的材料	旋入端长度 b_m	国标代号
钢或青铜	$b_m = d$	GB/T 897—1988
铸铁	$b_m = 1.25d$	GB/T 898—1988
铸铁或铝合金	$b_m = 1.5d$	GB/T 899—1988
铝合金	$b_m = 2d$	GB/T 900—1988

螺孔的螺纹长度应大于螺柱旋入端长度 b_m，表示旋入端还有拧紧的余地。钻孔深度一般取 $b_m + d$，螺孔深度一般取 $b_m + 0.5d$，钻孔锥角应为 $120°$，如图 4-5 所示。

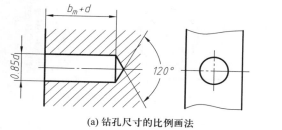

(a) 钻孔尺寸的比例画法　　　　(b) 螺孔尺寸的比例画法

图 4-5　螺孔的画法

（3）螺柱旋入端的螺纹终止线应与结合面平齐，表示旋入端全部旋入，足够拧紧。结合面以上部位的画法与螺栓联接的画法相同。

3. 螺钉联接

螺钉按照其用途可分为联接螺钉和紧定螺钉两种。

（1）联接螺钉　螺钉联接一般用于受力不大又不需经常拆卸的零件联接场合。它的一端为螺纹，用来旋入被联接零件的螺孔中；另一端为头部，用来压紧被联接零件。螺钉按其头部形状可分为：开槽圆柱头螺钉、十字槽圆柱头螺钉、开槽盘头螺钉、十字槽沉头螺钉、内六角圆柱头螺钉等，一般也按简化画法画出。螺钉联接的画法如图 4-6 所示。绘制时，需注意以下两点：

① 螺钉联接图的画法除头部形状以外，其他部分与螺柱联接相似，只是螺钉的螺纹终止线必须超出两联接件的结合面，表示螺钉还有拧紧的余地。

② 具有沟槽的螺钉头部，与轴线平行的视图上沟槽放正，而与轴线垂直的视图上画成与水平倾斜 $45°$，也可用加粗的粗实线简化表示。

（2）紧定螺钉　紧定螺钉用来固定两零件的相对位置，使它们不产生相对转动，其头部有开槽和内六角两种形式，端部有锥端、平端、圆柱端、凹端等。如要将轴、轮固定在一起，可先在轮毂的适当部位加工出螺孔，然后将轮、轴装配在一起，以螺孔导向，在轴上钻出锥坑，最后拧入螺钉，即可限定轮、轴的相对位置，使其不产生轴向相对移动和径向相对转动。如图 4-7 所示为紧定螺钉联接的画法。

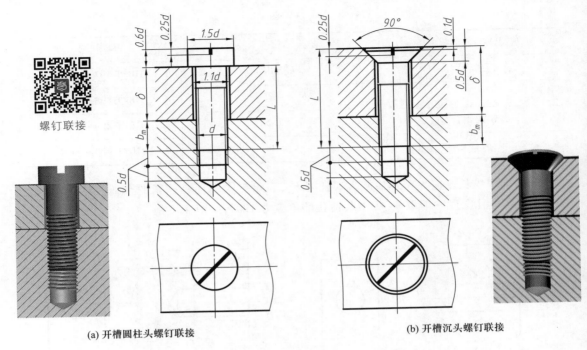

螺钉联接

(a) 开槽圆柱头螺钉联接　　　　　　　　　　　　　(b) 开槽沉头螺钉联接

图 4-6　螺钉联接的画法

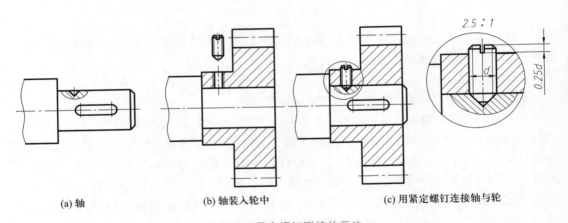

(a) 轴　　　　　　　　(b) 轴装入轮中　　　　　　　(c) 用紧定螺钉连接轴与轮

图 4-7　紧定螺钉联接的画法

第二节　齿　轮

　　齿轮是一种常用的传动零件,具有传递动力、改变运动速度、改变运动方向的功能。常用的齿轮按两轴的相对位置不同,可分为圆柱齿轮传动、锥齿轮传动以及蜗轮蜗杆传动三种,如图 4-8 所示。

齿轮传动

(a) 圆柱齿轮：两
轴线互相平行

(b) 锥齿轮：两轴线
互相垂直相交

(c) 蜗杆蜗轮：两轴线互相垂
直交叉，能实现大降速比

图 4-8　齿轮传动的种类

一、直齿圆柱齿轮

圆柱齿轮的外轮廓为圆柱结构,若轮齿的素线与轴线平行,称为直齿圆柱齿轮;若轮齿素线与轴线倾斜称斜齿圆柱齿轮;两个倾斜方向相反的斜齿圆柱齿轮组合就是人字齿圆柱齿轮,如图 4-9 所示。

(a) 直齿圆柱齿轮

(b) 斜齿圆柱齿轮

(c) 人字齿圆柱齿轮

图 4-9　圆柱齿轮类型

1. 直齿圆柱齿轮各部位的名称

齿轮各部分的名称如图 4-10 所示。

（1）齿顶圆　齿顶圆为包容齿顶的圆柱面,齿顶圆直径为 d_a。

（2）齿根圆　齿根圆为包容齿根的圆柱面,齿根圆直径为 d_f。

（3）分度圆　分度圆为包容分度曲面的圆柱面,在标准状态下为齿槽宽与齿厚相等的位置上,分度圆直径为 d。

注意:分度圆是齿轮上的一个设计和加工时计算尺寸的基准圆,它是一个假想圆,从齿顶到齿根之间齿槽在不断地缩小,齿厚在不断地增加,但总在某一位置齿槽宽与齿厚相等,该处就是分度圆周位置。

（4）齿高:

齿顶高 h_a　分度圆与齿顶圆间的径向距离。

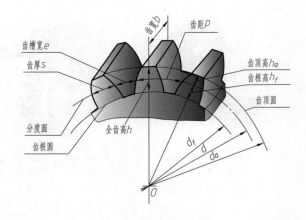

图 4-10　齿轮各部分的名称

齿根高 h_f　分度圆与齿根圆间的径向距离。

齿高 h　齿顶圆与齿根圆间的径向距离，$h=h_a+h_f$。

（5）齿宽：

齿距 p　在分度圆上，相邻两齿同侧齿廓之间的弧长。

齿厚 s　在分度圆上，同一齿两侧齿廓之间的弧长。

齿槽宽 e　在分度圆上，齿槽宽度的一段弧长，也称为齿间。

（6）中心距 a　中心距是指两啮合齿轮的中心距离。在标准齿轮的啮合中，中心距 a 等于它们的分度圆半径之和。

2. 直齿圆柱齿轮的基本参数

（1）齿数 z　齿数 z 为轮缘上轮齿的个数。

（2）模数 m　齿轮的分度圆周长 $\pi d=zp$，则 $d=(p/\pi)\times z$。令 $m=p/\pi$，$d=mz$。m 为齿距 p 除以 π 所得的商，称为模数，单位为 mm，它是齿轮设计及加工中一个十分重要的参数，模数的大小直接反映出轮齿的大小。为了便于设计和制造齿轮，减少齿轮加工的刀具，模数已标准化。通用机械和重型机械用圆柱齿轮模数（GB/T 1357—2008）见表 4-4。

表 4-4　通用机械和重型机械用圆柱齿轮模数　　　　　　　　　　　　mm

第一系列	1,1.25,1.5,2,2.5,3,4,5,6,8,10,12,16,20,25,32,40,50
第二系列	1.125,1.375,1.75,2.25,2.75,3.5,4.5,5.5,(6.5),7,9,(11),14,18,22,28,36,45

注：优先采用第一系列，括号内的模数尽可能不用。

（3）齿形角（啮合角或压力角）α　两齿轮啮合时齿廓在节点处的公法线与两节圆的公切线所夹的锐角，称为啮合角或压力角，如图 4-11 所示。国家标准 GB/T 1356—2001 规定，渐开线圆柱齿轮基准齿形角 $\alpha=20°$，但有某些特殊要求时 α 值会有变化。

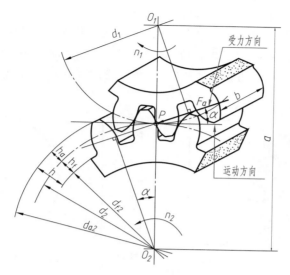

图 4-11　齿形角的含义

两齿轮啮合的条件是两齿轮的模数相等、压力角相等,即 $m_1 = m_2$,$\alpha_1 = \alpha_2$,此时 $a = \dfrac{m(z_1+z_2)}{2}$。

3. 直齿圆柱齿轮各部分尺寸的计算

齿轮的基本参数 z、m、α 确定以后,齿轮各部分尺寸可按表 4-5 中的公式计算。

表 4-5　直齿圆柱齿轮各部分尺寸的计算公式及举例

基本参数:模数 m、齿数 z			已知:$m = 3$ mm,$z_1 = 22$,$z_2 = 42$	
名称	代号	尺寸公式	计算举例	
分度圆	d	$d = mz$	$d_1 = 66$ mm	$d_2 = 126$ mm
齿顶高	h_a	$h_a = m$	$h_a = 3$ mm	
齿根高	h_f	$h_f = 1.25m$	$h_f = 3.75$ mm	
齿高	h	$h = h_a + h_f = 2.25m$	$h = 6.75$ mm	
齿顶圆直径	d_a	$d_a = d + 2h_a = m(z+2)$	$d_{a1} = 72$ mm	$d_{a2} = 132$ mm
齿根圆直径	d_f	$d_f = d - 2h_f = m(z-2.5)$	$d_{f1} = 58.5$ mm	$d_{f2} = 118.5$ mm
齿距	p	$p = \pi m$	$p = 9.42$ mm	
齿厚	s	$s = p/2$	$s = 4.71$ mm	
中心距	a	$a = (d_1 + d_2)/2 = m(z_1 + z_2)/2$	$a = 96$ mm	

4. 齿轮的画法（GB/T 4459. 2—2003）

（1）单个齿轮的画法　如图 4-12 所示，齿轮的齿顶线和齿顶圆线用粗实线绘制；分度线和分度圆用细点画线绘制；齿根线和齿根圆用细实线绘制，也可省略不画。在剖视图中，当剖切平面通过齿轮轴线时，齿根线用粗实线绘制，轮齿部分采用规定画法，按不剖处理，即轮齿部分不画剖面线。

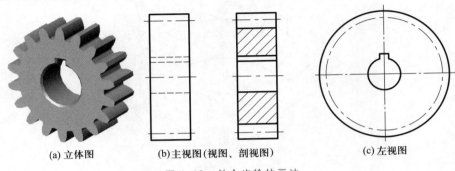

(a) 立体图　　　　(b) 主视图(视图、剖视图)　　　　(c) 左视图

图 4-12　单个齿轮的画法

（2）齿轮啮合的画法　如图 4-13 所示，在垂直于齿轮轴线的投影面的视图中，啮合区内的齿顶圆均用粗实线绘制，也可省略不画，两分度圆用细点画线画成相切，两齿根圆省略不画。在剖视图中，啮合区内的两条节线重合为一条，用细点画线绘制。两条齿根线都用粗实线画出，两条齿顶线中一条用粗实线绘制，而另一条用虚线或省略不画。

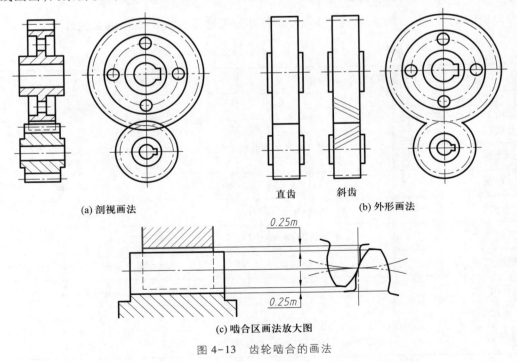

(a) 剖视画法　　　直齿　斜齿　　(b) 外形画法

(c) 啮合区画法放大图

图 4-13　齿轮啮合的画法

绘制斜齿轮时,在非圆视图上用细实线画出三条斜线,间隔为分度圆上齿槽宽和齿厚,倾斜角为螺旋角 β,即轮齿与轴线的夹角。

当齿轮直径无限大时,其齿顶圆、齿根圆、分度圆和齿廓都变成直线,齿轮成为齿条。齿条分直齿齿条和斜齿齿条两种,分别与直齿圆柱齿轮和斜齿圆柱齿轮配对使用。齿轮与齿条啮合的画法与齿轮啮合画法基本相同,如图 4-14 所示。

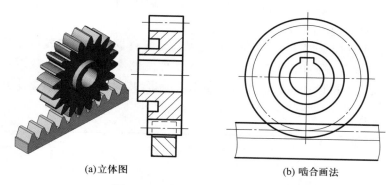

(a)立体图　　　　　　(b) 啮合画法

图 4-14　齿轮与齿条啮合的画法

5. 直齿圆柱齿轮的测绘

(1)测绘目的　根据齿轮零件实物,通过测绘,计算确定其主要参数及各部分尺寸,画出齿轮的零件图。

(2)测绘步骤:

① 目测画出齿轮的零件草图,并标出尺寸线(不写出数值)。

② 数出齿轮的齿数 z。

③ 测量齿轮实际的齿顶圆直径 d'_a。当齿轮的齿数为偶数齿时,直接测出 d_a,如图 4-15(a)所示;当齿轮的齿数为奇数齿时,需测出齿轮孔径 d 以及齿顶到孔壁的径向尺寸 e 后再进行计算: $d'_a = d + 2e$,如图 4-15(b)所示。

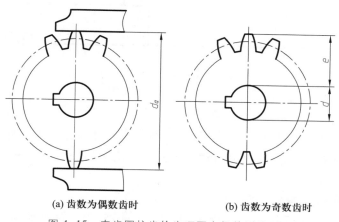

(a) 齿数为偶数齿时　　　　(b) 齿数为奇数齿时

图 4-15　直齿圆柱齿轮齿顶圆直径的测量方法

④ 确定模数。按齿顶圆直径计算公式,初步计算 $m'=d'_a/z+2$ mm,查表选取与 m' 最接近的标准模数。

⑤ 计算齿轮各部分尺寸,根据标准模数和齿数,按公式计算出 d、d_a、d_f,根据草图标注尺寸。

⑥ 测量齿轮其余各部分尺寸,确定技术要求。注意齿轮的齿数、键槽等标准结构按国家标准进行查表和绘制,其余尺寸按实际情况标注。根据具体零件的实际情况,采用类比法进行齿轮技术要求的标注(具体略)。

⑦ 绘制齿轮零件图。如图 4-16 所示的是某齿轮零件图。由于齿轮的模数、齿数、齿形角等是设计计算和加工制造的基本参数,应填入零件图的参数表中。参数表一般放在图样的右上角,有关项目可按设计和制造的需要制定后填写,其他技术要求可集中注写在图样的右下角。

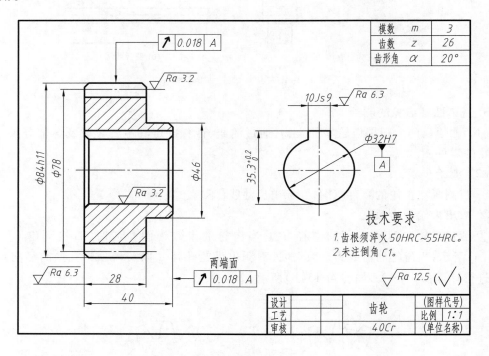

图 4-16 某齿轮零件图

二、锥齿轮传动

圆锥齿轮简称锥齿轮,其轮齿有直齿、斜齿和曲线齿等多种形式。直齿锥齿轮的设计、制造和安装均较简单,故在一般机械传动中得到了广泛应用。下面着重介绍直齿锥齿轮的基本参数和规定画法。

1. 直齿锥齿轮的基本尺寸计算

直齿锥齿轮如图 4-17 所示,其基本形体结构由前锥、顶锥及背锥等组成。由于锥齿轮的轮齿在锥面上,因而其齿形从大端到小端是逐渐收缩的,齿厚和齿高均沿着圆锥素线方向逐渐变化,故模数和直径也随之变化。

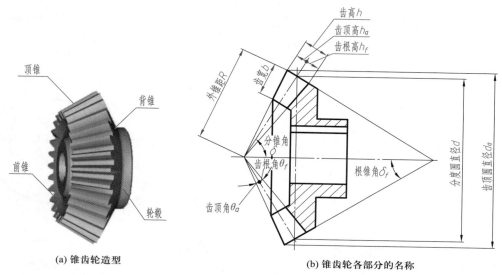

(a) 锥齿轮造型   (b) 锥齿轮各部分的名称

图 4-17　直齿锥齿轮

由于锥齿轮的轮齿加工在圆锥面上,所以锥齿轮在齿宽范围内有大端、小端之分。为了计算和制造方便,国家标准规定以大端模数为标准模数(GB/T 12368—2008),以它作为计算锥齿轮各部分尺寸的基本参数。在锥齿轮上,有关的名称和术语有:齿顶圆锥面(顶锥)、齿根圆锥面(根锥)、分度圆锥面(分锥)、背锥面(背锥)、前锥面(前锥)、分度圆锥角(分锥角)δ、齿高 h、齿顶高 h_a 及齿根高 h_f 等,如图 4-17(b)所示。锥齿轮大端各部分的尺寸关系见表 4-6。

表 4-6　锥齿轮大端各部分的尺寸关系

基本参数:大端模数 m,齿数 z,啮合角 $\alpha = 20°$					
名称	代号	尺寸公式	名称	代号	尺寸公式
分度圆锥角	δ_1 δ_2	当 $\delta_1 + \delta_2 = 90°$ 时, $\tan \delta_1 = z_1/z_2$ $\tan \delta_2 = z_2/z_1$	外锥距 (节距长)	R	$R = mz/2\sin \delta$
大端齿顶高	h_a	$h_a = m$	齿顶角	θ_a	$\tan \theta_a = 2\sin \delta/z$
大端齿根高	h_f	$h_f = 1.2m$	齿根角	θ_f	$\tan \theta_f = 2.4\sin \delta/z$
大端齿高	h	$h = h_a + h_f = 2.2m$	顶锥角	δ_a	$\delta_a = \delta + \theta_a$
大端分度圆直径	d	$d = mz$	根锥角	δ_f	$\delta_f = \delta - \theta_f$
大端齿顶圆直径	d_a	$d_a = m(z + 2\cos \delta)$	齿宽	b	$b \leqslant R/3$

2. 锥齿轮的画法

（1）单个锥齿轮的画法 锥齿轮的主视图画法与圆柱齿轮类似，即采用剖视图，轮齿按不剖处理，规定用粗实线画出齿顶线和齿根线，用细点画线画出分度线。在反映特征的左视图中，用粗实线画出大端和小端的齿顶圆；用细点画线画出大端的分度圆；齿根圆不画。除上述规定外，齿轮其余各部分按投影原理作图。单个锥齿轮的画图步骤如图4-18所示。

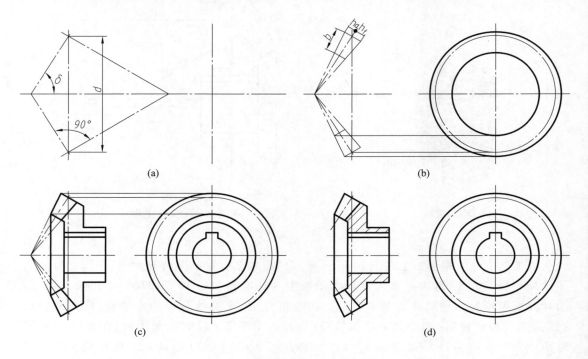

图4-18 单个锥齿轮的画图步骤

（2）锥齿轮啮合的画法 一对安装准确的标准锥齿轮啮合时，两分度圆锥应相切，两分锥角δ_1和δ_2互为余角。锥齿轮啮合区的画法与圆柱齿轮类似，其画图步骤如图4-19所示。在剖视图中，将一齿轮的齿顶线画成粗实线，另一齿轮的齿顶线画成虚线或省略；在外形视图中，一个齿轮的节线与另一齿轮的节圆相切。

如图4-20所示为锥齿轮的零件图。

三、蜗杆蜗轮传动

蜗杆蜗轮用于两交叉轴间的传动，交叉角一般为90°，如图4-21所示。通常蜗杆是主动件，蜗轮是从动件，用作减速装置获得较大的传动比。蜗杆传动具有反向自锁功能，即只能由蜗杆带动蜗轮，故常用于起重或其他需要自锁的场合。

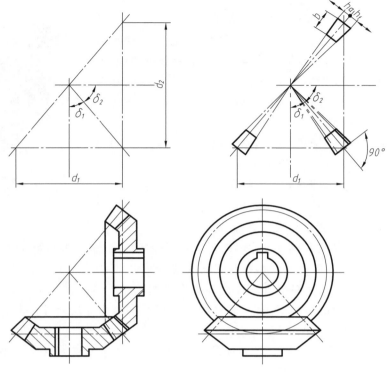

图 4-19　锥齿轮啮合的画图步骤

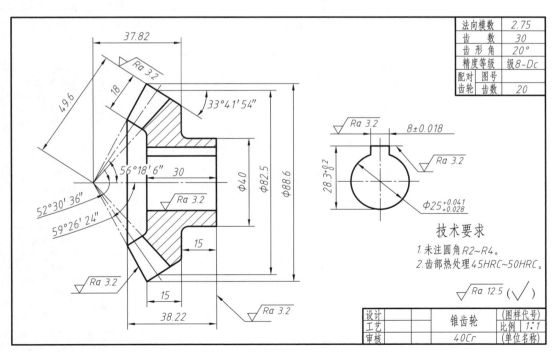

法向模数	2.75
齿　数	30
齿　形　角	20°
精度等级	级8-Dc
配对	图号	
齿轮	齿数	20

技术要求

1. 未注圆角R2~R4。
2. 齿部热处理45HRC~50HRC。

$\sqrt{Ra\ 12.5}\left(\sqrt{}\right)$

设计		锥齿轮	(图样代号)
工艺			比例 1:1
审核		40Cr	(单位名称)

图 4-20　锥齿轮的零件图

蜗轮与蜗杆的齿向是螺旋形的,蜗轮的轮齿顶面常制成环面。蜗杆的轴向断面呈等腰梯形,与梯形螺纹相似。蜗杆有右旋和左旋之分,一般都用右旋蜗杆。蜗杆上只有一条螺旋线,即端面上只有一个齿的蜗杆称为单头蜗杆,有两条螺旋线的称为双头蜗杆。蜗杆螺纹的头数即是蜗杆齿数,用 z_1 表示,一般可取 $z_1 = 1 \sim 10$,常用单头或双头。

若蜗杆为单头,则蜗杆转一圈蜗轮只转过一个齿,因此可得到较高的速比。计算速比 i 的公式为

图 4-21 蜗杆蜗轮传动

$$i = \frac{\text{蜗杆转速 } n_1}{\text{蜗轮转速 } n_2} = \frac{\text{蜗轮齿数 } z_2}{\text{蜗杆齿数 } z_1}$$

1. 蜗杆蜗轮的主要参数与尺寸计算

蜗杆蜗轮的主要参数有:模数 m、蜗杆分度圆直径 d、导程角 γ、中心距 a、蜗杆头数 z_1、蜗轮齿数 z_2 等,根据上述参数可决定蜗杆与蜗轮的基本尺寸,其中 z_1、z_2 由传动的要求选定。

(1)齿距 p 与模数 m 在包含蜗杆线并垂直于蜗轮轴线的中间平面内,蜗杆与蜗轮的啮合相当于齿条与齿轮的啮合。因此,蜗杆的轴向模数和压力角应等于蜗轮的端面模数和压力角,即 $m_1 = m_2 = m$,$\alpha_1 = \alpha_2 = 20°$,$\gamma = \beta_2$。

(2)蜗杆直径系数 q 蜗杆直径系数是蜗杆特有的一个重要参数,它等于蜗杆的分度圆直径 d_1 与轴向模数 m 的比值,即 $q = d_1/m$ 或 $d_1 = mq$。

对应于不同的标准模数,规定了相应的 q 值。为了减少蜗轮滚刀的规格数量,分度圆直径 d 的数值已标准化,而且与模数 m 有一定的匹配关系(GB/T 10088—2018),见表 4-7。

表 4-7 模数 m 与分度圆直径 d 和蜗杆直径系数 q 的搭配值

模数 m	分度圆直径 d	直径系数 q	模数 m	分度圆直径 d	直径系数 q
1.25	20	16	4	40	10
	22.4	17.92		71	17.75
1.6	20	12.5	5	50	10
	28	17.5		90	18
2	22.4	11.2	6.3	63	10
	35.5	17.75		112	17.778
2.5	28	11.2	8	80	10
	45	18		140	17.5
3.15	35.5	11.27	10	90	9
	56	17.778		160	16

（3）导程角 γ 沿蜗杆分度圆柱面展开,螺旋线展成倾斜直线,如图 4-22 所示,斜线与底线间的夹角 γ 为蜗杆的导程角。当蜗杆直径系数 q 和蜗杆头数 z_1 选定后,导程角即被确定。它们之间的关系为

$$\tan\gamma = 导程/分度圆周长 = z_1 p_x/\pi d_1 = \pi m z_1/\pi m q = z_1/q$$

一对相互啮合的蜗杆和蜗轮,除了模数和齿形角必须分别相同外,蜗杆导程角 γ 与蜗轮螺旋角应大小相等、旋向相同,即 $\gamma = \beta$。

蜗杆与蜗轮各部分尺寸与模数 m、直径系数 q 和头(齿)数 z_1、z_2 有关,其计算公式见表 4-8。

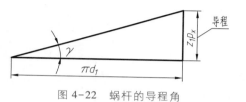

图 4-22 蜗杆的导程角

表 4-8 标准蜗杆、蜗轮($\alpha = 20°$)各部分尺寸计算公式

蜗杆(基本参数:模数 m、直径系数 q、头数 z_1)			蜗轮(基本参数:模数 m、齿数 z_2)		
名称	代号	尺寸公式	名称	代号	尺寸公式
分度圆	d_1	$d_1 = m_1 q$	分度圆	d_2	$d = m z_2$
齿顶高	h_{a1}	$h_{a1} = m$	齿顶高	h_{a2}	$h_{a2} = m$
齿根高	h_{f1}	$h_{f1} = 1.2m$	齿根高	h_{f2}	$h_{f2} = 1.2m$
齿高	h_1	$h_1 = h_{a1} + h_{f1} = 2.2m$	齿高	h_2	$h_2 = h_{a2} + h_{f2} = 2.2m$
齿顶圆直径	d_{a1}	$d_{a1} = d_1 + 2h_{f1} = d_1 + 2m$	齿顶圆直径	d_{a2}	$d_{a2} = d + 2h_{a2} = m(z_2 + 2)$
齿根圆直径	d_{f1}	$d_{f1} = d_1 - 2d_{f1} = d_1 - 2.4m$	齿根圆直径	d_{f2}	$d_{f2} = d - 2h_{f2} = m(z_2 - 2.4)$
轴向齿距	p	$p = \pi m$	齿顶圆弧半径	R_{a2}	$R_{a2} = d_{f1}/2 + 0.2m = d_1/2 - m$
导程	p_z	$p_z = z_1 p$	齿根圆弧半径	R_{f2}	$R_{f2} = d_{a1}/2 + 0.2m = d_1/2 + 1.2m$
导程角	γ	$\tan\gamma = z_1/q$	顶圆直径	d_{e2}	当 $z_1 = 1$ 时,$d_{e2} \le d_{a2} + 2m$ 当 $z_1 = 2\sim3$ 时,$d_{e2} \le d_{a2} + 1.5m$
齿宽	b_1	当 $z_1 = 1\sim2$ 时, $b_1 \ge (11 + 0.06z_2)m$ 当 $z_1 = 3\sim4$ 时, $b_1 \ge (12.5 + 0.09z_2)m$	齿宽	b_2	当 $z_1 \le 3$ 时,$b_2 \ge 0.75d_{a1}$ 当 $z_1 \le 4$ 时,$b_2 \ge 0.67d_{a1}$
			蜗轮轮面角 (又称包角)	2γ	$2\gamma = 70° \sim 90°$
中心距	a	$a = (d_1 + d_2)/2 = m(q + z_2)/2$			

2. 蜗杆蜗轮的画法

（1）蜗杆的画法 蜗杆一般选用一个视图,其齿顶线、齿根线和分度线的画法与圆柱齿轮相同,如图 4-23 所示。图中以细实线表示的齿根线也可省略。齿形可用局部剖视图或局部放大图表示。

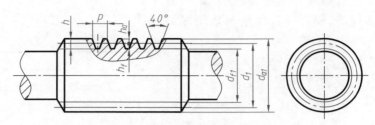

图 4-23 蜗杆的主要尺寸和画法

（2）蜗轮的画法 蜗轮的画法与圆柱齿轮相似,如图 4-24 所示。

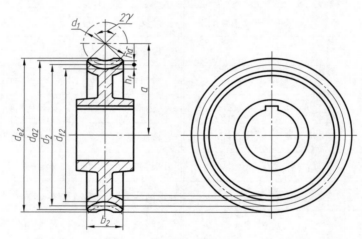

图 4-24 蜗轮的主要尺寸和画法

① 在投影为非圆的视图中常用全剖视图或半剖视图,并在与其相啮合的蜗杆线位置画出细点画线圆和对称中心线,以标注有关尺寸和中心距。

② 在投影为圆的视图中,只画出最大的顶圆和分度圆,喉圆和齿根圆省略不画。投影为圆的视图也可用表达键槽轴孔的局部视图取代。

（3）蜗杆蜗轮的啮合画法 蜗杆蜗轮啮合的画法有外形图和剖视图两种形式,如图 4-25 所示。在蜗杆投影为圆的视图中,啮合区只画蜗杆,蜗轮被遮挡的部分可省略不画。在蜗轮投影为圆的视图中,蜗轮分度圆与蜗杆节线相切,蜗轮外圆与蜗杆顶线相交。若采用剖视图,蜗杆齿顶线与蜗轮外圆、喉圆(齿顶圆)相交的部分均不画出。

如图 4-26 所示为圆柱蜗杆的零件图。

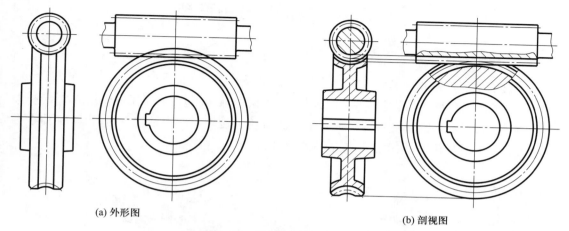

(a) 外形图   (b) 剖视图

图 4-25　蜗杆蜗轮啮合的画法

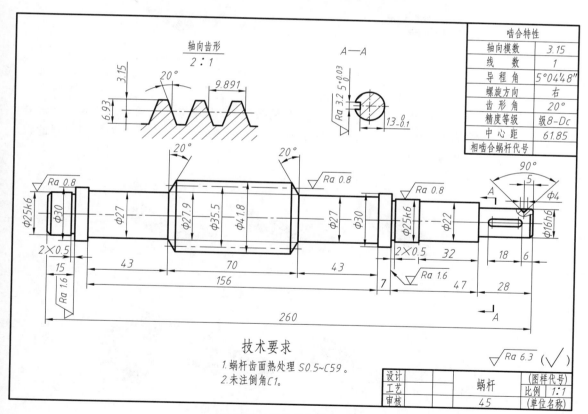

啮合特性	
轴向模数	3.15
线　数	1
导程角	5°04'48"
螺旋方向	右
齿形角	20°
精度等级	级8-Dc
中心距	61.85
相啮合蜗杆代号	

技术要求

1. 蜗杆齿面热处理 S0.5~C59。
2. 未注倒角C1。

设计		蜗杆	(图样代号)
工艺			比例 1:1
审核		45	(单位名称)

图 4-26　圆柱蜗杆的零件图

第三节　键联结与销联接

一、键联结

1. 键联结的作用和种类

键主要用于轴和轴上零件(如带轮、齿轮等)之间的联结,起传递扭矩的作用。如图 4-27 所示,将键嵌入轴上的键槽中,再将带有键槽的齿轮装在轴上。当轴转动时,由于键的存在使得齿轮与轴同步转动,从而达到传递动力的目的。

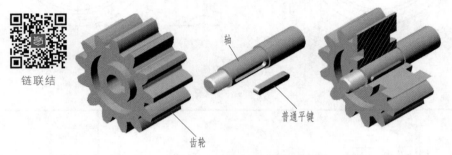

图 4-27　轴与齿轮之间的键联结

键的种类很多,常用的有普通平键、半圆键、钩头楔键、内外花键等,如图 4-28 所示。其中普通平键具有结构简单、紧凑、可靠、装拆方便和成本低廉的优点,应用最为广泛。除此以外,另外三种键的作用及应用如下:

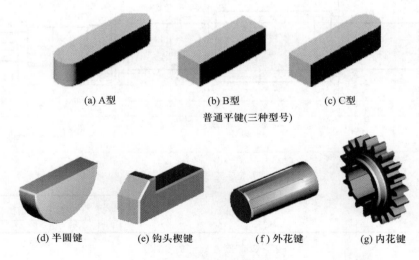

(a) A型　　　(b) B型　　　(c) C型
普通平键(三种型号)

(d) 半圆键　　(e) 钩头楔键　　(f) 外花键　　(g) 内花键

图 4-28　键的常见种类

（1）半圆键常用于载荷不大的传动轴上。由于半圆键在槽中能绕其几何中心摆动，以适应轴上键槽的斜度，因而在锥形轴上应用较多。

（2）钩头楔键的上顶面有 1∶100 的斜度，装配时将键沿轴向嵌入键槽内，钩头楔键靠上下面接触的摩擦力将轴和轮联结。

（3）由于花键传递的扭矩大且具有很好的导向性，因而在各种机械的变速箱中被广泛应用。除了图示的矩形花键外，还有梯形、三角形和渐开线等形状。

本节重点介绍普通平键及其联结画法。

2. 普通平键的种类和标记

根据头部结构的不同，普通平键可分为圆头普通平键（A 型）、平头普通平键（B 型）和单圆头普通平键（C 型）三种，其画法如图 4-29 所示。

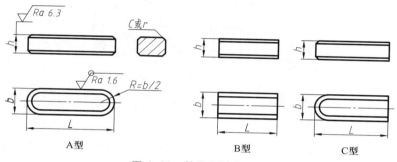

图 4-29　普通平键的画法

普通平键的标记格式和内容为：| 国家标准代号 | | 键 | | 型号 | | 宽度 | × | 高度 | × | 长度 |，其中 A 型可省略型号。

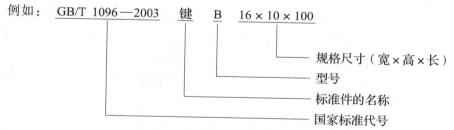

例如：GB/T 1096—2003　键　B　16×10×100
- 规格尺寸（宽×高×长）
- 型号
- 标准件的名称
- 国家标准代号

查附录表 A-13 可知，该案例表示平头普通平键（B 型），宽度 $b=16$ mm，高度 $h=10$ mm，长度 $l=100$ mm。

3. 普通平键的联结画法

采用普通平键联结时，键的长度 L 和宽度 b 要根据轴的直径 d 和传递的扭矩大小从标准中选取适当值。轴和轮毂上的键槽的表达方法及尺寸如图 4-30（a）、（b）所示。在装配图上，普通平键联结的画法如图 4-30（c）所示。绘制键联结图时需注意以下两点：

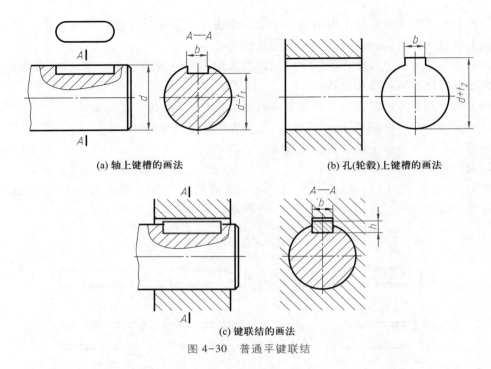

(a) 轴上键槽的画法　　　　　　　　　　(b) 孔(轮毂)上键槽的画法

(c) 键联结的画法

图 4-30　普通平键联结

（1）主视图中键被剖切面纵向剖切时，该键按不剖绘制；而 *A—A* 剖视图中横向将键切断时则应画出剖面符号。

（2）普通平键的工作表面为键的两侧面，因此在接触面上画一条轮廓线；而轮上键槽的底面与键的顶面不接触，因此必须画出两条线表示出键与轮上键槽之间的间隙。

二、销联接

销主要用来固定零件之间的相对位置，起定位作用，也可用于轴与轮毂的联接，传递不大的载荷。销常用的材料为 35 钢和 45 钢，常用的销有圆柱销、圆锥销和开口销。其中，圆柱销和圆锥销用于零件之间的联接和定位，开口销用于螺纹联接的锁紧装置。

常用销的规格尺寸、标记和联接画法见表 4-9。国家标准规定，销联接图中当剖切平面通过销孔的轴线时，销按不剖处理。

表 4-9　常用销的规格尺寸、标记和联接画法

名称	实物形状	规格尺寸	标记	联接画法
圆柱销			销 6 m6×30 GB/T 119.1—2000 公称直径为 6，公差为 m6，公称长度为 30 的圆柱销	轴、套、圆柱销联接

名称	实物形状	规格尺寸	标记	联接画法
圆锥销		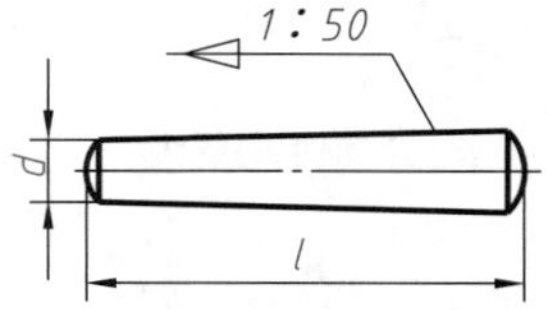	销 A6×30 GB/T 117—2000 公称直径为 6,公称长度为 30,表面氧化处理的 A 型圆锥销	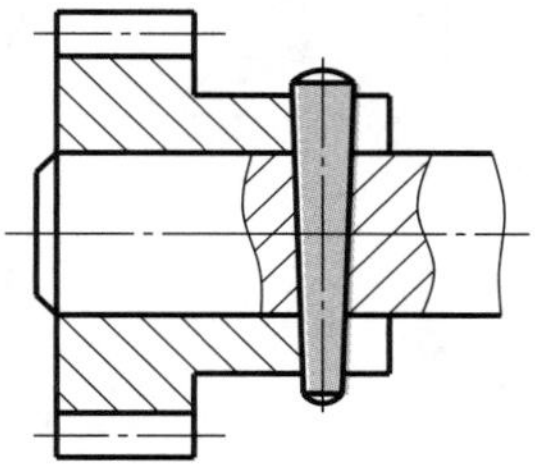 轴、齿轮、圆锥销联接
开口销		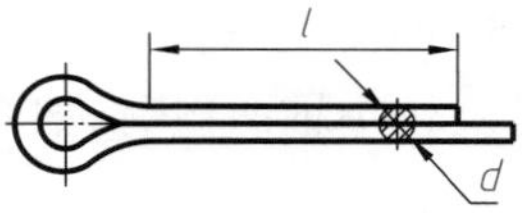	销 5×50 GB/T 91—2000 公称直径为 5,公称长度为 50 的开口销	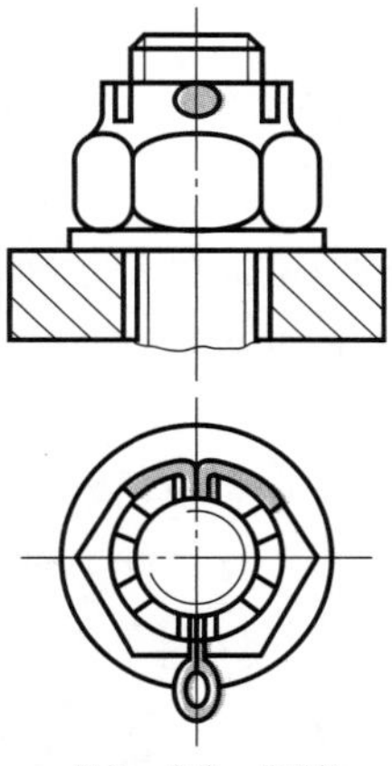 螺杆、座体、销联接

第四节　滚　动　轴　承

滚动轴承是用来支承传动轴的标准组件,由于其结构紧凑、摩擦力小、旋转精度高、拆装方便等优点,所以滚动轴承在各种机器、仪表等产品中被广泛应用。滚动轴承是标准件,其结构、规格均已标准化,由专业工厂生产,需要时可根据设计要求查阅有关标准选购。

一、滚动轴承的结构和种类

1. 滚动轴承的结构

滚动轴承的结构由内圈、外圈、滚动体和保持架等零件组成,如图 4-31 所示。其中:外圈装在轴承座孔内,一般不转动,仅起支承作用;内圈装在轴颈上,随轴一起旋转;滚动体借助保持架均匀分布在内圈和外圈之间,其形状大小和数量直接影响着滚动轴承的使用性能和寿命,它是滚动轴承的核心元件;保持架使滚动体均匀隔开,避免相互摩擦,防止滚动体脱落,引导滚动体旋转起润滑作用。

滚动轴承的结构

(a) 深沟球轴承的结构

(b) 圆锥滚子轴承的结构

图 4-31　滚动轴承的结构

2. 滚动轴承的种类

滚动轴承按承受载荷的方向可分为以下三类 (图 4-32)：

（1）向心轴承　主要承受径向载荷，也能承受较小轴向载荷，如深沟球轴承。

（2）推力轴承　承受轴向载荷，如推力球轴承。

（3）向心推力轴承　能同时承受径向载荷和轴向载荷，如圆锥滚子轴承。

(a) 向心轴承　　　　　　　(b) 推力轴承　　　　　　(c) 向心推力轴承

图 4-32　滚动轴承的种类

二、滚动轴承的代号 (GB/T 272—2017)

滚动轴承的代号由前置代号、基本代号和后置代号三部分组成。其中滚动轴承的基本代号表示轴承的基本类型、结构和尺寸，是滚动轴承代号的基础；而前置代号、后置代号则是轴承在结构形式、尺寸、公差和技术要求等有改变时添加的补充代号。

当轴承的外形尺寸符合 GB/T 273.1—2011、GB/T 273.2—2018、GB/T 273.3—2020、GB/T 3882—2017 任一标准规定的外形尺寸时，其基本代号由轴承类型代号、尺寸系列代号、内径代号构成。

（1）类型代号　用阿拉伯数字或大写拉丁字母表示，常见的轴承类型代号见表 4-10。

表 4-10　常见的轴承类型代号

代号	轴承类型	代号	轴承类型	代号	轴承类型
0	双列角接触球轴承	4	双列深沟球轴承	8	推力圆柱滚子轴承
1	调心球轴承	5	推力球轴承	N	圆柱滚子轴承
2	调心滚子轴承	6	深沟球轴承	U	外球面球轴承
3	圆锥滚子轴承	7	角接触球轴承	QJ	四点接触球轴承

（2）尺寸系列代号　由滚动轴承的宽（高）度系列代号和直径代号组合而成。它反映了同类轴承在内径相同时，内圈宽度、外圈宽度、外圈外径的不同及滚动体大小的不同。滚动轴承的外廓尺寸不同，承载能力不同。如数字"1"和"7"表示特轻系列，"2"表示轻窄系列，"3"表示中窄系列，"4"表示重窄系列。

（3）内径代号　表示轴承的公称内径，用数字表示，具体规则见表 4-11。

表 4-11　滚动轴承内径代号

轴承公称内径/mm		内径代号	示例
0.6~10（非整数）		用公称内径毫米数直接表示，内径与尺寸系列代号之间用"/"分开	深沟球轴承 618/2.5 $d=2.5$
1~9（整数）		用公称内径毫米数直接表示，对深沟及角接触球轴承 7、8、9 直径系列，内径与尺寸系列代号之间用"/"分开	深沟球轴承 618/5 $d=5$
10~17	10	00	深沟球轴承 6200 $d=10$
	12	01	
	15	02	
	17	03	
20~480 （22、28、32 除外）		公称内径除以 5 的商数，商数为个位数，需在商数左边加"0"，如 08	调心滚子轴承 23208 $d=40$
大于和等于 500，以及 22、28、32		用公称内径毫米数直接表示，在其与尺寸系列代号之间用"/"分开	调心滚子轴承 230/500 $d=500$ 深沟球轴承 62/22 $d=22$

滚动轴承 30206 的含义如下所示：

查附录可得：内径 $d=30$，外圈直径 $D=62$，宽度 $B=16$。

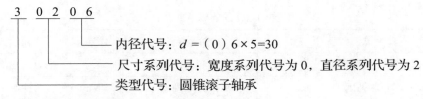

3 0 2 0 6

内径代号：$d = (0) 6 \times 5 = 30$

尺寸系列代号：宽度系列代号为 0，直径系列代号为 2

类型代号：圆锥滚子轴承

三、滚动轴承的画法（GB/T 4459.7—2017）

滚动轴承是标准组件，不必画出其各组成部分的零件图，这时可采用简化画法或规定画法，详见表 4-12。

表 4-12　常用滚动轴承的类型、结构和表示法

轴承类型	结构形式	主要尺寸	简化画法		规定画法
			通用画法	特征画法	
深沟球轴承（GB/T 276—2013）		D d B			
圆锥滚子轴承（GB/T 297—2015）		D d T B C			
推力球轴承（GB/T 301—2015）		D d T			

1. 简化画法

（1）通用画法　当不需确切地表示滚动轴承的外形轮廓、载荷和结构特征时,可用通用画法绘制,其画法是用矩形线框及位于中央正立的十字形符号表示。

（2）特征画法　在剖视图中,如需形象地表示滚动轴承的结构特征时,可在矩形线框内画出其结构要素表示滚动轴承。

2. 规定画法

在装配图中,如需要较详细地表达滚动轴承的主要结构时,可采用规定画法。国家标准规定:在绘制滚动轴承的剖视图时,轴承中的滚动体按不剖处理,各套圈画成方向与间隔相同的剖面符号。规定画法一般绘制在轴的一侧,另一侧按通用画法画出,即用粗实线画出"正十字"符号。

第五节　弹　　簧

弹簧是一种利用弹性来工作的机械零件,一般用弹簧钢制成。弹簧是一种常用件,其特点是当外力解除以后能立即恢复原状,因此可用来控制机件的运动、缓和冲击或振动、贮能、测量力的大小等,广泛用于机器和仪表中。

弹簧的种类很多,按受力性质可分为压缩弹簧、拉伸弹簧、扭转弹簧和弯曲弹簧;按形状分可分为圆柱弹簧、圆锥弹簧、板弹簧、平面涡卷弹簧、碟形弹簧等;按制作过程可以分为冷卷弹簧和热卷弹簧。常见的弹簧种类如图4-33所示。

圆柱弹簧由于制造简单,且可根据受载情况制成各种形式,结构简单,故应用最广。下面着重介绍圆柱螺旋压缩弹簧的尺寸计算和规定画法。

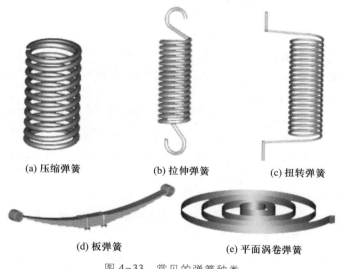

(a) 压缩弹簧　　　　(b) 拉伸弹簧　　　　(c) 扭转弹簧

(d) 板弹簧　　　　(e) 平面涡卷弹簧

图4-33　常见的弹簧种类

一、圆柱螺旋压缩弹簧各部分的名称及尺寸计算(图4-34)

1. 弹簧线径 d

指弹簧钢丝的直径。

2. 弹簧直径

(1) 弹簧内径 D_1　弹簧的最小直径。

(2) 弹簧外径 D_2　弹簧的最大直径。

(3) 弹簧中径 D　弹簧的外径与内径的平均值,即 $D=(D_1+D_2)/2=D_2-d=D_1+d$。

3. 节距 t

指螺旋弹簧两个相邻有效圈截面中心线的轴向距离。

4. 圈数

(1) 弹簧支承圈数 n_2　为使弹簧工作时受力均匀,保证中心线垂直于支承面,制造时必须将两端并紧且磨平,称之为支承圈。在多数情况下,支承圈数为2.5圈,两端各并紧0.5圈,磨平0.75圈。

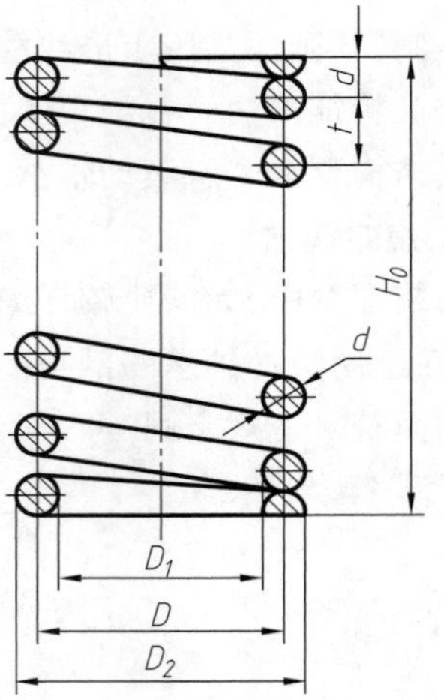

图4-34　圆柱螺旋压缩弹簧的尺寸

(2) 弹簧有效圈数 n　参与变形并保持相同节距的圈数。

(3) 弹簧总圈数 n_1　支承圈数与有效圈数之和,即 $n_1=n_2+n$。

5. 自由高度 H_0

指弹簧不受外力时的高度(或长度),即 $H_0=nt+(n_2-0.5)d$。

6. 弹簧的展开长度 L

指制造弹簧时钢丝的落料长度,即 $L\approx\pi Dn_1$。

二、圆柱螺旋压缩弹簧的规定画法

1. 单个弹簧的规定画法

(1) 在平行螺旋弹簧轴线的视图上,各圈的轮廓不必按螺旋线的真实投影画出,可画成直线来代替。

(2) 有效圈数在4圈以上的弹簧,可只画出两端的1~2圈(不含支承圈),中间用通过簧丝断面中心的细点画线连起来。省略后,允许适当缩短图形长度,但应注明自由高度。

(3) 图样上当弹簧的旋向不作规定时,一律画成右旋。但左旋螺旋弹簧应加注"左"字。圆柱螺旋压缩弹簧的画图步骤如图4-35所示。

2. 弹簧在装配图中的规定画法

(1) 弹簧后面被挡住的零件轮廓,按不可见处理不必画出,可见轮廓线只画到弹簧钢丝的剖面轮廓或中心线上,如图4-36(a)所示。

(2) 螺旋弹簧被剖切时,允许只画出簧丝剖面。当簧丝直径等于或小于2 mm时,其剖面可全涂黑,或采用示意画法,如图4-36(b)所示。

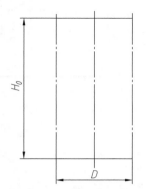

(a) 根据尺寸D和H₀画出图示图形

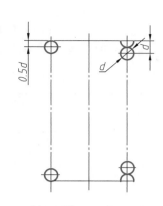

(b) 画出支承圈部分，圆的
　　直径等于弹簧钢丝直径

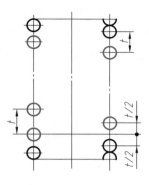

(c) 画出有效圈数部分，圆的
　　直径等于弹簧钢丝直径

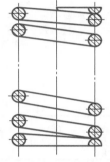

(d) 按右旋方向画上对应圆的公切线，画上剖面线，
　　即完成圆柱螺旋压缩弹簧的剖视图

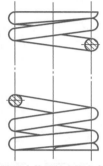

(e) 也可将步骤(d)中的图按右旋方向作出对应的
　　公切线，即完成圆柱螺旋压缩弹簧的视图

图 4-35　圆柱螺旋压缩弹簧的画图步骤

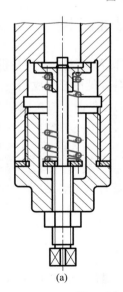

(a)

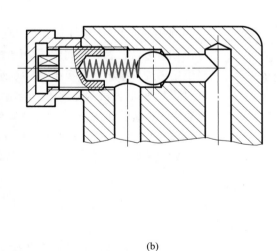

(b)

图 4-36　圆柱螺旋压缩弹簧在装配图中的规定画法

如图 4-37 所示弹簧的零件图,为高压气筒中的气门外使用。它采用主视图及左视图表达弹簧结构,主视图上方是弹簧的特性曲线图。该零件图除了表示弹簧的尺寸和技术要求外,还配有文字说明的相关制造及检验要求。

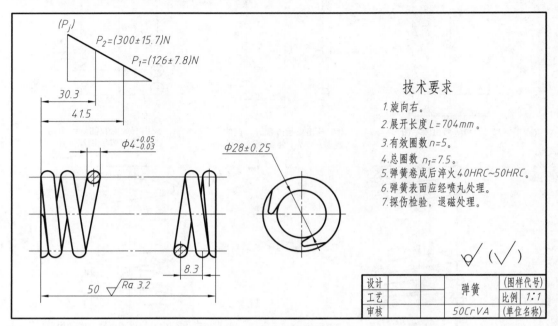

图 4-37　弹簧零件图

第六节　使用 CAD 绘制装配连接图

利用 AutoCAD 拼绘
带轮处连接图

利用 AutoCAD 软件进行装配连接图的绘制,通常有拼装和直接绘制两种方法。拼装是将组成装配图的各零件图形做成图块并插入至适当位置再进行编辑。直接绘制是将所有的零件图形直接画到合适位置而形成装配图,其做法与零件图的绘制相同,这里不再赘述。本节重点介绍拼装法。拼装法作图步骤为:建立零件图块→插入图块→编辑图形。

下面以如图 4-38 所示带轮的装配连接图的绘制为例,学习拼装装配图的方法与作图步骤,重点练习图块、插入等 CAD 操作技能。如图 4-39 所示为带轮装配连接示意图和零件图。

一、拼绘步骤

利用 AutoCAD 拼绘带轮装配连接图的具体操作步骤如下:

1. 绘制标准件的视图

根据标准件规格,查表、利用规定画法或简化画法绘制销、螺钉、键、挡圈的相关视图,如图 4-40 所示。

带轮装配

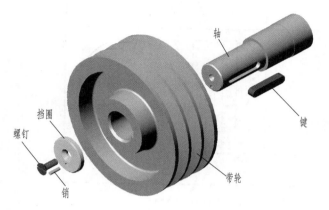

(a) 带轮连接各零件

(b) 带轮装配

图 4-38　带轮

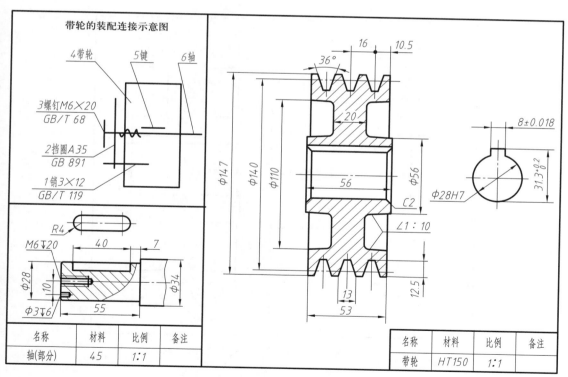

图 4-39　带轮装配连接示意图和零件图

第六节　使用 CAD 绘制装配连接图　　　　243

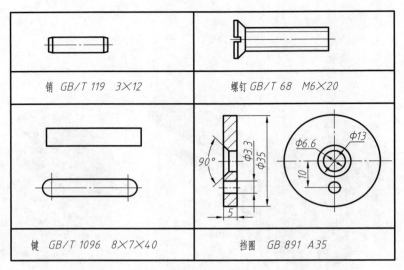

图 4-40　标准件视图(销、螺钉、键、挡圈)

2. 创建图块文件

利用写块命令(Wblock)将各零件制作成块文件,图块名及拾取基点如图 4-41 所示。

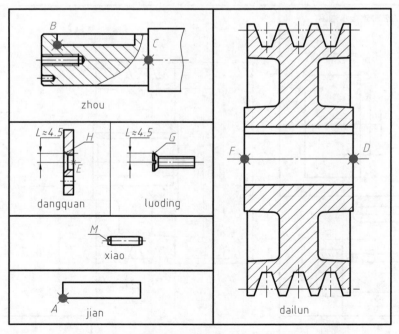

图 4-41　带轮装配连接图中的零件块(图块名、拾取基点)

3. 调用 A3 样板图

样板图命名为 lianjie.dwg。

4. 利用插入命令拼装带轮装配连接图

（1）利用插入命令（Insert）调用 zhou（轴）块，如图 4-42（a）所示。

（2）利用插入命令（Insert）调用 jian（键）块，使 A 点与 B 点重合，如图 4-42（b）所示。

（3）去除轴零件顶部被键遮挡的部分，如图 4-42（c）所示。

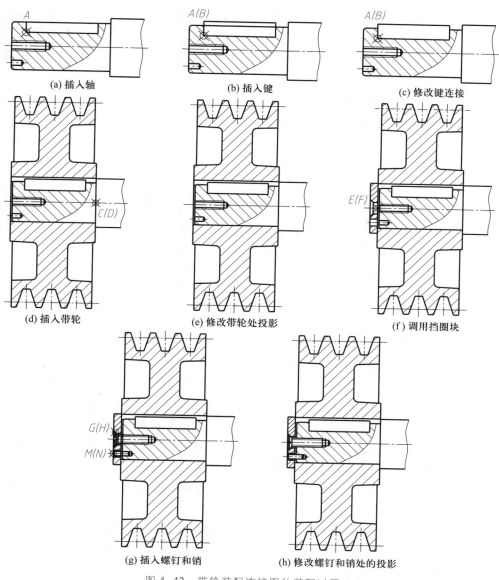

(a) 插入轴   (b) 插入键   (c) 修改键连接

(d) 插入带轮   (e) 修改带轮处投影   (f) 调用挡圈块

(g) 插入螺钉和销   (h) 修改螺钉和销处的投影

图 4-42　带轮装配连接图的装配过程

（4）利用插入命令（Insert）调用 dailun（带轮）块，使 C 点与 D 点重合，如图 4-42（d）所示。

（5）去除带轮上键槽底部被遮挡的部分，并修改轴中的剖面线间隔或角度，使装配图两相邻零件的剖面线有所区分，如图 4-42（e）所示。

（6）利用插入命令（Insert）调用 dangquan（挡圈），使 E 点与 F 点重合，如图 4-42（f）所示。

（7）利用插入命令（Insert）分别调用 luoding（螺钉）和 xiao（销），使得 G 点与 H 点重合，M 点与 N 点重合。另外，也可以通过标准件的简化画法，对局部修改直接画出螺钉和销联接的装配连接图，如图 4-42（g）所示。

（8）根据螺纹联接以及销连接的规定画法修改完成装配连接图的绘制，如图 4-42（h）所示。

5. 完成带轮装配连接图的绘制

如图 4-43 所示为带轮装配连接图的局部放大图。

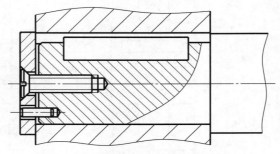

图 4-43　带轮装配连接图（局部放大）

二、技能指导

1. 块定义（Block）和写块（Wblock）

（1）单元三中讲到的块定义相当于"内部块"，只能用在同一文件中被调用，使用范围较窄。本单元中的写块命令相当于"外部块"，可在任何文件中使用，前提是需要知道该块文件的位置后方可调用。【块】选项板共有"当前图形""最近使用"和"其他图形"三个选项卡。"当前图形"用于显示当前文件中存在的块文件；"最近使用"用于显示系统最近使用的块文件；"其他图形"用于显示其他文件中的块文件，有点类似于"设计中心"命令的作用，但仅仅是对块文件而言。写块命令的操作步骤简单明了，建议用户多多利用该方法提高工作效率。操作该命令时请注意文件路径，以备调用。

（2）AutoCAD 中的 *.dwg 格式文件都可通过块插入的方法进行调用，此时相当于把整个当前图形文件进行存盘操作，系统将把当前图形文件当作一个独立的图块看待。

2. 多文件窗口操作

在 AutoCAD 环境中一次打开多个文件，通常界面上只显示最后一个被打开的文件，要想显示其他文件应通过界面上的"窗口"菜单点击该文件名打开，不可以从硬盘中再次双击该文件。如果想把两文件同时显示在界面上以便参照修改，可通过界面上的"窗口"菜单中"水平平铺"或"垂直平铺"命令来操作。

装配连接图也可采用此方法，在 AutoCAD 环境中一次打开多个文件，关闭尺寸等图层，将所需零件直接拖动至新窗口中（相当于使用"标准"工具栏上的"复制+粘贴"命令），然后利用旋转命令将部分不符合位置要求的零件调整好位置，再通过移动命令逐个将零件放至指定位置，最后通过修剪等命令编辑完成装配图。

▶▶ 单元总结 ─────────────

　　本单元学习了螺纹紧固件和键、销等的联接画法、尺寸标注和标准件的标记；齿轮、滚动轴承、弹簧等零件的基本知识和规定画法。这些都是较特殊的零部件，学习时要注意每一种零（部）件的功能、结构，确定其机械要素的基本参数有哪些；国家标准对该零部件的画法及标注作了怎样的规定，然后在理解的基础上要求能画、会标注（记）、会根据要求查阅有关手册进行选用。此处，还学习了利用 AutoCAD 绘制装配连接图的方法及操作步骤，重点练习图块、插入等命令的操作技能，并通过具体案例对本单元的内容进行了综合运用，进一步加深了对标准件与常用件的认识。

　　在零件图中常常遇到内外螺纹的画法、尺寸标注，以及键槽的画法及尺寸标注；在装配图中螺栓联接、螺柱联接及螺钉联接是最常见的联接方式；键联结、销联接、齿轮啮合、滚动轴承装配是其常见的装配结构。因此，要结合零件图和后续单元中装配图的阅读，分析并加深所采用的连接方式和规定画法的理解。

▰▰ 单元启迪

┌───┐
│ **1. 零部件的标准化管理**

　　标准化的最终目的是为了降低成本，一是制造成本：生产大量不同标准的零件和生产一批同样的零件，其中成本差距悬殊；二是采购成本：非标产品库存不稳定，而标准化产品现货供应，提高采购周期的及时性；三是设计成本：采用标准件，无须专门设计提高设计效率。

　　在产品设计开发过程中，运用标准的程度和水平将直接影响到产品的功能性、安全性、可靠性和经济性等。作为工艺人员、质量控制人员或操作工人，通过相应的标准领会设计者的设计意图，并结合实际依据标准编制相应的工艺流程和操作方案，采用符合标准的操作规程和检验方法，实现产品的标准要求。标准化对人类进步和科学技术发展起着巨大的推动作用。作为培养高级技能型人才的高职院校应该强化标准化知识的教育，注意培养和提高标准化意识，更好地适应社会需要。本课程涉及各类标准件的常用尺寸、公差与配合等多项标准，学会查阅技术标准文件并加以运用显得尤其重要。
└───┘

制造业零件的标准化,从国际标准到国家标准再到行业标准最后到企业标准,需要一层一层的努力才能搭建起来。国际标准是世界上多数国家协调一致的产物,反映了国际上已经普遍达到的比较先进的科学技术和生产水平,是沟通国际经济技术合作的桥梁。随着经济全球化的推进,国家标准尽量和国际标准对接,特别是我国加入WTO后,国际经贸交往和合作的扩大,采用国际标准势在必行。需要指出的是,标准并不是一成不变的,企业标准、行业标准、国家标准和国际标准都会每隔一段时间进行更新,推出新的版本,顺应社会需求推出最新的标准。

单元拓展

解读标准件

2.“螺丝钉精神”

“螺丝钉精神”是根据20世纪50年代雷锋等先进人物提出来的。在雷锋短暂的一生中,他不论干什么工作,都脚踏实地,甘当革命的“螺丝钉”。结合螺钉连接的教学学习雷锋的螺丝钉精神,用甘当革命螺丝钉的实干精神来对待自己的学习和工作,在平凡的岗位上为国家、为人民创造不平凡的业绩。要有干一行、爱一行、钻一行的爱岗敬业态度;工作扎实、刻苦学习和钻研理论的“钉子精神”;勤俭节约、艰苦奋斗的优良作风。

单元拓展

做新时代的一颗“螺丝钉”

单元五

机械部件的识读与测绘

学习导航

　　加工好的零件,如果不与其他零件配合起来使用,那么零件就不能发挥其作用,也就失去了其存在的意义。表示将单个的零件在图纸上安装在一起的图样,就是一张装配图,它能反映机器或部件的工作原理、各零件间的装配关系、相对位置、结构形状和有关技术要求等。通过读装配图,可以了解机器或部件的工作原理、各零件的工作过程、操作顺序、维修检验时应注意的事项等。

　　零件是机器上的最小单元,一组有着互相联系,按照特定的设计关系装配而成的零件组装体叫部件。每一种部件都是为了实现特定功能而设计的,可以是整机的一部分,也可以是独立使用的小型机器。装配图用来表达机械或部件的工程图样,表示一台完整机器的图样称为总装配图;表示一个具体部件的图样则称为部件装配图。具体来说,装配图主要用来表达机器或部件的整体结构、工作原理、零件之间的装配连接方式以及主要零件的结构形状。

　　在设计过程中,首先要画出装配图,然后按照装配图设计并拆画出零件图。在使用产品时,装配图又是了解产品结构和进行调试、维修的主要依据。此外,装配图也是进行科学研究和技术交流的工具,装配图是生产中的主要技术文件,如图 5-1(a)所示为滑动轴承部件图,如图 5-1(b)所示为其分解图。

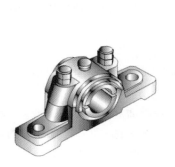
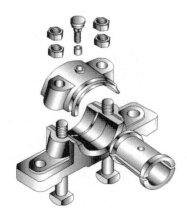

(a)滑动轴承部件图　　　　(b)滑动轴承分解图

图 5-1　滑动轴承

第一节　装配图的内容及表达方法

一、装配图的内容

在机器或部件的设计、零件设计、整机及部件的装配、调试、使用、维修中都需要使用装配图，装配图也是指导生产的重要技术文件。

如图 5-2 所示，可看出装配图应具有下列内容：一组视图、一组尺寸、技术要求、零（部）件序号及明细栏、标题栏。

1. 一组视图

采用各种表达方法，正确、清晰地表达机器或部件的工作原理与结构、各零件间的装配关系、连接方式、传动关系和零件的主要结构形状等内容。

2. 一组尺寸

表示机器或部件的性能、规格，以及装配、安装、检验等环节的必要的一组尺寸。

3. 技术要求

提出机器或部件性能、装配、调整、试验、验收等方面的要求。

4. 零（部）件序号及明细栏

在图样上对每种零件进行编号，并在明细栏中说明各组成零件的名称、数量、材料等相关信息。

5. 标题栏

注明装配体的名称、图号、绘图比例及设计、校核、审核等相关人员的签名等内容的栏目。

二、装配图的表达方法

在零件图上所采用的各种表达方法，如视图、剖视、断面、局部放大图等也同样适用于画装配图。但是画零件图所表达的是一个零件，而画装配图所表达的则是由许多零件组成的装配体（机器或部件等）。因为两种图样的要求不同，所表达的侧重面也不同。装配图应该表达出装配体的工作原理、装配关系和主要零件的主要结构形状。因此，国家标准《机械制图》对绘制装配图制定了规定画法和特殊画法。

1. 装配图的规定画法

在装配图中，为了便于区分不同的零件，正确地表达出各零件之间的关系，在画法上有以下规定：

（1）接触面和配合面的画法　两相邻零件的接触面和配合面（公称尺寸相同的装配面）只画一条线，如图 5-2 所示，件 2 下轴瓦与件 4 上轴瓦之间；而公称尺寸不同的非配合表面，即使间隙很小，也必须画成两条线，如图 5-2 中，件 1 轴承座与件 3 轴承盖之间。

（2）剖面符号的画法　在装配图中，同一个零件在所有的剖视、断面图中，其剖面符号应保持同一方向，且间隔一致，如图 5-2 中，件 1 轴承座在主视图和左视图中的剖面符号。相邻

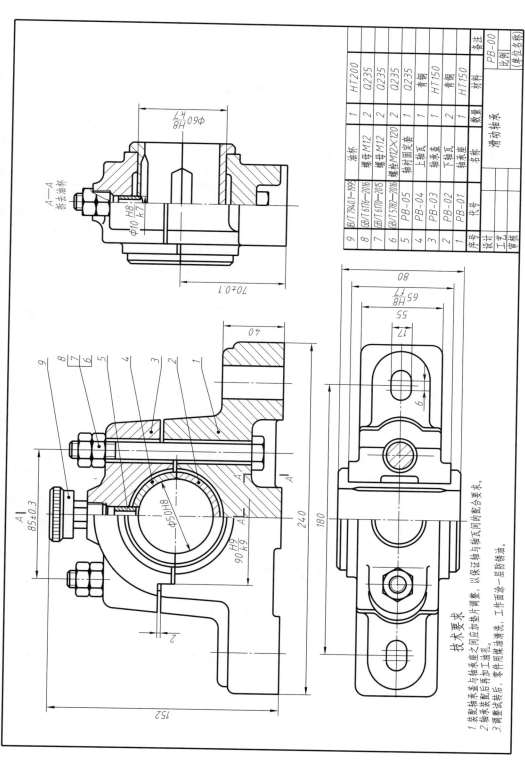

序号	代号	名称	数量	材料	备注
9	GB/T 794.0 1—1999	油杯	1	HT200	
8	GB/T 6170—2016	螺母 M12	2	Q235	
7	GB/T 6170—2015	螺母 M12	2	Q235	
6	GB/T 5782—2016	螺栓 M12×120	2	Q235	
5	PB-05	轴衬固定套	1	青铜	
4	PB-04	上轴瓦	1	HT150	
3	PB-03	轴承盖	1	青铜	
2	PB-02	下轴瓦	1	HT150	
1	PB-01	轴承座	1		
设计		滑动轴承			PB-00
工艺		比例			
审核		(单位名称)			

技 术 要 求

1. 装配轴承盖与轴承座之间应加垫片调整,以保证轴盖与轴瓦间的配合要求。
2. 轴承装配后再加工油孔。
3. 调整试转后,零件用煤油清洗,工作面涂一层防锈油。

图 5-2 滑动轴承装配图

两零件的剖面符号则必须不同,即使其方向相反,或间隔不同,或互相错开,如图 5-2 中,相邻零件 2、4 之间的剖面符号画法。

当装配图中零件的面厚度小于 2 mm 时,允许将剖面涂黑以代替剖面线。

（3）实心件和某些标准件的画法　在装配图的剖视图中,若剖切平面通过实心零件（如轴、杆等）和标准件（如螺栓、螺母、销、键等）的基本轴线时,这些零件按不剖绘制,如图 5-2 所示主视图中的件 6、7、8。若需要特别表明零件的结构,如凹槽、键槽、销孔等,则可采用局部剖视图表示。当剖切平面垂直于其轴线剖切时,则需画出剖面符号。

2. 部件的特殊表达方法

（1）沿零件结合面的剖切画法　在装配图中,当某些零件遮住了需要表达的某些结构和装配关系时,可假想沿这些零件的结合面剖切,如图 5-2 中的俯视图,为了表示轴瓦和轴承座的装配情况,该图的右半部分就是沿着其结合面剖开画出的。由于剖切平面对螺栓是横向剖切,故其横截面上应画出剖面符号,而其余零件上则不用画出剖面线。

（2）拆卸画法　在装配图的某个视图上,如果某些零件遮住了需要表达的零件,而这些零件已在其他视图上表示清楚时,可将其拆卸掉不画而只画剩余部分的视图,这种画法称为拆卸画法。为了避免看图时产生误解,常在图上加注"拆去零件××等"说明。如图 5-2 所示的滑动轴承装配图中,其左视图采用了拆去油杯的画法。

（3）假想画法:

① 对于运动零件,当需要表明其运动极限位置时,可以在一个极限位置上画出该零件,而在另一个极限位置用双点画线来表示。如图 5-3 所示浮动支承装配图,用双点画线绘制支承销的最高位置。

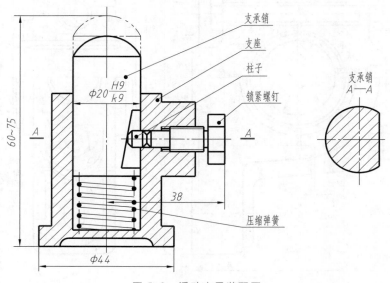

图 5-3　浮动支承装配图

② 为了表明本部件与其他相邻部件或零件的装配关系,可用双点画线画出该件的轮廓线,如图 5-4 所示的辅助相邻零件的表示。

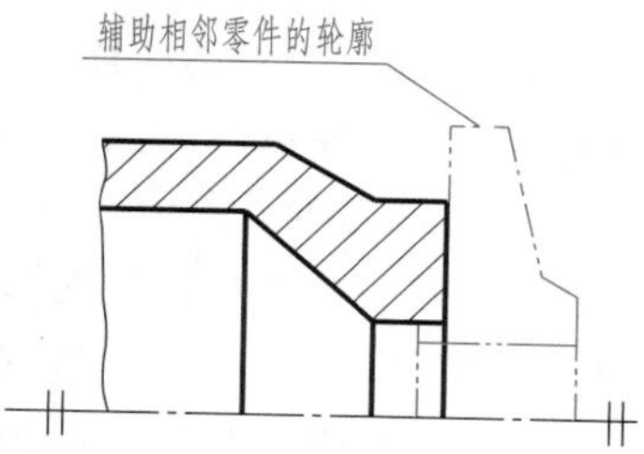

（4）简化画法:

① 在装配图中,对若干相同的零件组如螺栓、螺钉连接等,可仅详细地画出一组或几组,其余只需用点画线表示其位置。如图 5-5 所示的两组螺钉连接只详画了一组。

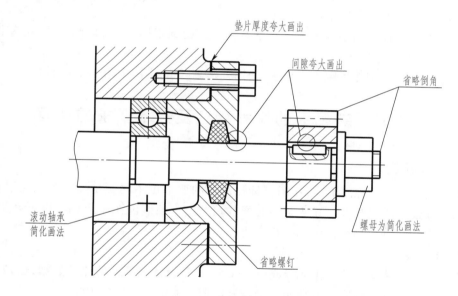

图 5-4　辅助相邻零件的表示

② 装配图中的滚动轴承允许采用简化画法,如图 5-5所示。

③ 装配图中零件的工艺结构如圆角、倒角、退刀槽等允许不画出,如图 5-5 所示,图中省略了轴承盖、箱体孔的倒角等。

图 5-5　装配图的简化画法

（5）夸大画法　在装配图中,如绘制直径或厚度小于 2 mm 的孔或薄片以及较小的斜度和锥度,允许该部分不按比例而夸大画出,如图 5-5 中的垫片。

（6）单独表达某零件的画法　在装配图中,当某个零件的形状未表达清楚,或对理解装配关系有影响时,可另外单独画出该零件的某一视图,如图 5-3 中的视图"支承销 *A—A*"。

（7）展开画法　为了表示传动机构的传动路线和零件间的装配关系,可假想按传动顺序沿轴线剖切,然后依次展开,使剖切面摊平并与选定的投影面平行,再画出它的剖视图。

3. 装配图表达方案的选择

装配图的视图表达应能达到以下要求:清晰表达部件的整体形象、工作原理、零件间的装配连接关系、各零件的大致结构等。

（1）主视图的选择:

① 放置。一般将机器或部件按工作位置放置或将其放正。大多数部件都是可自然安放的,通常工作位置就是自然安放位置,如图5-2所示的滑动轴承就是按工作位置放置的。如不能放平,可使装配体的主要轴线、主要安装面等呈水平或铅垂方向。

② 视图方案。选择最能反映机器或部件的整体形象、工作原理、传动路线、零件间装配关系及主要零件主要结构的视图作为主视图。可参看图5-2、图5-6、图5-22做具体分析。

（2）其他视图的选择:

① 应考虑还有哪些装配关系、工作原理以及主要零件的主要结构还没有表达清楚,然后再选择若干视图以及相应的表达方法。

② 尽可能地考虑应用基本视图以及基本视图上的剖视图(包括拆卸画法、沿零件结合面剖切等)来表达有关内容。

③ 要考虑如何合理布置视图的位置,使图样清晰并有利于图幅的充分利用。

第二节　装配图的尺寸标注及技术要求的注写

一、尺寸标注

装配图的作用与零件图不同,在图上标注尺寸的要求也不同。在装配图上应该按照对装配体的设计或生产的要求来标注某些必要的尺寸。一般装配图中应标注以下几类尺寸,以如图5-6所示传动器装配图为例进行说明。

1. 性能（规格）尺寸

这类尺寸表明装配体的工作性能或规格大小,它是设计该部件的原始数据,也是了解和选用该装配体的依据。如图5-6所示传动器装配图中的中心高尺寸100。

2. 装配关系尺寸

这类尺寸表示装配体上相关联零件之间的装配关系,是保证装配体装配性能和质量的尺寸,具体有以下两类:

（1）配合尺寸　零件间有公差配合要求的尺寸,如图5-6中的尺寸 $\phi62K7$、$\phi20H7/h6$。

（2）相对位置尺寸　表示装配时需要保证的零件间相互位置的尺寸,如图5-6中的中心轴线到基准面的尺寸100。

3. 安装尺寸

这是部件安装在机器上或机器安装在地基面上进行连接固定所需的尺寸,如图5-6中

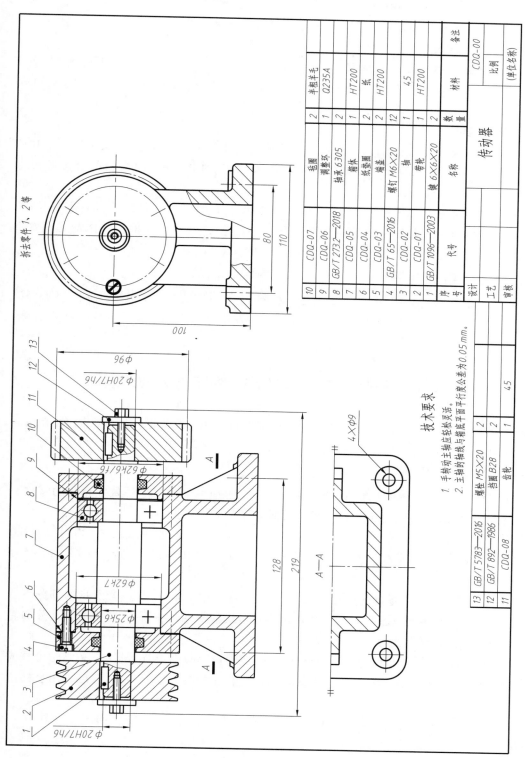

拆去零件 1、2 等

技术要求

1. 手转动主轴应轻松灵活。
2. 主轴的轴线与箱底平面平行度公差为 0.05mm。

10	CDQ-07	毡圈	2	半粗羊毛	
9	CDQ-06	调整环	1	Q235A	
8	GB/T 2732—2018	轴承 6305	2		
7	CDQ-05	箱体	1	HT200	
6	CDQ-04	纸垫圈	2	纸	
5	CDQ-03	端盖	2	HT200	
4	GB/T 65—2016	螺钉 M6×20	12		
3	CDQ-02	轴	1	45	
2	CDQ-01	带轮	1	HT200	
1	GB/T 1096—2003	键 6×6×20	2		
序号	代号	名称	数量	材料	备注

13	GB/T 5783—2016	螺栓 M5×20	2		
12	GB/T 892—1986	挡圈 B28	2		
11	CDQ-08	齿轮	1	45	

传动器

CDQ-00

比例

(单位名称)

设计

工艺

审核

图 5—6 传动器装配图

底板上的尺寸 128、80、4×φ9。

4. 外形（总体）尺寸

这是表示装配体外形的总体尺寸，即总的长、宽、高。这类尺寸表明了机器（部件）所占空间的大小，作为包装、运输、安装、车间平面布置的依据，如图5-6中的尺寸219、110。

5. 其他重要尺寸

这是在部件设计时，经过计算或某种需要而确定的比较重要的尺寸，但又不属于上述四类尺寸。如运动件的极限尺寸，主体零件的重要尺寸等，如图5-6中齿轮的分度圆尺寸φ96。

上述五类尺寸之间并不是互相孤立无关的，实际上有的尺寸往往同时具有多种作用。此外，在一张装配图中，并不一定需要全部注出上述五类尺寸，而是要根据具体情况和要求来确定。

二、技术要求的注写

不同性能的机器（部件），其技术要求各不相同，主要考虑装配体的装配要求、检验、调试要求以及使用要求。如润滑及密封要求、齿轮侧隙要求、轴承寿命要求、运转精度要求等。参看图5-2、图5-6所注技术要求。

第三节　装配图中的零（部）件序号及明细栏

为了便于看图和生产管理，对部件中的每种零件和组件应编排标注序号。同时，在标题栏上方编制相应的明细栏。

一、零（部）件序号

（1）装配图中所有的零件都必须编写序号，并与明细栏中的序号一致。相同的零件只编一个序号。如图5-6中，件4螺钉有12个，但只编一个序号4。

（2）序号应注写在视图外较明显的位置上，由圆点、指引线、水平线或圆（均为细实线）及数字组成，数字写在水平线上或小圆内，序号的字高应比该图中尺寸数字大一号，如图5-6所示。

（3）指引线应自所指零件的可见轮廓内引出，并在其末端画一圆点；若所指的部分不适合画圆点（如很薄的零件或涂黑的剖面等），可在指引线的末端画一箭头，并指向该部分的轮廓，如图5-6中件6纸垫圈的指引线的画法。

（4）指引线尽可能分布均匀且不要彼此相交，要尽量不与剖面符号平行，必要时可画成一次折线，但只允许折一次。对于一组螺纹紧固件或装配关系清楚的零件组，可采用公共指引线，如图5-7所示。

（5）序号按水平或垂直方向排列整齐，并按顺时针或逆时针方向顺序编号，如图5-2、图5-6、图5-7、图5-22所示。

（6）标准部件（如油杯、滚动轴承、电动机等）只需编注一个序号，如图5-6中件8的序号编注。

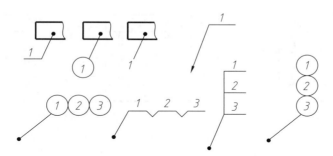

图5-7　指引线及序号的编写方法

二、明细栏

明细栏是由序号、代号、名称、数量、材料、质量、备注等内容组成的栏目。明细栏一般编注在标题栏的正上方。在图中填写明细栏时，按自下而上顺序进行。当位置不够时，可移至标题栏左边继续编制，也可另外用 A4 纸单独放置明细栏。明细栏（GB/T 10609.2—2009）的尺寸如图5-8所示，本书中部分明细栏采用简化画法。

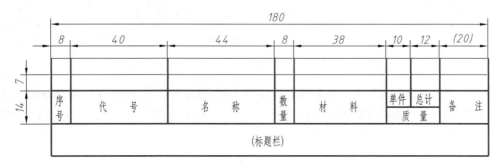

图5-8　明细栏的尺寸

第四节　装配工艺结构

为使零件理想装配，并拆卸方便，应在零件设计时根据零件在部件中的装配连接关系，考虑装配工艺结构。

一、接触面的结构

（1）应能保证轴肩面与孔端面接触良好。为避免如图 5-9(a)所示装不到位的缺陷，可采用孔口倒角、轴肩根部开槽等结构保证轴肩面与孔端面接触良好，如图 5-9(b)所示。

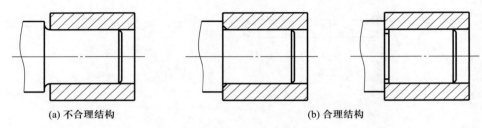

(a) 不合理结构　　　　　　　　　　　　　(b) 合理结构

图 5-9　接触面的结构（一）

（2）相邻两个零件在同一方向上只有一组接触面，否则就会给制造和配合带来困难。如图 5-10(a)所示，其径向接触面或轴向接触面有两组，属于不合理结构。

为保证在某一方向有可靠定位面，相邻两个零件在某一方向上只能有一个接触面，如图 5-10(b)所示。

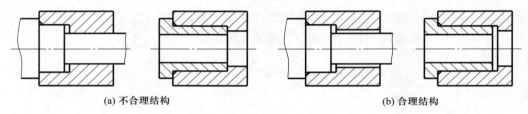

(a) 不合理结构　　　　　　　　　　　　　(b) 合理结构

图 5-10　接触面的结构（二）

（3）在螺纹紧固件联接中，被联接件的表面应该为加工面。为保证被联接零件与螺纹紧固件的接触良好，被联接件的表面应进行机械加工，将接触面制成凸台、沉孔或锪平结构，如图 5-11 所示。

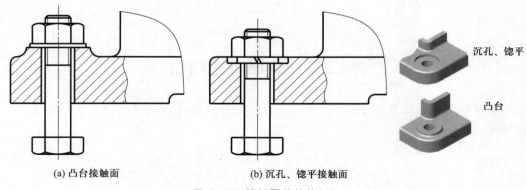

(a) 凸台接触面　　　　　　　　　(b) 沉孔、锪平接触面

图 5-11　接触面的结构（三）

二、零件的定位、紧固与拆装操作

装在轴上的滚动轴承及齿轮等一般都需要轴向定位，以保证其在轴线方向不产生移动。如图 5-12 所示，轴上的滚动轴承及齿轮是靠轴肩来定位的，齿轮的一端用螺母、垫圈来压紧，垫圈与轴肩的台阶面间应留有间隙，以便紧固。

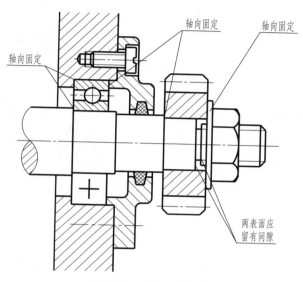

图 5-12　轴向定位结构

为了使零件拆装方便，应留出足够的操作空间，如图 5-13 所示。图 5-13(a)中的螺纹紧固件有足够的拆装空间，而图 5-13(b)所示的操作空间不够，无法用工具操作；图 5-13(c)所示为滚动轴承装配结构及衬套的装配，均能可靠地拆装，而图 5-13(d)所示结构则不易拆装，显然设计不合理。

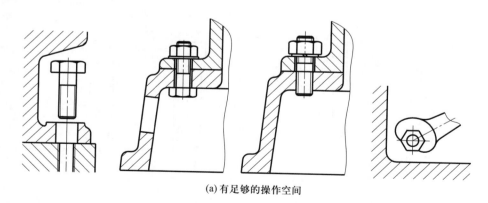

(a) 有足够的操作空间

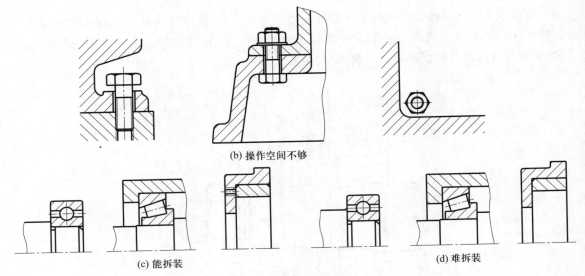

(b) 操作空间不够

(c) 能拆装　　　　　　　　　　　　　　　　　(d) 难拆装

图 5-13　装配拆装操作对比

三、密封结构

在一些部件或机器中常需要有密封装置,以防止液体外流或灰尘进入。常见的密封形式有:垫片密封、密封圈密封及填料密封。

如图 5-14 所示的填料与密封装置是用在泵和阀上的常见结构。通常用浸油的石棉绳或橡胶作填料,拧紧压盖螺母,通过填料压盖即可将填料压紧,起到密封作用。填料压盖与阀体端面之间必须留有一定间隙,才能保证将填料压紧,而轴与填料之间应有一定的间隙,以免转动时产生摩擦。

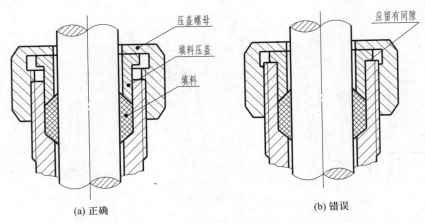

压盖螺母

填料压盖

填料

应留有间隙

(a) 正确　　　　　　　　　　　　　　　　　(b) 错误

图 5-14　填料与密封装置

第五节　部　件　测　绘

在进行新产品设计或引进产品改造时,需要测绘同类产品的部分或全部零件供设计时参考。在机器或设备维修时,如果某一部件损坏,在无备件又无零件图的情况下,也需要测绘损坏的部件,画出图样作为加工的依据。因此,部件测绘是工程技术人员必须掌握的基本技能之一。

部件测绘就是根据已有的部件(或机器)和零件进行测量、绘制,并整理画出装配图和零件工作图的过程。

一、部件测绘的要求

测绘一台部件最终完成的资料包括:部件装配图、成套自制件零件图。测绘形成的图纸资料是对原有部件的完整再描述;若考虑再生产则应对原设计进行优化,其部件的工作性能不能低于原设计。

二、部件测绘的方法和步骤

下面以千斤顶的测绘为例学习部件测绘的知识和技能。

1. 熟悉和了解测绘对象

要正确地表达一个装配体,必须首先了解和分析它的用途、工作原理、结构特点以及装拆顺序等情况。对于这些情况的了解,除了观察实物、阅读有关技术资料和类似产品图样外,还可以向有关人员学习和了解。

本例中的千斤顶是一种通用工具。在日常生活中,若汽车抛锚时可用它顶起汽车底盘以方便修理,类似的使用在机器的安装、装配、维修中也时常出现。如图 5-15(a)所示为千斤顶的三维实体造型,其工作原理是:把千斤顶放在被顶机件的下方,转动旋转杆,带动起重螺杆上升或下降。由于起重螺杆由螺钉连接着顶碗,所以顶碗也随螺杆上下移动,起到控制机件上升、下降的作用。

2. 拆卸装配体和画装配示意图

在初步了解装配体的基础上,分析并确定拆卸顺序,根据装配体的组成情况及装配关系,依次拆卸各个零件。为避免零件的丢失或混乱,对拆下后的零件应立即逐一编号,系上标签,并做相应的记录。对于不可拆的连接和过盈配合的零件尽量不拆;对于过渡配合的零件,如不影响对零件结构形状的了解和尺寸的测量也可不拆,以免影响部件的性能和精度。拆卸时,使用工具要得当,拆下的零件应妥善保管,以免碰坏或丢失。对重要的零件和零件的表面,要防止碰伤、变形、生锈,保持其精度。拆卸时为记住装配连接关系,应边拆边画装配示意图,以备将来正确地画出装配图和重新装配部件之用。

装配示意图一般是用简单的图线画出装配体各零件的大致轮廓,以表示其装配位置、装配关系和工作原理等情况的简图。国家标准《机械制图》中规定了一些零件的简单符号,画图时可以参考使用。如图 5-15(b)所示为千斤顶的装配示意图。

千斤顶

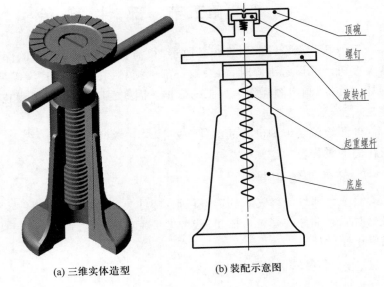

(a) 三维实体造型   (b) 装配示意图

顶碗
螺钉
旋转杆
起重螺杆
底座

图 5-15　千斤顶

3. 编制标准件清单,绘制零件草图

(1) 列出标准件明细栏　对于一些标准零件,如螺栓、螺钉、螺母、垫圈、键、销等,可以不画零件图,但需确定它们的规定标记,由供应部门采购即可。

(2) 绘制非标准件的零件草图　除标准件外,其他零件应逐个徒手画出零件草图。绘制草图时应注意以下三点:

① 对于零件草图的绘制,除了图线是用徒手完成的外,其他方面的要求均和画正式的零件图一样。

② 零件的视图选择和安排,应尽可能考虑到画装配图的方便。

③ 零件间有配合、连接和定位等关系的尺寸,在相关零件上应注写相同。

由于在单元三中已详细介绍了零件草图的绘制,这里不再赘述。

4. 由装配示意图、零件草图、标准件清单拼绘装配图

在绘制装配图前应有资料:装配示意图、非标准件的零件图及标准件明细表。绘制装配图时要将装配体设置为最小装配位置,既便于绘图,又便于设计包装盒。本案例中无标准件,绘图时把千斤顶设置为最小装配位置。

(1) 分析装配体结构,确定表达方案。

本案例按工作位置放置,千斤顶的工作位置也是其自然安放位置。

(2) 确定比例、图幅。

应根据部件的大小、复杂程度及所确定的表达方案来决定,应尽量使用原值比例 1:1。

(3) 绘制装配图底稿。

① 布图　画基准线，即各视图的主要轴线、底面、端面轮廓线等，合理布置视图位置，要考虑留出足够的空间标注尺寸和零件序号，还应留出明细栏和技术要求的位置。

② 绘制基础件主轮廓　用细实线勾勒基础件的简单轮廓，这一步建立了绘制装配图的思维空间。

③ 绘制核心零件　首先根据装配示意图、零件图确定出核心零件与基础件的相对位置，在图上绘制出核心零件的基准线，然后绘制核心零件。

④ 根据装配关系由内到外依次绘制其他零件　从各装配线入手，先绘制主要零件，依次是其他零件，主视图和其他视图结合起来同时进行，注意保持各视图之间的方位关系和等量关系。

（4）检查、加深图线，绘制各零件剖面线。

（5）标注尺寸及技术要求，编制零件序号，填写明细栏和标题栏。

下面以绘制图 5-15 所示千斤顶的装配图为例，来熟悉绘制装配图的方法与步骤。

（1）选择千斤顶装配图的表达方案。

① 放置。千斤顶按工作位置放置，并使起重螺杆调到最低位置。这也是千斤顶的自然安放位置。

② 视图方案。

主视图　该装配体结构左右对称，主装配线垂直分布，因此主视图采用半剖视图，能清晰反映千斤顶的内外结构、大致形状、工作原理、装配线、零件间装配关系及零件的主要结构。起重螺杆是实心零件，按不剖处理，因此在主视图中添加了一处局部剖视图，反映起重螺杆与旋转杆装配处的连接关系。另外，由于旋转杆较长但形状简单，因此对其简化处理，采用折断画法画出。

局部放大图　考虑到起重螺杆的螺纹为非标准螺纹，因此对螺纹牙型采用局部放大图，比例为 2：1。

单独表示法　考虑到顶碗的特征，故增加一个视图表达顶碗的结构，采用装配图中单独零件的单独表示法。

（2）绘制千斤顶装配图的一组图形。

根据千斤顶装配示意图、标准件规格和代号，绘制千斤顶装配体中的零件图，如图 5-16 所示。

① 计算出装配最小位置时的高度尺寸为 178，选用 A3 图幅，采用原值比例 1：1 绘制。布图，绘制视图基准线，如底座的底面轮廓线、整体轴线等。

② 用细实线绘制千斤顶底座的简单轮廓，如图 5-17 所示。

③ 定位、绘制核心零件起重螺杆的图形，如图 5-18 所示。

④ 由装配关系依次绘制其他零件，如旋转杆、螺钉、顶碗的主视图，如图 5-19 所示。

⑤ 修改部分图线，绘制各零件的剖面线，如图 5-20 所示。

⑥ 绘制起重螺杆的局部放大图以及顶碗的特征视图，检查、加深图线，最终完成千斤顶的装配视图表达，如图 5-21 所示。

（3）标注尺寸和技术要求，编制序号，填写标题栏和明细栏。

① 标注尺寸　根据装配图的尺寸分类，结合本案例分析，可标注以下尺寸：

规格尺寸　178~230（顶高范围）、φ64（工作面大小）。

装配尺寸　局部放大图上的螺纹尺寸 φ16、φ20、2、4。

外形尺寸　φ80。

其他重要尺寸　150（操作杆长度）、24 槽等。

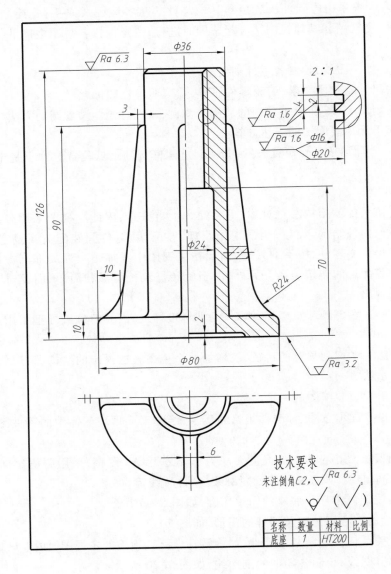

技术要求

未注倒角C2，

名称	数量	材料	比例
底座	1	HT200	

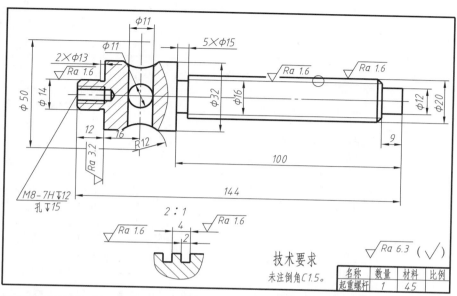

技术要求

未注倒角C1.5。

名称	数量	材料	比例
起重螺杆	1	45	

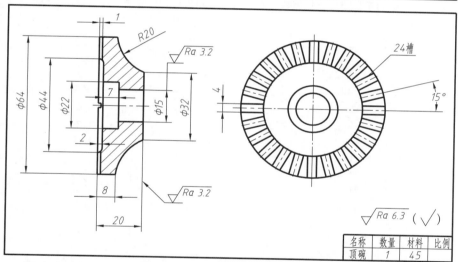

名称	数量	材料	比例
顶碗	1	45	

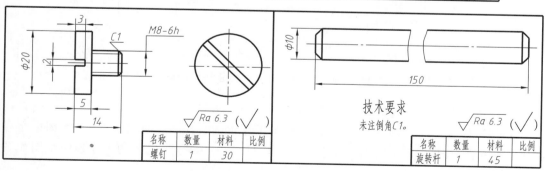

技术要求

未注倒角C1。

名称	数量	材料	比例
螺钉	1	30	

名称	数量	材料	比例
旋转杆	1	45	

图 5-16　千斤顶装配体中的零件图

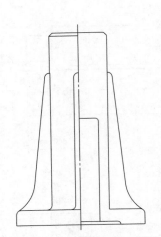

图 5-17　绘制千斤顶底座的简单轮廓

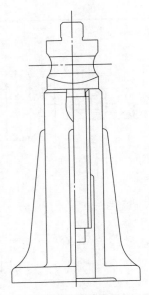

图 5-18　绘制千斤顶的起重螺杆

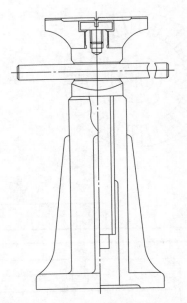

图 5-19　绘制千斤顶的旋转杆、螺钉、顶碗

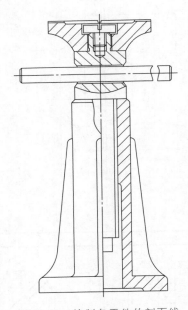

图 5-20　绘制各零件的剖面线

② 标注技术要求　起重螺杆与底座垂直度误差不大于 0.1。

③ 编写序号,填写明细栏及标题栏　由于千斤顶的装配线为垂直方向,故本图中序号排列采用垂直方向排列,按明细栏要求填写各栏目,注写标题栏,完成的千斤顶装配图如图 5-22 所示。

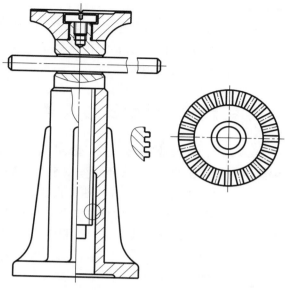

图 5-21　完成千斤顶的装配视图表达

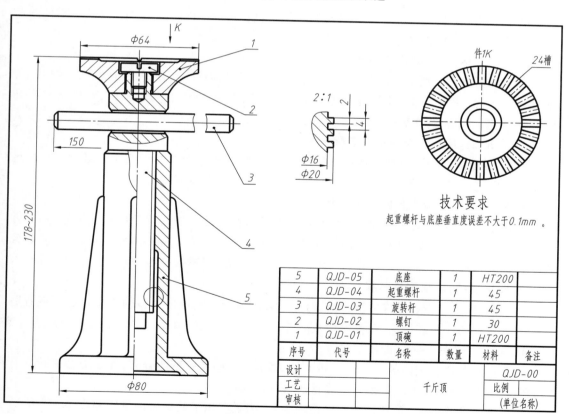

5	QJD-05	底座	1	HT200	
4	QJD-04	起重螺杆	1	45	
3	QJD-03	旋转杆	1	45	
2	QJD-02	螺钉	1	30	
1	QJD-01	顶碗	1	HT200	
序号	代号	名称	数量	材料	备注

件1K　　　24槽

2:1

Φ16
Φ20

技术要求

起重螺杆与底座垂直度误差不大于0.1mm。

设计			QJD-00	
工艺		千斤顶	比例	
审核			(单位名称)	

图 5-22　千斤顶装配图

5. 由装配图拆画零件图

画零件图不是对零件草图的简单抄画，而是要根据装配图，以零件草图为基础，对零件的表达方案特别是局部结构的处理及尺寸、技术要求进行修正及优化，即完成零件的再设计。详细的拆图过程将在下一节进行详细叙述。

第六节　装配图的识读

在设计和生产实际工作中，经常要阅读装配图。例如，在设计过程中，要按照装配图来设计和绘制零件图；在安装机器及其部件时，要按照装配图来装配零件和部件；在技术学习或技术交流时，则要参阅有关装配图才能了解、研究一些工程技术等有关问题。

看装配图的主要目的是要了解装配体的用途、性能、工作原理和结构特点，弄清各零件之间的装配关系和装拆次序，看懂各零件的主要结构形状和作用，了解装配体的重要尺寸和相关的技术要求。

一、读装配图的方法和步骤

1. 概括了解

浏览全图，知其概貌，结合标题栏和明细栏中内容了解部件名称、规格，以及各零件的名称、材料和数量；按图上的编号了解各零件的大体装配情况。

2. 分析表达方案，细读各视图

在一组视图中判别出主视图，即表达装配体整体形象的视图，分析出其他视图的对应关系，如剖切位置、投射方向，绘制方式等。再以主视图为中心，结合其他视图，对照明细栏和图上编号，逐一了解图样表达的内容。

3. 分析工作原理及零件间的装配关系

分析装配体的工作原理，一般应从传动关系入手，分析视图及参考说明书进行了解。这是读装配图进一步深入的阶段，需要把零件间的装配关系和装配体结构搞清楚。

4. 分析零件，看懂零件的结构形状

分析零件，首先要会正确地区分零件。区分零件的方法可依靠零件序号的编号，不同方向和不同间隔的剖面线，以及各视图之间的投影关系进行判别。零件区分出来之后，便要分析零件的结构形状和功用。分析时一般从主要零件开始，再看次要零件。

5. 归纳总结，想象整体形状

经过分析，在看懂各零件的形状后，对整个装配体还不能形成完整的概念。必须把看懂了的各个零件的作用和结构，按其在装配体中的位置及给定的装配连接关系，加以综合、想象，从而获得一个完整的装配体形象。

以上所述是读装配图的一般方法和步骤，事实上有些步骤不能分开，而要交替进行。有时，在读图过程中应该围绕着某个重点目的去分析、研究。

现以如图 5-23 所示的机用虎钳装配图为例，来说明识读装配图的方法和步骤。

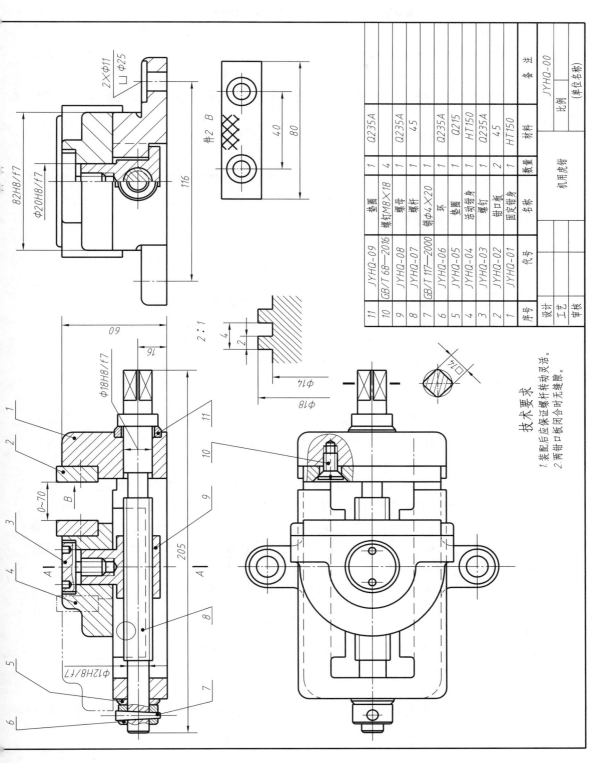

11	JYHQ-09	垫圈	1	Q235A			
10	GB/T 68-2016	螺钉M8×18	4	Q235A			
9	JYHQ-08	螺母	1	45			
8	JYHQ-07	螺杆	1	Q235A			
7	GB/T 117-2000	销φ4×20	1	Q215			
6	JYHQ-06	环	1	HT150			
5	JYHQ-05	垫圈	1	Q235A			
4	JYHQ-04	活动钳身	1	45			
3	JYHQ-03	螺钉	2	HT150			
2	JYHQ-02	钳口板	1				
1	JYHQ-01	固定钳身	1				
序号	代号	名称	数量	材料		备注	

机用虎钳

JYHQ-00

比例 （单位名称）

设计
工艺
审核

技术要求

1. 装配后应保证螺杆转动灵活。
2. 两钳口板闭合时应无缝隙。

图5-23　机用虎钳装配图

1. 概括了解

浏览全图,知其概貌:该装配体大致结构为长方块,规格 0~70;看标题栏和明细栏可知该部件名称为"机用虎钳",由 11 种零件组成,其中标准件 2 种,普通零件(即非标准件)9 种。可结合装配图上的序号及明细栏了解各零件的名称、材料和数量以及装配体上各零件的大体装配情况。

2. 分析表达方案,细读各视图

(1)表达方案分析。

机用虎钳装配图由六个视图组成,其中主、俯、左三个基本视图的投影关系清晰,主视图为全剖视图,并带有局部剖及假想画法;俯视图为局部剖视图;左视图为半剖视图;另外三个图分别为局部放大图、断面图、单独零件图。

(2)细读各视图,分析工作原理、装配关系与零件的主要结构形状。

主视图 表达了机用虎钳的整体形象、工作原理及工作行程,同时也表达了装配体的主装配线。

俯视图 进一步表达了装配体的整体形象,以及各零件的形状特征,其中局部剖视图表示通过件 10(螺钉)把件 2(钳口板)固定在件 1(固定钳身)上,同理分析可知件 2(钳口板)与件 4(活动钳身)的连接方式与之相同。

左视图 进一步表达整体形象、零件形状特征、装配连接关系,这里能清晰看出固定钳身与活动钳身的配合关系。

局部放大图 表达了螺杆及螺母的牙型。

断面图 表达了螺杆操纵结构方形的形状特征及规格。

单独画法 表达了件 2(钳口板)上的特殊结构为网状槽结构,作用是增大摩擦力,使工件夹紧可靠。

机用虎钳的工作原理分析如下:件 1(固定钳身)安装在机床的工作台上,起机座作用。用扳手转动件 8(螺杆),带动件 9(螺母)作左右移动,因为螺旋线有两个运动:转动和轴向移动,由于螺杆被轴向固定了,故只能转动,其轴向移动则传递给了螺母。螺母带着件 3(螺钉)、件 4(活动钳身)及该部件中靠左的件 2(钳口板)作左右移动,起到夹紧或松开工件的作用,这也是设计该部件的目的所在。

在分析工作原理的同时,也读出了相关零件的装配关系及部分结构。

(3)尺寸分析。

规格尺寸 0~70。

装配尺寸 中心高 16、ϕ12H8/f7、ϕ18H8/f7、ϕ20H8/f7、82H8/f7。

安装尺寸 116、2×ϕ11/ϕ25。

总体尺寸 (60)、205、(116)。

其他重要尺寸 螺杆、螺母牙型尺寸 ϕ14、ϕ18、2、4;螺杆方形尺寸 14×14;件 2 钳口板主要尺寸,中心距尺寸 40,长度尺寸 80。

(4)技术要求。

ϕ12H8/f7 为带有配合要求的尺寸,表示件 8(螺杆)与件 1(固定钳身)之间为基孔制的间隙配合,其相对旋转比较轻松灵活。同理分析其他配合尺寸:ϕ18H8/f7、ϕ20H8/f7、82H8/f7。图中另有文字的技术要求,反映各零件装配的相关要求,如"装配后应保证螺杆转动灵活""两钳口板闭合时无缝隙"。

3. 总结归纳

总结归纳是对读图过程进行简明连贯的叙述,想象整体形象及部件工作的整个运动过程。如图 5-24 所示为机用虎钳的三维实体造型。

机用虎钳

(a) 机用虎钳整体造型

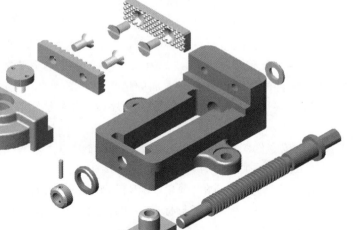

(b) 机用虎钳分解图

图 5-24 机用虎钳的三维实体造型

二、由装配图拆画零件图

由装配图拆画零件图简称为拆图,应在读懂装配图的基础上进行。拆图是设计工作中的一个重要环节。对于初学者来说,难点在于从整体中分解出零件的技能建立过程,要多加实践,掌握方法与步骤,找出窍门,逐步学会拆图技巧。

1. 拆画零件图的要求

经过阅读装配图,对装配体设计有了深刻理解后,才能绘制出充分体现装配图设计意图的零件图,拆画零件图的过程是对零件的详细设计过程。拆画的图样应包含零件图的完整内容,即视图、尺寸、技术要求、标题栏。

画图时,要从设计上考虑零件的作用和要求,从工艺上考虑零件的制造和装配,使拆画出的零件图既符合原装配图的设计要求,又符合生产要求。

2. 拆画零件图的方法和步骤

(1)从装配图中分离出零件　装配图中对零件的表达主要是它们之间的装配关系,而且零件间视图重叠,首先要从装配图中把拆画对象分离出来。在装配图的一组视图中把拆画对象有关的投影找出来。

(2)构思零件的完整结构　因为绘制装配图时只需表达零件的大致或主要结构,又因往往出现零件间投影重叠,使得分离出的图形也往往是不完整的,所以要对图样进行补充完善,这就是零件的继续设计。这时可依据零件的功能以及与相邻零件的关系来判断,构思出完整的结构。

(3)补全工艺结构　在装配图上,常常省略工艺结构,如倒角、倒圆、退刀槽、砂轮越程槽等,在拆画零件图时要补全这些结构。

(4)重新选择表达方案　零件图视图表达最重要的一点是表达对象的安放位置。零件在装配图中的位置,是绘制装配图时从装配图的表达角度考虑而决定的,不一定符合典型机械零件的表达特点。经过单元三的学习可知,零件图中典型机械零件安放的原则依次是:加工位置、工作位置、自然安放位置、主要几何要素水平或垂直放置。本单元中由装配图拆画零件图时依然遵循这些原则,考虑零件的安放以及投影方向的选择。如图 5-25 所示为机用虎钳中螺母的零件图,其加工位置有多个,且无相对主要加工工序,因此该零件的表达选择工作位置放置。

(5)标注尺寸　拆画零件时应按零件图的要求注全尺寸。具体分为以下几种情况:

① 抄注尺寸　装配图已注写的尺寸,在有关的零件图上应直接注出。

② 查表标注尺寸　对于一些工艺结构,如圆角、倒角、退刀槽、砂轮越程槽等,尽量选用标准结构,应查找有关标准核对后再进行标注。对于与标准件相连接的有关结构尺寸,如螺孔、销孔等的直径,要从相应的标准中查取后标注。

③ 计算标注尺寸　有些零件的某些尺寸需要根据装配图所给的数据进行计算才能得到(如齿轮分度圆、齿顶圆直径等),应进行计算后标注。

④ 测量标注尺寸　一般尺寸可从装配图中直接量取,再按绘图比例折算并圆整后注出。

注意:对有装配关系的尺寸,在零件图上标注相关的尺寸时,要注意相互对应,不可出现矛盾。

(6)确定零件图上的技术要求　根据零件在装配体中的作用和与其他零件的装配关系,以及工艺结构等要求,标注出该零件的表面粗糙度等方面的技术要求。可参考有关资料或按同类产品类比来确定。在标题栏中填写零件的材料和图号时,应和明细栏中的一致。

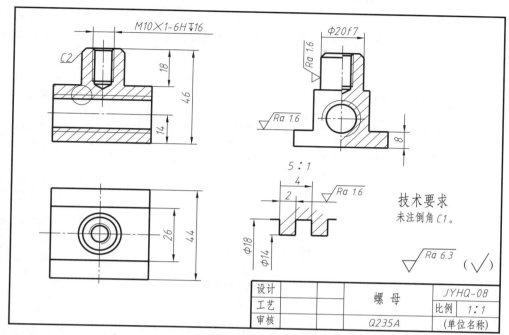

图 5-25　机用虎钳中螺母零件图

下面以机用虎钳装配图中的件 8(螺杆)为例进行说明。

1. 从装配图中分离出零件

从装配图中分离出零件时要把各视图中螺杆的投影都找出来,如图 5-26 所示,此时螺杆的结构还不完整。

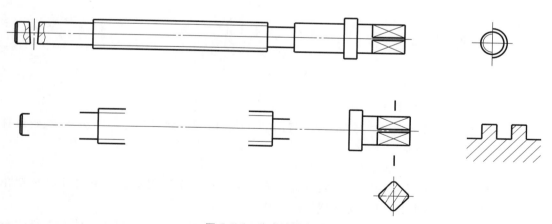

图 5-26　分离出螺杆投影

2. 构思零件的完整结构

接着把销孔的投影补上,如图 5-27 所示的左半边结构。

3. 补全工艺结构

根据机械加工要求,此时需要把螺杆方形端部的倒角补上,如图 5-27 所示的右边结构就完整了。

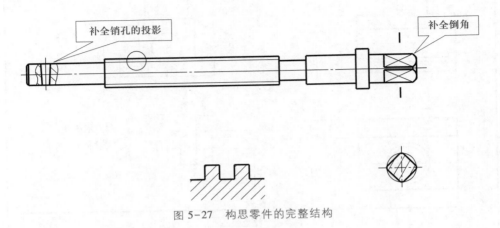

图 5-27　构思零件的完整结构

4. 重新选择表达方案

根据螺杆的特征,可知该零件属于轴套类零件,车削时轴线应水平放置。由于加工时大多数工步在小端,因此安放位置应调头,方形段在左,销孔段在右,如图 5-28 所示。

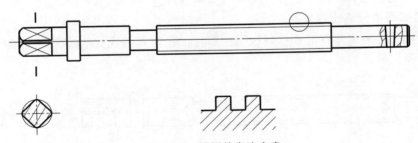

图 5-28　螺杆的表达方案

5. 标注尺寸和技术要求

(1)抄注尺寸　配合尺寸 ϕ18f7、ϕ12f7;方形尺寸 14×14;螺纹尺寸 ϕ14、ϕ18、2、4;螺杆总长度尺寸 205;销孔 ϕ4 配作。

(2)查阅相关技术标准,确定倒角为 C1。

(3)螺杆上其余尺寸在图上直接测量,测量值按绘图比例折算后圆整注出。如测出 39.6 就圆整成 40;若测得 39 可优化成 38 或 40。

(4)尺寸公差　有配合要求的尺寸,螺杆中相应的尺寸公差可从机用虎钳装配图上分离获得,ϕ18f7、ϕ12f7 标注时可注尺寸公差代号或极限偏差尺寸,其余为经济等级省略标注,在机械制造行业里,一般为 IT14~IT12。

(5)表面粗糙度　参考有关资料或按同类产品类比确定。配合面 ϕ18f7、ϕ12f7 和螺纹两侧面表面粗糙度值取 $Ra1.6$，其余为 $Ra6.3$。

（6）几何公差　一般取经济精度，可参考有关资料或按同类产品类比确定。

6. 注写标题栏，完成全图

在标题栏中填写零件的材料和图号时，与装配图明细栏中的信息保持一致。如图 5-29 所示，为最终拆画完成的螺杆零件图。

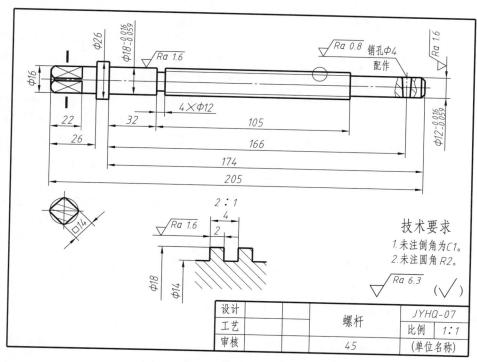

图 5-29　螺杆零件图

◥ 单元总结 ─────

通过本单元的学习，要求掌握装配图的规定画法和特殊画法，装配图上的尺寸及技术要求标注，零（部）件序号及明细栏的填写，部件测绘的方法和步骤，以及识读装配图的方法和步骤，了解常见的装配工艺结构，对机械部件中装配结构的设计合理性有一个基本的认识。本单元以滑动轴承、传动器、千斤顶、机用虎钳为主要案例进行相关知识的讲解，相信大家会对装配图的绘制与识读有一个比较详尽的认识。

本单元的重点是部件装配图的绘制及阅读。其中，在部件测绘过程中需要先了解装配体的作用、基本设计要求及其工作原理，然后按部件测绘的要求和方法步骤绘制装配示意图和零件草图，最后拼绘部件装配图，进一步熟练零件图和装配图的绘图技巧。识读装配图拆画零件图时要注意从装配图中分离出零件后要进一步依据零件的功能、与相邻零件的关系来判断,构思出零件的完整结构,补全工艺结构,然后根据典型零件的分类重新考虑零件图的表达方案,标注尺寸时注意尺寸链的合理性,可从两方面考虑来标注技术要求:一是在装配图上抄注相关技术要求,二是应用类比法标注其他技术要求。

单元启迪

1. 知难而进,精益求精

结合装配图的绘制和识读,一是要学会处理整体和局部的矛盾关系,更好地培育良好职业技能;二是要专注绘图细节和图面质量,更好地诠释新时代的"工匠精神"。装配图的绘图实践较为烦琐,比较花费时间。这就要求我们要克服畏难情绪,培养独立思考的能力,严于律己、知难而进的意志和毅力以及对技术精益求精的良好职业品质。在实践中通过问题的分析和解决,学会用联系的、全面的、发展的观点看问题,学会正确对待人生发展中的顺境与逆境,处理好人生发展中的各种矛盾,培养积极乐观的心态和健康向上的人生态度。

2. 团队合作的力量

一个典型的产品设计过程通常包含四个阶段:概念开发和产品规划阶段、详细设计阶段、小规模生产阶段和增量生产阶段。无论是对整个设计工作还是对其中的某个阶段工作来说,单靠个人力量是无法完成的。比如一个复杂产品可能由成百上千种零件组成,其中的零件设计就很难靠一个人来完成,即使能够完成也可能会因耗时较长而导致被其他新产品替代,从而失去市场竞争力,让企业无法获得应有的效益,甚至连研发的成本都难以收回。因此,只有秉承团结协作才能让企业获得更好的发展,才能让未来的路越走越远。

当今时代,竞争越来越激烈,团队合作的重要性也愈加明显。每一位成员都必须具备主人翁和团结协作的精神,将自己的利益与企业的利益紧密结合。要明确个人的利益来源于企业的利益,只有企业的利益得到了维护,自己的利益才能有所保障。团队精神就是企业员工相互沟通、交流、真诚合作,为企业的整体目标而奋斗的精神,它是企业成功的基石、发展的动力、效益的源泉。一滴水放于大海才不会干涸,个人再完美也是沧海一粟,只有优秀的团队才是无边的大海。企业是一艘舰船,装载着一个团队;团队齐心协力,就能避开暗礁急流,乘风破浪,扬帆远航。

单元拓展

团队合作案例

附录A
机械制图国家标准（选编）

目　录

表 A-1　普通螺纹直径与螺距（摘自 GB/T 196—2003）

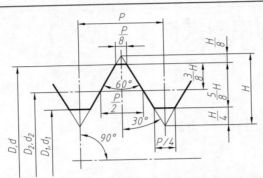

D——内螺纹基本大径（公称直径）

d——外螺纹基本大径（公称直径）

D_2——内螺纹基本中径

d_2——外螺纹基本中径

D_1——内螺纹基本小径

d_1——外螺纹基本小径

P——螺距

H——原始三角形高度

mm

公称直径 D,d		螺距 P		粗牙中径 D_2,d_2	粗牙小径 D_1,d_1
第一系列	第二系列	粗牙	细牙		
3		0.5	0.35	2.675	2.459
	3.5	(0.6)		3.110	2.850
4		0.7		3.545	3.242
	4.5	(0.75)	0.5	4.013	3.688
5		0.8		4.480	4.134
6		1	0.75,(0.5)	5.350	4.917
8		1.25	1,0.75,(0.5)	7.188	6.647
10		1.5	1.25,1,0.75,(0.5)	9.026	8.376
12		1.75	1.5,1.25,1,(0.75),(0.5)	10.863	10.106
	14	2	1.5,(1.25),1,(0.75),(0.5)	12.701	11.835
16		2	1.5,1,(0.75),(0.5)	14.701	13.835
	18	2.5	2,1.5,1,(0.75),(0.5)	16.376	15.294
20		2.5		18.376	17.294
	22	2.5	2,1.5,1,(0.75),(0.5)	20.376	19.294
24		3	2,1.5,1,(0.75)	22.051	20.752
	27	3	2,1.5,1,(0.75)	25.051	23.752
30		3.5	(3),2,1.5,1,(0.75)	27.727	26.211
	33	3.5	(3),2,1.5,(1),(0.75)	30.727	29.211
36		4	3,2,1.5,(1)	33.402	31.670
	39	4		36.402	34.670
42		4.5		39.077	37.129
	45	4.5	(4),3,2,1.5,(1)	42.077	40.129
48		5		44.752	42.587
	52	5	(4),3,2,1.5,(1)	48.752	46.587
56		5.5		52.428	50.046
	60	(5.5)	4,3,2,1.5,(1)	56.428	54.046
64		6		60.103	57.505
	68	6		64.103	61.505

注：1. 公称直径优先选用第一系列，第三系列未列入。括号内的螺距尽可能不用。

　　2. M14×1.25 仅用于火花塞。

　　附录 A　机械制图国家标准（选编）

表 A-2　管螺纹（摘自 GB/T 7306.1—2000、GB/T 7306.2—2000、GB/T 7307—2001）

55°密封管螺纹（摘自 GB/T 7306.1—2000、GB/T 7306.2—2000）　　55°非密封管螺纹（摘自 GB/T 7307—2001）

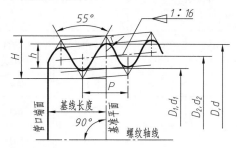 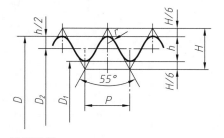

标记示例：　　　　　　　　　　　　　　　　　　　　标记示例：

R1/2　（尺寸代号 1/2,右旋圆锥外螺纹）　　　　　　　G1/2-LH　（尺寸代号 1/2,左旋内螺纹）

Rc1/2-LH　（尺寸代号 1/2,左旋圆锥内螺纹）　　　　　G1/2A　（尺寸代号 1/2,A 级右旋外螺纹）

尺寸代号	基面上的直径（GB/T 7306.1—2000、GB/T 7306.2—2000）基本直径（GB/T 7307—2001）			螺距 P /mm	牙高 h /mm	圆弧半径 R /mm	每 25.4 mm 内的牙数 n	(GB/T 7306.1—2000、GB/T 7306.2—2000) 有效螺纹长度/mm	(GB/T 7306.1—2000、GB/T 7306.2—2000) 基准的基本长度/mm
	大径 ($d=D$) /mm	中径 ($d_2=D_2$) /mm	小径 ($d_1=D_1$) /mm						
1/16	7.723	7.142	6.561	0.907	0.581	0.125	28	6.5	4.0
1/8	9.728	9.147	8.566					6.5	4.0
1/4	13.157	12.301	11.445	1.337	0.856	0.184	19	9.7	6.0
3/8	16.662	15.806	14.950					10.1	6.4
1/2	20.955	19.793	18.631	1.814	1.162	0.249	14	13.2	8.2
3/4	26.441	25.279	24.117					14.5	9.5
1	33.249	31.770	30.291	2.309	1.479	0.317	11	16.8	10.4
1¼	41.910	40.431	28.952					19.1	12.7
1½	47.803	46.324	44.845					19.1	12.7
2	59.614	58.135	56.656					23.4	15.9
2½	75.184	73.705	72.226					26.7	17.5
3	87.884	86.405	84.926					29.8	20.6
4	113.030	111.551	110.072					35.8	25.4
5	138.430	136.951	135.472					40.1	28.6
6	163.830	162.351	160.872					40.1	28.6

螺纹种类	精度	外螺纹			内螺纹		
		S	N	L	S	N	L
普通螺纹 (GB/T 197— 2018)	中等	(5g6g) (5h6h)	$\boxed{*6g}$, * 6e * 6h, * 6f	7g6g (7h6h)	* 5H (5G)	$\boxed{*6H}$ (6G)	* 7H (7G)
	粗糙	—	8g,	—		7H,	—
梯形螺纹 (GB/T 5796.4— 2005)	中等	—	7h,7e	8e	—	7H	8H
	粗糙		8e,8c	8c		8H	9H

注:1. 大量生产的精制紧固件螺纹,推荐采用带方框的公差带。

　　2. 带 * 的公差带优先选用,括号内的公差带尽可能不用。

　　3. 两种精度选用原则:中等——一般用途;粗糙——对精度要求不高时采用。

表 A-4　六角头螺栓(一)(摘自 GB/T 5782~5786—2016)

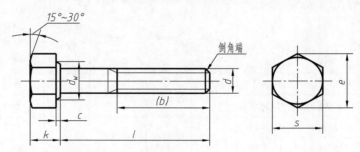

标记示例:螺栓　GB/T 5782—2016　M12×100

　　螺纹规格 d＝M12,公称长度 l＝100 mm,性能等级为 8.8 级,表面氧化,杆身半螺纹,产品等级为 A 级的六角头螺栓。

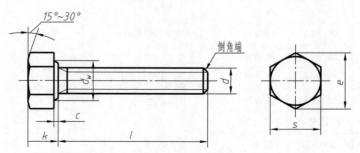

标记示例:螺栓　GB/T 5785　M30×2×80

　　螺纹规格 d＝M30×2,公称长度 l＝80 mm,性能等级为 8.8 级,表面氧化,全螺纹,产品等级为 B 级的细牙六角头螺栓。

mm

螺纹规格	d	M4	M5	M6	M8	M10	M12	M16	M20	M24	M30	M36	M42	M48
	$D×P$	—	—	—	M8×1	M10×1	M12×15	M16×15	M20×2	M24×2	M30×2	M36×3	M42×3	M48×3
$b_{参考}$	$l⩽125$	14	16	18	22	26	30	38	46	54	66	78	—	—
	$125<l⩽200$	20	—	—	28	32	36	44	52	60	72	84	96	108
	$l>200$	33	—	—	—	—	—	57	65	73	85	97	109	121
c_{max}		0.4	0.5		0.6				0.8				1	
$k_{公称}$		2.8	3.5	4	5.3	6.4	7.5	10	12.5	15	18.7	22.5	26	30
$d_{s\,max}$		4	5	6	8	10	12	16	20	24	30	36	42	48
$s_{max}=$公称		7	8	10	13	16	18	24	30	36	48	55	65	75
e_{min}	A	7.66	8.79	11.05	14.38	17.77	20.03	26.75	33.53	39.98	—	—	—	—
	B	7.50	8.63	10.89	14.2	17.59	19.85	26.17	32.95	39.55	50.85	60.79	72.02	82.6
d_{wmin}	A	5.88	6.9	8.9	11.6	14.6	16.6	22.5	28.2	33.6	—	—	—	—
	B	5.74	6.7	8.7	11.4	14.4	16.4	22	27.7	33.2	42.7	51.1	60.6	69.4
$l_{范围}$	GB 5782—2016	25~40	25~50	30~60	35~80	40~100	45~120	55~160	65~200	80~240	90~300	100~360	130~400	140~400
	GB 5785—2016											110~300		
	GB 5783—2016	8~40	10~50	12~60	16~80	20~100	25~100	35~100	40~100				80~500	100~500
	GB 5786—2016	—	—	—			25~120	35~160	40~200				90~400	100~500
$l_{系列}$	GB 5782—2016 GB 5785—2016	20~65(5 进位)、70~160(10 进位)、180~400(20 进位)												
	GB 5783—2016 GB 5786—2016	6、8、10、12、16、18、20~65(5 进位)、70~160(10 进位)、180~500(20 进位)												

注:1. P——螺距。末端按 GB/T 2—2001 规定。

2. 螺纹公差为 6g;机械性能等级为 8.8。

3. 产品等级:A 级用于 $d⩽24$ mm 和 $l⩽10d$ 或 ⩽150 mm(按较小值);B 级用于 $d>24$ mm 和 $l>10d$ 或 >150 mm（按较小值）。

六角头螺栓　C 级(摘自 GB/T 5780—2016)

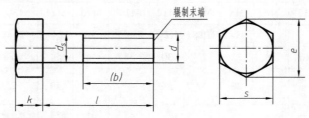

标记示例:螺栓　GB/T 5780　M20×100

螺纹规格 d＝M20,公称长度 l＝100 mm,性能等级为 4.8 级,不经表面处理,杆身半螺纹,产品等级为 C 级的六角头螺栓。

六角头螺栓　全螺纹 C 级(摘自 GB/T 5781—2016)

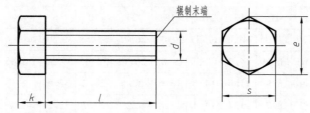

标记示例:螺栓　GB/T 5781　M12×80

螺纹规格 d＝M12,公称长度 l＝80 mm,性能等级为 4.8 级,不经表面处理,全螺纹,产品等级为 C 级的六角头螺栓。

mm

螺纹规格 d		M5	M6	M8	M10	M12	M16	M20	M24	M30	M36	M42	M48
b参考	$l\leqslant125$	16	18	22	26	30	38	40	54	66	78	—	—
	$125<$ $l\leqslant1\ 200$	—	—	28	32	36	44	52	60	72	84	96	108
	$l>1\ 200$	—	—	—	—	—	57	65	73	85	97	109	121
k公称		3.5	4.0	5.3	6.4	7.5	10	12.5	15	18.7	22.5	26	30
s_{max}		8	10	13	16	18	24	30	36	46	55	65	75
e_{max}		8.63	10.9	14.2	17.6	19.9	26.2	33.0	39.6	50.9	60.8	72.0	82.6
d_{smax}		5.48	6.48	8.58	10.6	12.7	16.7	20.8	24.8	30.8	37.0	45.0	49.0
l范围	GB/T 5780— 2016	25~50	30~60	35~80	40~ 100	45~ 120	55~ 160	65~ 200	80~ 240	90~ 300	110~ 300	160~ 420	180~ 480
	GB/T 5781— 2016	10~40	12~50	16~65	20~80	25~ 100	35~ 100	40~ 100	50~ 100	60~ 100	70~ 100	80~ 420	90~ 480
l系列		10、12、16、20~50(5 进位)、(55)、60、(65)、70~160(10 进位)、180、220~500(20 进位)											

注:1. 括号内的规格尽可能不用。末端按 GB/T 2—2001 规定。

　　2. 螺纹公差为 8g(GB/T 5780—2016),6g(GB/T 5781—2016);机械性能等级为 4.6、4.8;产品等级为 C。

表 A-6　1 型六角头螺母(摘自 GB/T 6170—2015、GB/T 6171—2016、GB/T 41—2016)

1 型六角螺母(摘自 GB/T 6170—2015)

1 型六角头螺母　细牙(摘自 GB/T 6171—2016)

1 型六角螺母　C 级(摘自 GB/T 41—2016)

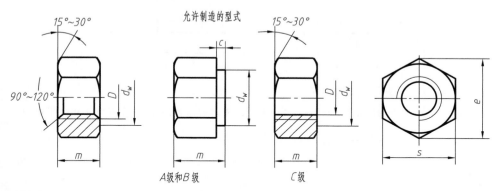

允许制造的型式

A 级和 B 级　　C 级

标记示例:螺母　GB/T 41　M12

　　螺纹规格 $D=$ M12,性能等级为 5 级,不经表面处理,产品等级为 C 级的 1 型六角螺母。

　　螺母　GB/T 6171　M24×2

　　螺母规格 $D=$ M24,螺距 $P=2$ mm,性能等级为 10 级,不经表面处理,产品等级为 B 级的 1 型细牙六角螺母。

mm

螺纹规格	D	M4	M5	M6	M8	M10	M12	M16	M20	M24	M30	M36	M42	M48
	$D×P$	—	—	—	M8× 1	M10× 1	M12× 1.5	M16× 1.5	M20× 2	M24× 2	M30× 2	M36× 3	M42× 3	M48× 3
c		0.4	0.5		0.6				0.8			1		
s_{max}		7	8	10	13	16	18	24	30	36	46	55	65	75
e_{min}	A、B 级	7.66	8.79	11.05	14.38	17.77	20.03	26.75	32.95	39.95	50.85	60.79	72.02	82.6
	C 级	—	8.63	10.89	14.2	17.59	19.85	26.17						
m_{max}	A、B 级	3.2	4.7	5.2	6.8	8.4	10.8	14.8	18	21.5	25.6	31	34	38
	C 级	—	5.6	6.1	7.9	9.5	12.2	15.9	18.7	22.3	26.4	31.5	34.9	38.9
$d_{w min}$	A、B 级	5.9	6.9	8.9	11.6	14.6	16.6	22.5	27.7	33.2	42.7	51.1	60.6	69.4
	C 级	—	6.9	8.7	11.5	14.5	16.5	22						

注:1. P——螺距。

　2. A 级用于 $D\leqslant 16$ mm 的螺母;B 级用于 $D>16$ mm 的螺母;C 级用于 $D\geqslant 5$ mm 的螺母。

　3. 螺纹公差:A、B 级为 6H,C 级为 7H;机械性能等级:A、B 级为 6、8、10 级,C 级为 4、5 级。

表 A-7　平垫圈（摘自 GB/T 97.1、97.2—2002）

平垫圈　A 级（GB/T 97.1—2002）　　　平垫圈　倒角型　A 级（GB/T 97.2—2002）

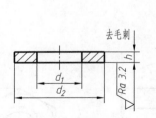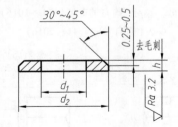

标记示例:垫圈　GB/T 97.1　8—140HV

　　标准系列,公称尺寸 $d=8$ mm,性能等级为 140HV 级,不经表面处理,产品等级为 A 级的平垫圈。

mm

公称尺寸 （螺纹规格）d	3	4	5	6	8	10	12	14	16	20	24	30	36
内径 d_1	3.2	4.3	5.3	6.4	8.4	10.5	13	15	17	21	25	31	37
外径 d_2	7	9	10	12	16	20	24	28	30	37	44	56	66
厚度 h	0.5	0.8	1	1.6	1.6	2	2.5	2.5	3	3	4	4	5

表 A-8　标准型弹簧垫圈（摘自 GB/T 93—1987）

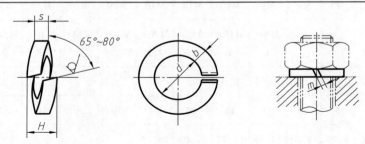

标记示例:垫圈　GB/T 93　10

　　规格 10,材料为 65Mn,表面氧化的标准型弹簧垫圈。

mm

规格 （螺纹大径）	4	5	6	8	10	12	16	20	24	30	36	42	48
$d_{\min}$	4.1	5.1	6.1	8.1	10.2	12.2	16.2	20.2	24.5	30.5	36.5	42.5	48.5
$s=b_{公称}$	1.1	1.3	1.6	2.1	2.6	3.1	4.1	5	6	7.5	9	10.5	12
$m\leqslant$	0.55	0.65	0.8	1.05	1.3	1.55	2.05	2.5	3	3.75	4.5	5.25	6
$H_{\max}$	2.75	3.25	4	5.25	6.5	7.75	10.25	12.5	15	18.75	22.5	26.25	30

注:m 应大于零。

表 A-9　双头螺柱(摘自 GB/T 897～900—1988)

$b_m = d$(GB/T 897—1988)；$b_m = 1.25d$(GB/T 898—1988)；$b_m = 1.5d$(GB/T 899—1988)；$b_m = 2d$(GB/T 900—1988)

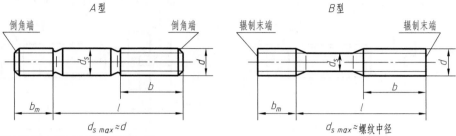

标记示例：螺柱　GB/T 900　M10×50

两端为粗牙普通螺纹，$d = 10$ mm，$l = 50$ mm，性能等级为 4.8 级，不经表面处理，B 型，$b_m = 2d$ 的双头螺柱。

螺柱　GB/T 900　AM10 –10×1×50

旋入机体一端为粗牙普通螺纹，旋入螺母为细牙普通螺纹，螺距 $P = 1$ mm，$d = 10$ mm，$l = 50$ mm，性能等级为 4.8 级，不经表面处理，A 型，$b_m = 2d$ 的双头螺柱。

mm

螺纹规格 d	b_m(旋入机体端长度)				l/b(螺柱长度/旋螺母端长度)				
	GB/T 897 —1988	GB/T 898 —1988	GB/T 899 —1988	GB/T 900 —1988					
M4	—	—	6	8	$\frac{16\sim22}{8}$	$\frac{25\sim40}{14}$			
M5	5	6	8	10	$\frac{16\sim22}{10}$	$\frac{25\sim50}{16}$			
M6	6	8	10	12	$\frac{20\sim22}{10}$	$\frac{25\sim30}{14}$	$\frac{32\sim75}{18}$		
M8	8	10	12	16	$\frac{20\sim22}{12}$	$\frac{25\sim30}{16}$	$\frac{32\sim90}{22}$		
M10	10	12	15	20	$\frac{25\sim28}{14}$	$\frac{30\sim38}{16}$	$\frac{40\sim120}{26}$	$\frac{130}{32}$	
M12	12	15	18	24	$\frac{25\sim30}{14}$	$\frac{32\sim40}{16}$	$\frac{45\sim120}{26}$	$\frac{130\sim180}{26}$	
M16	16	20	24	32	$\frac{30\sim38}{16}$	$\frac{40\sim55}{20}$	$\frac{60\sim120}{30}$	$\frac{130\sim200}{36}$	
M20	20	25	30	40	$\frac{35\sim40}{20}$	$\frac{45\sim65}{30}$	$\frac{70\sim120}{38}$	$\frac{130\sim200}{36}$	
(M24)	24	30	36	48	$\frac{45\sim50}{25}$	$\frac{55\sim75}{35}$	$\frac{80\sim120}{46}$	$\frac{130\sim200}{52}$	
(M30)	30	38	45	60	$\frac{60\sim65}{40}$	$\frac{70\sim90}{50}$	$\frac{95\sim120}{66}$	$\frac{130\sim200}{72}$	$\frac{210\sim250}{85}$
M36	36	45	54	72	$\frac{65\sim75}{45}$	$\frac{80\sim110}{60}$	$\frac{120}{78}$	$\frac{130\sim200}{84}$	$\frac{210\sim300}{97}$
M42	42	52	63	84	$\frac{70\sim80}{50}$	$\frac{85\sim110}{70}$	$\frac{120}{90}$	$\frac{130\sim200}{96}$	$\frac{210\sim300}{109}$
$l_{系列}$	12、(14)、16、(18)、20、(22)、25、(28)、30、(32)、35、(38)、40、45、50、55、60、(65)、70、75、80、(85)、90、(95)、100～260(10 进位)、280、300								

注：1. 尽可能不用括号内的规格。末端按 GB/T 2—2001 规定。

2. $b_m = d$，一般用于钢对钢；$b_m = (1.25～1.5)d$，一般用于钢对铸铁；$b_m = 2d$，一般用于钢对铝合金。

开槽圆柱头螺钉（GB/T 65—2016）

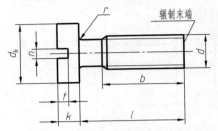

开槽盘头螺钉（GB/T 67—2016）

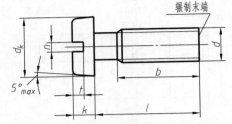

开槽圆沉头螺钉（GB/T 68—2016）

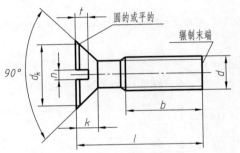

开槽半沉头螺钉（GB/T 69—2016）

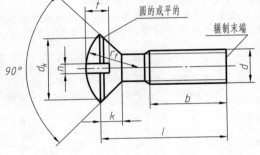

无螺纹部分杆径 ≈ 中径 = 螺纹大径

标记示例：螺钉 GB/T 65　M5×20

螺纹规格 d = M5，公称长度 l = 20 mm，性能等级为 4.8 级，不经表面处理的 A 级开槽圆柱头螺钉。

mm

螺纹规格 d	螺距 P	b_{min}	n 公称	r_f	k_{max}			d_{kmax}			t_{min}				$l_{范围}$
				GB/T 69—2016	GB/T 65—2016	GB/T 67—2016	GB/T 68—2016 GB/T 69—2016	GB/T 65—2016	GB/T 67—2016	GB/T 68—2016 GB/T 69—2016	GB/T 65—2016	GB/T 67—2016	GB/T 68—2016	GB/T 69—2016	
M3	0.5	25	0.8	6	2	1.8	1.65	5.5	5.6	5.5	0.85	0.7	0.6	1.2	4~30
M4	0.7	38	1.2	9.5	2.6	2.4	2.7	7	8	8.4	1.1	1	1	1.6	5~40
M5	0.8	38	1.2	9.5	3.3	3.0	2.7	8.5	9.5	9.3	1.3	1.2	1.1	2	6~50
M6	1	38	1.6	12	3.9	3.6	3.3	10	12	11.3	1.6	1.4	1.2	2.4	8~60
M8	1.25	38	2	16.5	5	4.8	4.65	13	16	15.8	2	1.9	1.8	3.2	10~80
M10	1.5	38	2.5	19.5	6	6	5	16	20	18.3	2.4	2.4	2	3.8	12~80
$l_{系列}$	4、5、6、8、10、12、(14)、16、20、25、30、35、40、50、(55)、60、(65)、70、(75)、80														

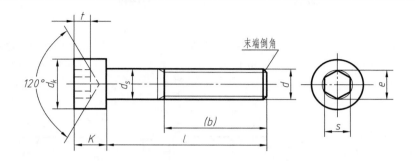

标记示例:螺钉 GB/T 70.1　M5×20

　　螺纹规格 $d=5$ mm,公称长度 $l=20$ mm,性能等级为 8.8 级,表面氧化的内六角圆柱头螺钉。

mm

螺纹规格 d		M4	M5	M6	M8	M10	M12	(M14)	M16	M20	M24	M30
螺距 P		0.7	0.8	1	1.25	1.5	1.75	2	2	2.5	3	3.5
$b_{参考}$		20	22	24	28	32	36	40	44	52	60	72
$d_{k\,max}$	光滑头部	7	8.5	10	13	16	18	21	24	30	36	45
	滚花头部	7.22	8.72	10.22	13.27	16.27	18.27	21.33	24.33	30.33	36.39	45.39
k_{max}		4	5	6	8	10	12	14	16	20	24	30
t_{min}		2	2.5	3	4	5	6	7	8	10	12	22
$s_{公称}$		3	4	5	6	8	10	12	14	17	19	15.5
e_{min}		3.44	4.58	5.72	6.86	9.15	11.43	13.72	16	19.44	21.72	30.35
$d_{s\,max}$		4	5	6	8	10	12	14	16	20	24	30
$l_{范围}$		6~40	8~50	10~60	12~80	16~100	20~120	25~140	25~160	30~200	40~200	45~200
全螺纹时最大长度		25	25	30	35	40	45	55	55	65	80	90
$l_{系列}$		6、8、10、12、(14)、(16)、20~50(5 进位)、(55)、60、(65)、70~160(10 进位)、180、200										

注:1. 尽可能不用括号内的规格。末端按 GB/T 2—2001 规定。

　　2. 机械性能等级:8.8、12.9。

　　3. 螺纹公差:机械性能为 8.8 级时为 6g,12.9 级时为 5g、6g。

　　4. 产品等级:A。

表 A-12　紧定螺钉(摘自 GB/T 71—2018、GB/T 73—2017、GB/T 75—2018)

开槽锥端紧定螺钉　　　　开槽平端紧定螺钉　　　　开槽长圆柱端紧定螺钉
GB/T 71—2018　　　　　GB/T 73—2017　　　　　GB/T 75—2018

标记示例:螺钉 GB/T 71　M5×20

螺纹规格 $d=5$ mm,公称长度 $l=20$ mm,性能等级为 14H 级,表面氧化的开槽锥端紧定螺钉。

mm

螺纹规格 d		M2	M3	M4	M5	M6	M8	M10	M12
螺距 P		0.4	0.5	0.7	0.8	1	1.25	1.5	1.75
$d_{t\,max}$		0.2	0.3	0.4	0.5	1.5	2	2.5	3
$d_{p\,max}$		1	2	2.5	3.5	4	5.5	7	8.5
n		0.25	0.4	0.6	0.8	1	1.2	1.6	2
t_{max}		0.84	1.05	1.42	1.63	2	2.5	3	3.6
z_{max}		1.25	1.75	2.25	2.75	3.25	4.3	5.3	6.3
$l_{范围}$	GB/T 71 —2018	3~10	4~16	6~20	8~25	8~30	10~40	12~50	14~60
	GB/T 73 —2017	2~10	3~16	4~20	5~25	6~30	8~40	10~50	12~60
	GB/T 75 —2018	3~10	5~16	6~20	8~25	8~30	10~40	12~50	14~60
$l_{系列}$		2、2.5、3、4、5、6、8、10、12、(14)、16、20、25、30、35、40、45、50、(55)、60							

注:螺纹公差 6g;机械性能等级 14H、22H;产品等级 A。

表 A-13　普通型平键及平键键槽的尺寸与公差(摘自 GB/T 1096、1095—2003)

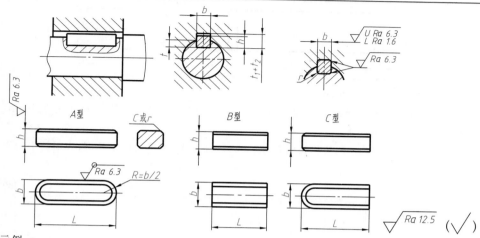

标记示例:

GB/T 1096　键 16×10×100(圆头普通平键,$b=16$ mm,$h=10$ mm,$l=100$ mm)

GB/T 1096　键 B16×10×100(平头普通平键,$b=16$ mm,$h=10$ mm,$l=100$ mm)

GB/T 1096　键 C16×10×100(单圆头普通平键,$b=16$ mm,$h=10$ mm,$l=100$ mm)

mm

键		键槽										
		宽度 b					深度				半径 r	
键尺寸 $b×h$	标准长度范围 L	基本尺寸 (b)	极限偏差				轴 t_1		毂 t_2			
			松联结		正常联结		紧密联结	基本尺寸	极限偏差	基本尺寸	极限偏差	最大	最小
			轴 H9	毂 D10	轴 N9	毂 JS9	轴和毂 P9						
4×4	8~45	4	+0.030　0	+0.078 +0.030	0 −0.030	±0.015	−0.012 −0.042	2.5	+0.10　0	1.8	+0.10　0	0.08	0.16
5×5	10~56	5						3.0		2.3			
6×6	14~70	6						3.5		2.8		0.16	0.25
8×7	18~90	8	+0.036　0	+0.098 +0.040	0 −0.036	±0.018	−0.015 −0.051	4.0		3.3			
10×8	22~110	10						5.0		3.3			
12×8	28~140	12						5.0		3.3			
14×9	36~160	14	+0.043　0	+0.120 +0.050	0 −0.043	±0.022	−0.018 −0.061	5.5		3.8		0.25	0.40
16×10	45~180	16						6.0	+0.20　0	4.3	+0.20　0		
18×11	50~200	18						7.0		4.4			
20×12	56~220	20						7.5		4.9			
22×14	63~250	22	+0.052　0	+0.149 +0.065	0 −0.052	±0.026	−0.022 −0.074	9.0		5.4		0.40	0.60
25×14	70~280	25						9.0		5.4			
28×16	80~320	28						10		6.4			

注:1.$(d-t_1)$ 和 $(d+t_2)$ 两个组合尺寸的极限偏差,按相应的 t_1 和 t_2 的极限偏差选取,但 $(d-t_1)$ 极限偏差应取负号(−)。

2.$l_{系列}$:6~22(2 进位)、25、28、32、36、40、45、50、56、63、70、80、90、100、110、125、140、160、180、200、220、250、280、320、360、400、450、500。

3.键宽 b 的极限偏差为 h9,键宽 h 的极限偏差为 h11,键长 l 的极限偏差为 h14。

表 A-14 圆柱销 不淬硬钢和奥氏体不锈钢(摘自 GB/T 119.1—2000)

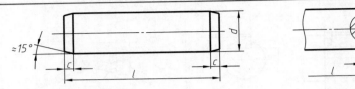

标记示例:销 GB/T 119.1 6m6×30

公称直径 d = 6 mm,公差为 m6,公称长度 l = 30 mm,材料为钢,不经淬火,不经表面处理的圆柱销。

销 GB/T 119.1 6m6×30-A1

公称直径 d = 6 mm,公差为 m6,公称长度 l = 30 mm,材料为 A1 组奥氏体不锈钢,表面简单处理的圆柱销。

mm

d(公称) m6/h8	2	3	4	5	6	8	10	12	16	20	25
$c \approx$	0.35	0.5	0.63	0.8	1.2	1.6	2	2.5	3	3.5	44
$l_{范围}$	6~20	8~30	8~40	10~50	12~60	14~80	18~95	22~140	26~180	35~200	50~200
$l_{系列}$(公称)	2、3、4、5、6~32(2 进位)、35~100(5 进位)、120~200(20 进位)、(公称长度大于 200,按 20 递增)										

表 A-15 圆锥销(摘自 GB/T 117—2000)

A 型(磨削) B 型(切削或冷镦)

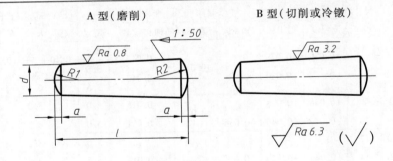

标记示例:销 GB/T 117 10×60

公称直径 d = 10 mm,长度 l = 60 mm,材料为 35 钢,热处理硬度 28~38HRC,表面氧化处理的 A 型圆柱销。

mm

$d_{公称}$	2	2.5	3	4	5	6	8	10	12	16	20	25
$a \approx$	0.25	0.3	0.4	0.5	0.63	0.8	1.0	1.2	1.6	2.0	2.5	3.0
$l_{范围}$	10~35	10~35	12~45	14~55	18~60	22~90	22~120	26~160	32~180	40~200	45~200	50~200
$l_{系列}$	2、3、4、5、6~32(2 进位)、35~100(5 进位)、120~200(20 进位)、(公称长度大于 200,按 20 递增)											

表 A-16　滚动轴承(摘自 GB/T 276—2013,GB/T 297、301—2015) 　　　　　mm

深沟球轴承 (摘自 GB/T 276—2013)	圆锥滚子轴承 (摘自 GB/T 297—2015)	推力球轴承 (摘自 GB/T 301—2015)
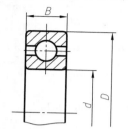	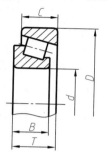	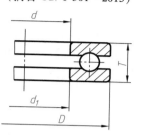
标记示例: 滚动轴承 6310 GB/T 276	标记示例: 滚动轴承 30212 GB/T 297	标记示例: 滚动轴承 51305 GB/T 301

轴承 型号	d	D	B	轴承 型号	d	D	B	C	T	轴承 型号	d	D	T	d₁
尺寸系列〔(0)2〕				尺寸系列〔02〕						尺寸系列〔12〕				
6202	15	35	11	30203	17	40	12	11	13.25	51202	15	32	12	17
6203	17	40	12	30204	20	47	14	12	15.25	51203	17	35	12	19
6204	20	47	14	30205	25	52	15	13	16.25	51204	20	40	14	22
6205	25	52	15	30206	30	62	16	14	17.25	51205	25	47	15	27
6206	30	62	16	30207	35	72	17	15	18.25	51206	30	52	16	32
6207	35	72	17	30208	40	80	18	16	19.75	51207	35	62	18	37
6208	40	80	18	30209	45	85	19	16	20.75	51208	40	68	19	42
6209	45	85	19	30210	50	90	20	17	21.75	51209	45	73	20	47
6210	50	90	20	30211	55	100	21	18	22.75	51210	50	78	22	52
6211	55	100	21	30212	60	110	22	19	23.75	51211	55	90	25	57
6212	60	110	22	30213	65	120	23	20	24.75	51212	60	95	26	62
尺寸系列〔(0)3〕				尺寸系列〔03〕						尺寸系列〔13〕				
6302	15	42	13	30302	15	42	13	11	14.25	51304	20	47	18	22
6303	17	47	14	30303	17	47	14	12	15.25	51305	25	52	18	27
6304	20	52	15	30304	20	52	15	13	16.25	51306	30	60	21	32
6305	25	62	17	30305	25	62	17	15	18.25	51307	35	68	24	37
6306	30	72	19	30306	30	72	19	16	20.75	51308	40	78	26	42
6307	35	80	21	30307	35	80	21	18	22.75	51309	45	85	28	47
6308	40	90	23	30308	40	90	23	20	25.25	51310	50	95	31	52
6309	45	100	25	30309	45	100	25	22	27.25	51311	55	105	35	57
6310	50	110	27	30310	50	110	27	23	29.25	51312	60	110	35	62
6311	55	120	29	30311	55	120	29	25	31.50	51313	65	115	36	67
6312	60	130	31	30312	60	130	31	26	33.50	51314	70	125	40	72

注:圆括号中的尺寸系列代号在轴承代号中省略。

表 A-17 标准公差（摘自 GB/T 1800.1—2020）

公称尺寸/mm		标准公差等级																	
大于	至	IT1	IT2	IT3	IT4	IT5	IT6	IT7	IT8	IT9	IT10	IT11	IT12	IT13	IT14	IT15	IT16	IT17	IT18
		μm											mm						
—	3	0.8	1.2	2	3	4	6	10	14	25	40	60	0.1	0.14	0.25	0.4	0.6	1	1.4
3	6	1	1.5	2.5	4	5	8	12	18	30	48	75	0.12	0.18	0.3	0.48	0.75	1.2	1.8
6	10	1	1.5	2.5	4	6	9	15	22	36	58	90	0.15	0.22	0.36	0.58	0.9	1.5	2.2
10	18	1.2	2	3	5	8	11	18	27	43	70	110	0.18	0.27	0.43	0.7	1.1	1.8	2.7
18	30	1.5	2.5	4	6	9	13	21	33	52	84	130	0.21	0.33	0.52	0.84	1.3	2.1	3.3
30	50	1.5	2.5	4	7	11	16	25	39	62	100	160	0.25	0.39	0.62	1	1.6	2.5	3.9
50	80	2	3	5	8	13	19	30	46	74	120	190	0.3	0.46	0.74	1.2	1.9	3	4.6
80	120	2.5	4	6	10	15	22	35	54	87	140	220	0.35	0.54	0.87	1.4	2.2	3.5	5.4
120	180	3.5	5	8	12	18	25	40	63	100	160	250	0.4	0.63	1	1.6	2.5	4	6.3
180	250	4.5	7	10	14	20	29	46	72	115	185	290	0.46	0.72	1.15	1.85	2.9	4.6	7.2
250	315	6	8	12	16	23	32	52	81	130	210	320	0.52	0.81	1.3	2.1	3.2	5.2	8.1
315	400	7	9	13	18	25	36	57	89	140	230	360	0.57	0.89	1.4	2.3	3.6	5.7	8.9
400	500	8	10	15	20	27	40	63	97	155	250	400	0.63	0.97	1.55	2.5	4	6.3	9.7
500	630	9	11	16	22	32	44	70	110	175	280	440	0.7	1.1	1.75	2.8	4.4	7	11
630	800	10	13	18	25	36	50	80	125	200	320	500	0.8	1.25	2	3.2	5	8	12.5
800	1 000	11	15	21	28	40	56	90	140	230	360	560	0.9	1.4	2.3	3.6	5.6	9	14
1 000	1 250	13	18	24	33	47	66	105	165	260	420	660	1.05	1.65	2.6	4.2	6.6	10.5	16.5
1 250	1 600	15	21	29	39	55	78	125	195	310	500	780	1.25	1.95	3.1		7.8	12.5	19.5
1 600	2 000	18	25	35	46	65	92	150	230	370	600	920	1.5	2.3	3.7	6	9.2	15	23
2 000	2 500	22	30	41	55	78	110	175	280	440	700	1 100	1.75	2.8	4.4	7	11	17.5	28
2 500	3 150	26	36	50	68	96	135	210	330	540	860	1 350	2.1	3.3	5.4	8.6	13.5	21	33

注：1. 公称尺寸大于 500 mm 的 IT1 至 IT5 的标准公差数值为试行的。

2. 公称尺寸小于或等于 1 mm 时，无 IT14 至 IT18。

表 A-18　优先配合中轴的极限偏差（摘自 GB/T 1800.2—2020）　μm

公称尺寸/mm 大于	至	c 11	d 9	f 7	g 6	h 6	h 7	h 8	h 9	h 11	k 6	n 6	p 6	s 6	u 6
—	3	−60 −120	−20 −45	−6 −16	−2 −8	0 −6	0 −10	0 −14	0 −25	0 −60	+6 0	+10 +4	+12 +6	+20 +14	+24 +18
3	6	−70 −145	−30 −60	−10 −22	−4 −12	0 −8	0 −12	0 −18	0 −30	0 −75	+9 +1	+16 +8	+20 +12	+27 +19	+31 +23
6	10	−80 −170	−40 −76	−13 −28	−5 −14	0 −9	0 −15	0 −22	0 −36	0 −90	+10 +1	+19 +10	+24 +15	+32 +23	+37 +28
10	14	−95 −205	−50 −93	−16 −34	−6 −17	0 −11	0 −18	0 −27	0 −43	0 −110	+12 +1	+23 +12	+29 +18	+39 +28	+44 +33
14	18	−95 −205	−50 −93	−16 −34	−6 −17	0 −11	0 −18	0 −27	0 −43	0 −110	+12 +1	+23 +12	+29 +18	+39 +28	+44 +33
18	24	−110 −240	−65 −117	−20 −41	−7 −20	0 −13	0 −21	0 −33	0 −52	0 −130	+15 +2	+28 +15	+35 +22	+48 +35	+54 +41
24	30	−110 −240	−65 −117	−20 −41	−7 −20	0 −13	0 −21	0 −33	0 −52	0 −130	+15 +2	+28 +15	+35 +22	+48 +35	+61 +48
30	40	−120 −280	−80 −142	−25 −50	−9 −25	0 −16	0 −25	0 −39	0 −62	0 −160	+18 +2	+33 +17	+42 +26	+59 +43	+76 +60
40	50	−130 −290	−80 −142	−25 −50	−9 −25	0 −16	0 −25	0 −39	0 −62	0 −160	+18 +2	+33 +17	+42 +26	+59 +43	+86 +70
50	65	−140 −330	−100 −174	−30 −60	−10 −29	0 −19	0 −30	0 −46	0 −74	0 −190	+21 +2	+39 +20	+51 +32	+72 +53	+106 +87
65	80	−150 −340	−100 −174	−30 −60	−10 −29	0 −19	0 −30	0 −46	0 −74	0 −190	+21 +2	+39 +20	+51 +32	+78 +59	+121 +102
80	100	−170 −390	−120 −207	−36 −71	−12 −34	0 −22	0 −35	0 −54	0 −87	0 −220	+25 +3	+45 +23	+59 +37	+93 +71	+146 +124
100	120	−180 −400	−120 −207	−36 −71	−12 −34	0 −22	0 −35	0 −54	0 −87	0 −220	+25 +3	+45 +23	+59 +37	+101 +79	+166 +144

公称尺寸/mm		公差带													
		c	d	f	g	h					k	n	p	s	u
大于	至	11	9	7	6	6	7	8	9	11	6	6	6	6	6
120	140	−200/−450												+117/+92	+195/+170
140	160	−210/−460	−145/−245	−43/−83	−14/−39	0/−25	0/−40	0/−63	0/−100	0/−250	+28/+3	+52/+27	+68/+43	+125/+100	+215/+190
160	180	−230/−480												+133/+108	+235/+210
180	200	−240/−530												+151/+122	+265/+236
200	225	−260/−550	−170/−285	−50/−96	−15/−44	0/−29	0/−46	0/−72	0/−115	0/−290	+33/+4	+60/+31	+79/+50	+159/+130	+287/+258
225	250	−280/−570												+169/+140	+313/+284
250	280	−300/−620	−190/−320	−56/−108	−17/−49	0/−32	0/−52	0/−81	0/−130	0/−320	+36/+4	+66/+34	+88/+56	+190/+158	+347/+315
280	315	−330/−650												+202/+170	+382/+350
315	355	−360/−720	−210/−350	−62/−119	−18/−54	0/−36	0/−57	0/−89	0/−140	0/−360	+40/+4	+73/+37	+98/+62	+226/+190	+426/+390
355	400	−400/−760												+244/+208	+471/+435
400	450	−440/−840	−230/−385	−68/−131	−20/−60	0/−40	0/−63	0/−97	0/−155	0/−400	+45/+5	+80/+40	+108/+68	+272/+232	+530/+490
450	500	−480/−880												+292/+252	+580/+540

表 A-19　优先配合中孔的极限偏差(摘自 GB/T 1800.2—2020) μm

| 公称尺寸/mm | | 公差带 | | | | | | | | | | | | | |
大于	至	C11	D9	F8	G7	H7	H8	H9	H10	H11	K7	N7	P7	S7	U7
—	3	+120 / +60	+45 / +20	+20 / +6	+12 / +2	+10 / 0	+14 / 0	+25 / 0	+40 / 0	+60 / 0	0 / −10	−4 / −14	−6 / −16	−14 / −24	−18 / −28
3	6	+145 / +70	+60 / +30	+28 / +10	+16 / +4	+12 / 0	+18 / 0	+30 / 0	+48 / 0	+75 / 0	+3 / −9	−4 / −16	−8 / −20	−15 / −17	−19 / −31
6	10	+170 / +80	+76 / +40	+35 / +13	+20 / +5	+15 / 0	+22 / 0	+36 / 0	+58 / 0	+90 / 0	+5 / −10	−4 / −19	−9 / −24	−17 / −32	−22 / −37
10	14	+205 / +95	+93 / +50	+43 / +16	+24 / +6	+18 / 0	+27 / 0	+43 / 0	+70 / 0	+110 / 0	+6 / −12	−5 / −23	−11 / −29	−21 / −39	−26 / −44
14	18														
18	24	+240 / +110	+117 / +65	+53 / +20	+28 / +7	+21 / 0	+33 / 0	+52 / 0	+84 / 0	+130 / 0	+6 / −15	−7 / −28	−14 / −35	−27 / −48	−33 / −54
24	30														−40 / −61
30	40	+280 / +120	+142 / +80	+64 / +25	+34 / +9	+25 / 0	+39 / 0	+62 / 0	+100 / 0	+160 / 0	+7 / −18	−8 / −33	−17 / −42	−34 / −59	−51 / −76
40	50	+290 / +130													−61 / −86
50	65	+330 / +140	+174 / +100	+76 / +30	+40 / +10	+30 / 0	+46 / 0	+74 / 0	+120 / 0	+190 / 0	+9 / −21	−9 / −39	−21 / −51	−42 / −72	−76 / −106
65	80	+340 / +150												−48 / −78	−91 / −121
80	100	+390 / +170	+207 / +120	+90 / +36	+47 / +12	+35 / 0	+54 / 0	+87 / 0	+140 / 0	+220 / 0	+10 / −25	−10 / −45	−24 / −59	−58 / −93	−111 / −146
100	120	+400 / +180												−66 / −101	−131 / −166

公称尺寸/mm 大于	至	公差带 C 11	D 9	F 8	G 7	H 7	H 8	H 9	H 10	H 11	K 7	N 7	P 7	S 7	U 7
120	140	+450 +20												−77 −117	−155 −195
140	160	+460 +210	+245 +145	+106 +43	+54 +14	+40 0	+63 0	+100 0	+160 0	+250 0	+12 −28	−12 −52	−28 −68	−85 −125	−175 −215
160	180	+480 +230												−93 −133	−195 −235
180	200	+530 +240												−105 −151	−219 −265
200	225	+550 +260	+285 +170	+122 +50	+61 +15	+46 0	+72 0	+115 0	+185 0	+290 0	+13 −33	−14 −60	−33 −79	−113 −159	−241 −287
225	250	+570 +280												−123 −169	−267 −313
250	280	+620 +300	+320 +190	+137 +56	+69 +17	+52 0	+81 0	+130 0	+210 0	+320 0	+16 −36	−14 −66	−36 −88	−138 −190	−295 −347
280	315	+650 +330												−150 −202	−330 −382
315	355	+720 +360	+350 +210	+151 +62	+75 +18	+57 0	+89 0	+140 0	+230 0	+360 0	+17 −40	−16 −73	−41 −98	−169 −226	−369 −426
355	400	+760 +400												−187 −244	−414 −471
400	450	+840 +440	+385 +230	+165 +68	+83 +20	+63 0	+97 0	+155 0	+250 0	+400 0	+18 −45	−17 −80	−45 −108	−209 −272	−467 −530
450	500	+880 +480												−229 −292	−517 −580

表 A–20　零件倒圆与倒角 (摘自 GB/T 6403. 4—2008)

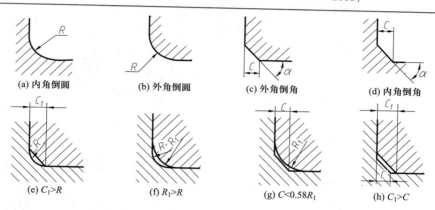

(a) 内角倒圆　　(b) 外角倒圆　　(c) 外角倒角　　(d) 内角倒角

(e) $C_1>R$　　(f) $R_1>R$　　(g) $C<0.58R_1$　　(h) $C_1>C$

mm

直径 D		~ 3		>3 ~ 6		>6 ~ 10		>10 ~18	>18 ~30	>30 ~ 50		>50 ~ 80
C、R	R_1	0.1	0.2	0.3	0.4	0.5	0.6	0.8	1.0	1.2	1.6	2.0
C_{max} ($C<0.58R_1$)		—	0.1	0.1	0.2	0.2	0.3	0.4	0.5	0.6	0.8	1.0
直径 D		>80 ~120	>120 ~180	>180 ~250	>250 ~320	>320 ~400	>400 ~500	>500 ~630	>630 ~800	>800 ~1 000	>1 000 ~1 250	>1 250 ~1 600
C、R	R_1	2.5	3.0	4.0	5.0	6.0	8.0	10	12	16	20	25
C_{max} ($C<0.58R_1$)		1.2	1.6	2.0	2.5	3.0	4.0	5.0	6.0	8.0	10	12

注:α 一般采用 45°,也可采用 30° 或 60°。

表 A–21　砂轮越程槽 (摘自 GB/T 6403. 5—2008)

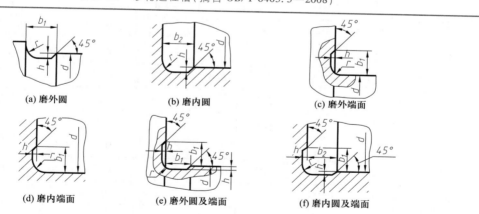

(a) 磨外圆　　(b) 磨内圆　　(c) 磨外端面

(d) 磨内端面　　(e) 磨外圆及端面　　(f) 磨内圆及端面

mm

d		~ 10		>10 ~ 50		>50 ~ 100		>100	
b_1	0.6	1.0	1.6	2.0	3.0	4.0	5.0	8.0	10
b_2	2.0	3.0		4.0		5.0			
h	0.1	0.2		0.3	0.4	0.6		0.8	1.2
r	0.2	0.5		0.8	1.0	1.6		2.0	3.0

表 A-22 普通螺纹收尾、肩距、退刀槽和倒角（摘自 GB/T 3—1997）

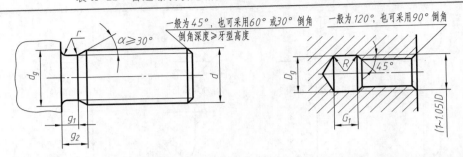

mm

螺距 P	粗牙螺纹大径 d、D	外螺纹				内螺纹			
		g_2 max	g_1 min	d_g	$r \approx$	G_1		D_g	$R \approx$
						一般	短的		
0.5	3	1.5	0.8	$d-0.8$	0.2	2	1		0.2
0.6	3.5	1.8	0.9	$d-1$		2.4	1.2		0.3
0.7	4	2.1	1.1	$d-1.1$	0.4	2.8	1.4	$D+0.3$	0.4
0.75	4.5	2.25	1.2	$d-1.2$		3	1.5		
0.8	5	2.4	1.3	$d-1.3$		3.2	1.6		
1	6 : 7	3	1.6	$d-1.6$	0.6	4	2		0.5
1.25	8 : 9	3.75	2	$d-2$		5	2.5		0.6
1.5	10 : 11	4.5	2.5	$d-2.3$	0.8	6	3		0.8
1.75	12	5.25	3	$d-2.6$	1	7	3.5		0.9
2	14 : 16	6	3.4	$d-3$		8	4		1
2.5	18 : 20	7.5	4.4	$d-3.6$	1.2	10	5		1.2
3	24 : 27	9	5.2	$d-4.4$	1.6	12	6	$D+0.5$	1.5
3.5	30 : 33	10.5	6.2	$d-5$		14	7		1.8
4	36 : 39	12	7	$d-5.7$	2	16	8		2
4.5	42 : 45	13.5	8	$d-6.4$	2.5	18	9		2.2
5	48 : 52	15	9	$d-7$		20	10		2.5
5.5	56 : 60	17.5	11	$d-7.7$	3.2	22	11		2.8
6	64 : 68	18	11	$d-8.3$		24	12		3
参考值	—	$\approx 3P$	—	—	—	$\approx 4P$	$\approx 2P$	—	$\approx 0.5P$

注：1. d、D 为螺纹公称直径代号。"短"退刀槽仅在结构受限时采用。

2. d_g公差：$d>3$ mm 时，为 h13；$d \leqslant 3$ mm 时，为 h12。D_g公差为 H13。

表 A-23　紧固件　螺栓和螺钉通孔（GB/T 5277—1985），紧固件　沉头螺钉用沉孔（GB/T 152.2—2014），紧固件　圆柱头用沉孔（GB/T 152.3—1988），紧固件　六角头螺栓和六角螺母用沉孔（GB/T 152.4—1988）

螺纹规格			2	2.5	3	4	5	6	8	10	12	14	16	18	20
通孔直径	精装配		2.2	2.7	3.2	4.3	5.3	6.4	8.4	10.5	13	15	17	19	21
	中等装配		2.4	2.9	3.4	4.5	5.5	6.6	8.9	11	13.5	15.5	17.5	20	22
	粗装配		2.6	3.1	3.6	4.8	5.8	7	10	12	14.5	16.5	18.5	21	23
用于六角头螺栓联接 t 刮平为止（GB/T 152.4—1988）		d_2	6	8	9	10	11	13	18	22	26	30	33	36	40
		d_3	—	—	—	—	—	—	—	—	16	18	20	22	24
		d_1	2.4	2.9	3.4	4.5	5.5	6.6	8.9	11	13.5	15.5	17.5	20	22
用于圆柱头螺钉联接（GB/T 152.3—1988）	GB/T 70.1—2008	d_2	4.3	5.0	6.0	8.0	10	11	15	18	20	24	26	—	33
		t	2.3	2.9	3.4	4.6	5.7	6.8	9	11	13	15	17.5	—	21.5
		d_3	—	—	—	—	—	—	—	—	16	18	20	—	24
		d_1	2.4	2.9	3.4	4.5	5.5	6.6	8.9	11	13.5	15.5	17.5	—	22
	GB/T 65—2016 GB/T 67—2016	d_2	—	—	—	8.0	10	11	15	18	20	24	26	—	33
		t	—	—	—	3.2	4	4.7	6	7	8	9	10.5	—	12.5
		d_3	—	—	—	—	—	—	—	—	16	18	20	—	24
		d_1	—	—	—	4.5	5.5	6.6	8.9	11	13.5	15.5	17.5	—	22
用于沉头、半沉头螺钉联接（GB/T 152.2—2014）		d_2	4.5	5.6	6.4	9.6	10.6	12.8	17.6	20.3	24.4	28.4	32.4	—	40.4
		t	1.2	1.5	1.6	2.7	2.7	3.3	4.6	5	6	7	8	—	10
		d_1	2.4	2.9	3.4	4.5	5.5	6.6	8.9	11	13.5	15.5	17.5	—	22

表 A-24　滚花(摘自 GB/T 6403.3—2008)

直纹滚花　　　　网纹滚花

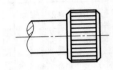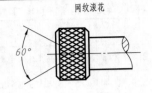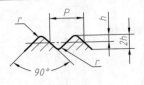

标记示例:

　　直纹 $m = 0.3$　GB/T 6403.3

　　模数 $m = 0.3$　直纹滚花

mm

模数 m	h	r	节距 P
0.2	0.132	0.06	0.628
0.3	0.198	0.09	0.942
0.4	0.264	0.12	1.257
0.5	0.326	0.16	1.571

　　注:1. 表中 $h = 0.785m - 0.414r$。

　　　2. 滚花前零件表面 Ra 值不得低于 $12.5~\mu m$。

　　　3. 滚花后零件外径略增大,增量 $\Delta = (0.8 \sim 1.6)m$。

表 A-25　常用金属材料

标准	名称	牌号		应用举例	说明
GB/T 700—2006	碳素结构钢	Q215	A 级	金属结构件、拉杆、套圈、铆钉、螺栓、短轴、心轴、凸轮(载荷不大的)、垫圈、渗碳零件及焊接件	"Q"为碳素结构钢屈服点"屈"字的汉语拼音首位字母,后面的数字表示屈服点的数值。如 Q235 表示碳素结构钢的屈服点为 235 MPa 新旧牌号对照: Q215——A2 Q235——A3 Q275——A5
			B 级		
		Q235	A 级	金属结构件,心部强度要求不高的渗碳或氰化零件、吊钩、拉杆、套圈、汽缸、齿轮、螺栓、螺母、连杆、轮轴、楔、盖及焊接件	
			B 级		
			C 级		
			D 级		
		Q275		轴、轴销、刹车杆、螺母、螺栓、垫圈、连杆、齿轮以及其他强度较高的零件	

标准	名称	牌号	应用举例	说明
GB/T 699—2015	优质碳素结构钢	10	用于拉杆、卡头、垫圈、铆钉及用做焊接零件	牌号的两位数字表示平均碳的质量分数，45钢即表示碳的质量分数为0.45%； 碳的质量分数≤0.25%的碳钢属低碳钢（渗碳钢）； 碳的质量分数在（0.25～0.6）%之间的碳钢属中碳钢（调质钢）； 碳的质量分数>0.6%的碳钢属高碳钢； 锰的质量分数较高的钢，须加注化学元素符号Mn
		15	用于受力不大和韧性较高的零件、渗碳零件及紧固件（如螺栓、螺钉）、法兰盘和化工贮器	
		35	用于制造曲轴、转轴、轴销、杠杆、连杆、螺栓、螺母、垫圈、飞轮（多在正火、调质下使用）	
		45	用于要求综合力学性能高的各种零件，通常经正火或调质处理后使用。用于制造轴、齿轮、齿条、链轮、螺栓、螺母、销钉、键、拉杆等	
		60	用于制造弹簧、弹簧垫圈、凸轮、轧辊等	
		15Mn	制作心部力学性能要求较高且需渗碳的零件	
		65Mn	用于要求耐磨性高的圆盘、衬板、齿轮、花键轴及弹簧等	
GB/T 3077—2015	合金结构钢	20Mn2	用于渗碳小齿轮、小轴、活塞销、柴油机套筒、气门推杆、缸套等	钢中加入一定量的合金元素，提高了钢的力学性能和耐磨性，也提高了钢的淬透性，保证金属在较大截面上获得高的力学性能
		15Cr	用于要求心部韧性较高的渗碳零件，如船舶主机用螺栓、活塞销、凸轮、凸轮轴、汽轮机套环、机车小零件等	
		40Cr	用于受变载、中速、中载、强烈磨损而无很大冲击的重要零件，如重要的齿轮、轴、曲轴、连杆、螺栓、螺母等	
		35SiMn	耐磨、耐疲劳性均佳，适用于小型轴类、齿轮及430℃以下的重要紧固件等	
		20CrMnTi	工艺性特优，强度、韧性均高，可用于承受高速、中等或重负荷以及冲击、磨损等的重要零件，如渗碳齿轮、凸轮等	

标准	名称	牌号	应用举例	说明
GB/T 11352—2009	一般工程用铸造碳钢件	ZG230-450	轧机机架、铁道车辆摇枕、侧梁、机座、箱体、锤轮、450℃以下的管路附件等	"ZG"为"铸钢"汉语拼音的首位字母，后面的数字表示屈服点和抗拉强度。如ZG230-450表示屈服点为230 MPa，抗拉强度为450 MPa
		ZG310-570	适用于各种形状的零件，如联轴器、齿轮、气缸、轴、机架、齿圈等	
GB/T 9439—2010	灰铸铁件	HT150	用于小负荷和对耐磨性无特殊要求的零件，如端盖、外罩、手轮、一般机床的底座、床身及其复杂零件、滑台、工作台和低压管件等	"HT"为"灰铁"的汉语拼音的首位字母，后面的数字表示抗拉强度。如HT200表示抗拉强度为200 MPa的灰铸铁
		HT200	用于中等负荷和对耐磨性有一定要求的零件，如机床床身、立柱、飞轮、气缸、泵体、轴承座、活塞、齿轮箱、阀体等	
		HT250	用于中等负荷和对耐磨性有一定要求的零件，如阀壳、油缸、气缸、联轴器、机体、齿轮、齿轮箱外壳、飞轮、液压泵和滑阀的壳体等	
GB/T 1176—2013	5-5-5锡青铜	ZCuSn5Pb5Zn5	耐磨性和耐蚀性均好，易加工，铸造性和气密性较好。用于较高负荷、中等滑动速度下工作的耐磨、耐腐蚀零件，如轴瓦、衬套、缸套、活塞、离合器、蜗轮等	"Z"为"铸造"汉语拼音的首位字母，各化学元素后面的数字表示该元素含量的百分数，如ZCuAl10Fe3表示：$w_{Al} = 8.1\% \sim 11\%$ $w_{Fe} = 2\% \sim 4\%$ 其余为Cu的铸造铝青铜
	10-3铝青铜	ZCuAl10Fe3	机械性能高，耐磨性、耐蚀性、抗氧化性好，可以焊接，不易钎焊，大型铸件自700℃空冷可防止变脆。可用于制造强度高、耐磨、耐蚀的零件，如蜗轮、轴承、衬套、管嘴、耐热管配件等	
	25-6-3-3铝黄铜	ZCuZn25Al6Fe3Mn3	有很高的力学性能，铸造性良好，耐蚀性较好，有应力腐蚀开裂倾向，可以焊接。适用于高强耐磨零件，如桥梁支承板、螺母、螺杆、耐磨板、滑块、蜗轮等	

标准	名称	牌号	应用举例	说明
GB/T 1176—2013	58-2-2 锰黄铜	ZCuZn38 Mn2Pb2	有较高的力学性能和耐蚀性,耐磨性较好,切削性良好。可用于一般用途的构件,船舶仪表等使用的外形简单的铸件,如套筒、衬套、轴瓦、滑块等	
GB/T 1173—2013	铸造铝合金	ZAlSi12 代号 ZL102	用于制造形状复杂,负荷小、耐腐蚀和薄壁零件和工作温度≤200℃的高气密性零件	$w_{Si}=10\%\sim13\%$ 的铝硅合金
GB/T 3190—2020	硬铝	2Al2 (原 LY12)	焊接性能好,适于制作高载荷的零件及构件(不包括冲压件和锻件)	2Al2表示 $w_{Cu}=3.8\%\sim4.9\%$、$w_{Mg}=1.2\%\sim1.8\%$、$w_{Mn}=0.3\%\sim0.9\%$ 的硬铝
	工业纯铝	1060 (代 12)	塑性、耐腐蚀性高,焊接性好,强度低。适于制作贮槽、热交换器、防污染及深冷设备等	1060 表示含杂质 ≤0.4% 的工业纯铝

表 A-26 常用非金属材料

标准	名称	牌号	说明	应用举例
GB/T 539—2008	耐油石棉橡胶板	NY250 HNY300	有 0.4~3.0 mm 的十种厚度规格	供航空发动机用的煤油、润滑油及冷气系统结合处的密封衬垫材料
GB/T 5574—2008	耐酸碱橡胶板	2707 2807 2709	较高硬度 中等硬度	具有耐酸碱性能,在温度-30℃~+60℃的20%浓度的酸碱液体中工作,用于冲制密封性能较好的垫圈
	耐油橡胶板	3707 3807 3709 3809	较高硬度	可在一定温度的全损耗系统用油、变压器油、汽油等介质中工作,适用于冲制各种形状的垫圈
	耐热橡胶板	4708 4808 4710	较高硬度 中等硬度	可在-30℃~+100℃,且压力不大的条件下,于热空气、蒸汽介质中工作,用于冲制各种垫圈及隔热垫板

表 A-27　材料常用热处理和表面处理名词解释

名称	代号	说明	目的
退火	5111	将钢件加热到适当温度,保温一段时间,然后以一定速度缓慢冷却	实现材料在性能和显微组织上的预期变化,如细化晶粒、消除应力等,并为下道工序进行显微组织准备
正火	5121	将钢件加热到临界温度以上,保温一段时间,然后在空气中冷却	调整钢件硬度,细化晶粒,改善加工性能,为淬火或球化退火做好显微组织准备
淬火	5131	将钢件加热到临界温度以上,保温一段时间,然后急剧冷却	提高机件强度及耐磨性。但淬火后会引起内应力,钢件变脆,所以淬火后必须回火
回火	5141	将淬火后的钢件重新加热到临界温度以下某一温度,保温一段时间冷却	降低淬火后的内应力和脆性,保证零件尺寸稳定性
调质	5151	淬火后在 500~700℃ 进行高温回火	提高韧性及强度。重要的齿轮、轴及丝杠等零件需调质
感应加热淬火	5132	用高频电流将零件表面迅速加热到临界温度以上,急速冷却	提高机件表面的硬度及耐磨性,而心部又保持一定的韧性,使零件既耐磨又能承受冲击,常用来处理齿轮等
渗碳及直接淬火	5311g	将零件在渗碳剂中加热,使碳渗入钢的表面后,再淬火回火	提高机件表面的硬度、耐磨性、抗拉强度等。主要适用于低碳结构钢的中小型零件
渗氮	5330	将零件放入氨气内加热,使渗氮工作表面获得含氮强化层	提高机件表面的硬度、耐磨性、疲劳强度和抗蚀能力。适用于合金钢、碳钢、铸铁件,如机床主轴、丝杠、重要液压元件中的零件
时效处理	时效	机件精加工前,加热到 100~150℃ 后,保温 5~20 h,空气冷却;铸件可天然时效露天放一年以上	消除内应力,稳定机件形状和尺寸,常用于处理精密机件,如精密轴承、精密丝杠等

名称	代号	说明	目的
发蓝发黑	发蓝或发黑	将零件置于氧化性介质内加热氧化,使表面形成一层氧化铁保护膜	防腐蚀、美化,如用于螺纹连接件
镀镍	镀镍	用电解方法,在钢件表面镀一层镍	防腐蚀、美化
镀铬	镀铬	用电解方法,在钢件表面镀一层铬	提高机件表面的硬度、耐磨性和耐蚀能力,也用于修复零件上磨损的表面
硬度	HBW(布氏硬度) HRC(洛氏硬度) HV(维氏硬度)	材料抵抗硬物压入其表面的能力,依测定方法不同有布氏、洛氏、维氏硬度等几种	用于检验材料经热处理后的硬度。HBW 用于退火、正火、调质的零件及铸件;HRC 用于经淬火、回火及表面渗碳、渗氮等处理的零件;HV 用于薄层硬化零件

附录B
AutoCAD 2020常用命令表

命令在 AutoCAD 的应用中起着非常重要的作用,命令的执行主要有两种方式:

(1)点击菜单、工具栏、状态栏或者快捷菜单中相应的命令选项。

(2)直接在命令行中输入需要执行的命令后,按回车键或空格键。

本附录按字母顺序列出了 AutoCAD 2020 的常用命令及其功能说明,供用户查找。其中带有命令别名的命令可直接键入命令别名,实现命令的快速输入。

命令	命令别名	命令说明
3D		
3Dalign		在二维和三维空间中将对象与其他对象对齐
3Darray	3A	以矩形或环形方式创建对象的三维矩阵
3Dcorbit		在三维空间中连续旋转视图
3Ddistance		启动交互式三维视图并使对象显示得更近或更远
3Dface	3F	在三维空间中创建三侧面或四侧面的曲面
3Dfly		交互式更改图形中的三维视图以创建在模型中飞行的外观
3Dmove		创建自由形式的多边形网格
3Dorbit	3DO	在三维空间中旋转视图,但仅限于水平动态观察和垂直动态观察
3Dosnap		设定三维对象的对象捕捉模式
3Dpan		图形位于透视视图中时,启动交互式三维视图,并允许用户水平和垂直拖动视图
3Dpoly	3P	创建三维多段线
3Dprint		将三维模型发送到三维打印服务
3Drotate		在三维视图中,显示三维旋转小控件以协助绕基点旋转三维对象
3Dscale		在三维视图中,显示三维缩放小控件以协助调整三维对象的大小

命令	命令别名	命令说明
3Dzoom		在透视视图中放大和缩小
A		
Adcclose		关闭设计中心
Adcenter	ADC	管理和插入诸如块、外部参照和填充图案等内容
Adjust		调整选定图像或参考底图（DWF、DWFx、PDF 或 DGN）的淡入度、对比度和单色设置
Align	AL	在二维和三维空间中将对象与其他对象对齐
Appload	AP	加载和卸载应用程序,定义要在启动时加载的应用程序
Arc	A	创建圆弧
Area	AA	计算对象或所定义区域的面积和周长
Array	AR	创建按图形中对象的多个副本
Arx		加载、卸载 ObjectARX 应用程序并提供相关信息
Attach		将外部参照、图像或参考底图（DWF、DWFx、PDF 或 DGN 文件）插入到当前图形中
Attdef	ATT,DDATTDEF	创建用于在块中存储数据的属性定义
Attedit	ATE	更改块中的属性信息
B		
Base		为当前图形设置插入基点
Bedit		在块编辑器中打开块定义
Blend		在两条选定直线或曲线之间的间隙中创建样条曲线
Block	B	从选定的对象中创建一个块定义
Boundary	BO	从封闭区域创建面域或多段线
Box		创建三维实体长方体
Break	BR	在两点之间打断选定对象
Bsave		保存当前块定义
Bsaveas		用新名称保存当前块定义的副本
C		
Chamfer	CHA	给对象加倒角
Chamferedge		为三维实体边和曲面边建立倒角
Change	CH	更改现有对象的特性

命令	命令别名	命令说明
Circle	C	创建圆
Clip		根据指定边界修剪选定的外部参照、图像、视口或参考底图（DWF、DWFx、PDF 或 DGN）
Close		关闭当前图形
Closeall		关闭当前所有打开的图形
Color	COL	设置新对象的颜色
Commandline		显示"命令行"窗口
Commandlinehide		隐藏命令行窗口
Cone		创建三维实体圆锥体
Copy	CO 或 CP	在指定方向上按指定距离复制对象
Copybase		将选定的对象与指定的基点一起复制到剪贴板
Copyclip		将选定的对象复制到剪贴板
D		
Dbconnect	DB	提供至外部数据库表的接口
Ddedit	ED	编辑单行文字、标注文字、属性定义和功能控制边框
Ddptype		指定点对象的显示样式及大小
Ddvpoint	VP	设置三维观察方向
Detachurl		删除图形中的超链接
Dimaligned	DAL 或 DIMALI	创建对齐线性标注
Dimangular	DAN 或 DIMANG	创建角度标注
Dimarc		创建圆弧长度标注
Dimbaseline	DBA 或 DIMBASE	从上一个标注或选定标注的基线处创建线性标注、角度标注或坐标标注
Dimbreak		在标注和延伸线与其他对象的相交处打断或恢复标注和延伸线
Dimcenter	DCE	创建圆和圆弧的圆心标记或中心线
Dimconstraint		将标注约束应用于选定的对象或对象上的点

命令	命令别名	命令说明
Dimcontinue	DCO 或 DIMCONT	创建从先前创建的标注的延伸线开始的标注
Dimdiameter	DDI 或 DIMDIA	为圆或圆弧创建直径标注
Dimdisassociate		删除选定标注的关联性
Dimedit	DED 或 DIMED	编辑标注文字和延伸线
Dimlinear	DLI 或 DIMLIN	创建线性标注
Dimordinate	DOR 或 DIMROD	创建坐标标注
Dimradius	DRA 或 DIMRAD	为圆或圆弧创建半径标注
Dimreassociate		将选定的标注关联或重新关联至对象或对象上的点
Dimregen		更新所有关联标注的位置
Dimrotated		创建旋转线性标注
Dimstyle	DST 或 DIMSTY	创建和修改标注样式
Dimtedit	DIMTED	移动和旋转标注文字并重新定位尺寸线
Dist	DI	测量两点之间的距离和角度
Divide	DIV	创建沿对象的长度或周长等间隔排列的点对象或块
Donut	DO	创建实心圆或较宽的环
Dsettings	DS、SE	设置栅格和捕捉、极轴和对象捕捉追踪、对象捕捉模式、动态输入和快捷特性
Dview	DV	使用相机和目标来定义平行投影或透视视图
Dxbin		输入 AutoCAD DXB(二进制图形交换)文件
E		
Eattedit		在块参照中编辑属性
Edge		更改三维面的边的可见性
Edgesurf		在四条相邻的边或曲线之间创建网格

命令	命令别名	命令说明
Elev		设置新对象的标高和拉伸厚度
Ellipse	EL	创建椭圆或椭圆弧
Erase	EX	从图形中删除对象
Etransmit		将一组文件打包以进行 Internet 传递
Explode	EXP	将复合对象分解为其组件对象
Export		以其他文件格式保存图形中的对象
Extend	EX	扩展对象以与其他对象的边相接
Extrude	EXT	将二维对象或三维面的标注延伸到三维空间
F		
Field		创建带字段的多行文字对象,该对象可以随着字段值的更改而自动更新
Fill	F	控制诸如图案填充、二维实体和宽多段线等对象的填充
Fillet		给对象加圆角
Filletedge		为实体对象边建立圆角
Find		查找指定的文字,然后可以选择性地将其替换为其他文字
G		
Gotourl		打开文件或与附加到对象的超链接关联的网页
Gradient		使用渐变填充填充封闭区域或选定对象
Graphscr	G	从文本窗口切换为绘图区域
Grid		在当前视口中显示栅格图案
Group		创建和管理已保存的对象集(称为编组)
Groupedit		将对象添加到选定的组以及从选定组中删除对象,或重命名选定的组
H		
Hatch	H	使用填充图案、实体填充或渐变填充来填充封闭区域或选定对象
Hatchedit		修改现有的图案填充或填充
Helix		创建二维螺旋或三维弹簧
Help		打开"帮助"窗口

命令	命令别名	命令说明
Hide	HI	重生成不显示隐藏线的三维线框模型
Hyperlink		将超链接附着到对象或修改现有超链接
I		
Id		显示指定位置的 UCS 坐标值
Image	I	显示"外部参照"选项板
Import	IMP	将不同格式的文件输入当前图形中
Imprint		压印三维实体或曲面上的二维几何图形,从而在平面上创建其他边
Insert	I	将块或图形插入当前图形中
Insertobj	IO	插入链接或内嵌对象
Interfere	INF	通过两组选定三维实体之间的干涉创建临时三维实体
Intersect	IN	通过重叠实体、曲面或面域创建三维实体、曲面或二维面域
Isoplane		指定当前的等轴测平面
J		
Join		合并相似的对象以形成一个完整的对象
Jpgout		将选定对象以 JPEG 文件格式保存到文件中
L		
Layout		创建和修改图形布局选项卡
Leader	LE 或 LEAD	创建连接注释与特征的线
Lengthen	LEN	更改对象的长度和圆弧的包含角
Light		创建光源
Limits		在当前的"模型"或布局选项卡上,设置并控制栅格显示的界限
Line	L	创建直线段
Linetype	LT	加载、设置和修改线型
List	LS	为选定对象显示特性数据
Loft		在若干横截面之间的空间中创建三维实体或曲面
Lweight	LW	设置当前线宽、线宽显示选项和线宽单位
M		
Massprop		计算面域或三维实体的质量特性

命令	命令别名	命令说明
Matchprop	MA	将选定对象的特性应用于其他对象
Materials		显示或隐藏"材质"窗口
Measure	ME	沿对象的长度或周长按测定间隔创建点对象或块
Menu		加载自定义文件
Mesh		创建三维网格图元对象,例如长方体、圆锥体、圆柱体、棱锥体、球体、楔体或圆环体
Minsert		在矩形阵列中插入一个块的多个实例
Mirror	MI	创建选定对象的镜像副本
Mirror3d		创建镜像平面上选定对象的镜像副本
Mleader		创建多重引线对象
Mline	ML	创建多条平行线
Mlstyle		创建、修改和管理多线样式
Model		从布局选项卡切换到"模型"选项卡
Move	M	在指定方向上按指定距离移动对象
Mspace	MS	从图纸空间切换到模型空间视口
Mtedit		编辑多行文字
Mtext	MT 或 T	创建多行文字对象
Multiple		重复指定下一条命令直至被取消
Mview	MV	创建并控制布局视口
N		
Navbar		提供从单个界面对导航工具和方向工具的访问
Ncopy		复制包含在外部参照、块或 DGN 参考底图中的对象
New		创建新图形
O		
Objectscale		为注释性对象添加或删除支持的比例
Offset	O	创建同心圆、平行线和平行曲线
Offsetedge		创建闭合多段线或样条曲线对象,该对象在三维实体或曲面上从选定平整面的边以指定距离偏移
Olelinks		更新、更改和取消现有的 OLE 链接
Oops		恢复删除的对象

命令	命令别名	命令说明
Open		打开现有的图形文件
Options	OP、PR	自定义程序设置
Ortho		约束光标在水平方向或垂直方向移动
Osnap	OS	设置执行对象捕捉模式
Overkill		删除重复或重叠的直线、圆弧和多段线。此外,合并局部重叠或连续的对象
		P
Pagesetup		控制每个新建布局的页面布局、打印设备、图纸尺寸和其他设置
Pan	P	在当前视口中移动视图
Pasteashyperlink		创建到文件的超链接,并将其与选定的对象关联
Pasteblock		将剪贴板中的对象作为块粘贴到当前图形中
Pasteclip	PA	将剪贴板中的对象粘贴到当前图形中
Pedit	PE	编辑多段线和三维多边形网格
Pface		逐个顶点创建三维多面网格
Plan		显示指定用户坐系的平面视图
Planesurf		创建平面曲面
Pline	PL	创建二维多段线
Plot	PRINT	将图形打印到绘图仪、打印机或文件
Point	PO	创建点对象
Polygon	POL	创建等边闭合多段线
Polysolid		创建类似于三维墙体的多段体
Preview	PRE	将要打印图形时显示此图形
Properties	PR	控制现有对象的特性
Pspace	PS	从模型空间视口切换到图纸空间
Publish		将图形发布为 DWF、DWFx 和 PDF 文件,或发布到绘图仪
Publishtoweb		创建包含选定图形的图像的 HTML 页面
Purge	PU	删除图形中未使用的项目,例如块定义和图层
Pyramid		创建三维实体棱锥体

命令	命令别名	命令说明
		Q
Qdim		从选定对象快速创建一系列标注
Qleader	LE	创建引线和引线注释
Qnew		通过选定的图形样板文件启动新图形
Qsave		使用"选项"对话框中指定的文件格式保存当前图形
Qselect		根据过滤条件创建选择集
Qtext		控制文字和属性对象的显示和打印
Quit	EXIT	退出程序
		R
Ray		创建始于一点并无限延伸的直线
Recover		修复损坏的图形文件,然后重新打开
Recoverall		修复损坏的图形文件以及所有附着的外部参照
Rectang	REC	创建矩形多段线
Redo		恢复上一个用 UNDO 或 U 命令放弃的效果
Redraw	R	刷新当前视口中的显示
Redrawall	RA	刷新所有视口中的显示
Regen	RE	从当前视口重生成整个图形
Regenall	REA	重生成图形并刷新所有视口
Region	REG	将封闭区域的对象转换为面域对象
Rename	REN	更改指定给项目(例如图层和标注样式)的名称
Render	RR	创建三维实体或曲面模型的真实照片级图像或真实着色图像
Revcloud		使用多段线创建修订云线
Reverse		反转选定直线、多段线、样条曲线和螺旋线的顶点顺序
Revolve	REV	通过绕轴扫掠二维对象来创建三维实体或曲面
Revsurf		通过绕轴旋转轮廓来创建网格
Rotate	RO	绕基点旋转对象
Rotate3d		绕三维轴移动对象
Rscript		重复执行脚本文件
		S
Save		用当前的文件名或指定名称保存图形

命令	命令别名	命令说明
Saveas		用新文件名保存当前图形的副本
Scale	SC	放大或缩小选定对象,使缩放后对象的比例保持不变
Script	SCR	从脚本文件执行一系列命令
Section	SEC	使用平面和实体、曲面或网格的交集创建面域
Select		将选定对象置于"上一个"选择集中
Setvar	SET	列出或更改系统变量的值
Shade		显示当前视口中图形的平面着色图像
Sketch		创建一系列徒手绘制的线段
Slice	SL	通过剖切或分割现有对象,创建新的三维实体和曲面
Snap	SN	限制光标按指定的间距移动
Solid	SO	创建实体填充的三角形和四边形
Solprof		创建三维实体的二维轮廓图,以显示在布局视口中
Spell	SP	检查图形中的拼写
Sphere		创建三维实体球体
Spline	SPL	经过指定点或在指定点附近创建一条平滑的曲线
Splinedit	SPE	编辑样条曲线或样条曲线拟合多段线
Status		显示图形的统计信息、模式和范围
Stlout		将实体存储到 ASCII 或二进制文件中
Stretch		拉伸与选择窗口或多边形交叉的对象
Style	ST	创建、修改或指定文字样式
Subtract	SU	通过减操作来合并选定的三维实体、曲面或二维面域
Sweep		通过沿路径扫掠二维对象来创建三维实体或曲面
T		
Table		创建空的表格对象
Tabledit		编辑表格单元中的文字
Tablestyle		创建、修改或指定表格样式
Tabsurf		从沿直线路径扫掠的直线或曲线创建网格
Text		创建单行文字对象
Textedit		编辑标注约束、标注或文字对象

命令	命令别名	命令说明
Thicken		以指定的厚度将曲面转换为三维实体
Time		显示图形的日期和时间统计信息
Tolerance	TOL	创建包含在特征控制框中的几何公差
Toolbar	TO	显示、隐藏和自定义工具栏
Torus	TOR	创建圆环形的三维实体
Trace		创建实线
Trim	TR	修剪对象以与其他对象的边相接
U		
U		撤销最近一次操作
Ucs		管理用户坐标系
Ucsicon		控制 UCS 图标的可见性和位置
Undo		撤销命令的效果
Union	UNT	通过加操作来合并选定的三维实体、曲面或二维面域
Units	UN	控制坐标和角度的显示格式和精度
V		
View	V	保存和恢复命名视图、相机视图、布局视图和预设视图
Viewres		设置当前视口中对象的分辨率
Vpclip		剪裁布局视口对象并调整视口边框的形状
Vpoint	VP	设置图形的三维可视化观察方向
Vports		在模型空间或图纸空间中创建多个视口
Vslide		在当前视口中显示图像幻灯片文件
W		
Wblock	W	将对象或块写入新图形文件
Wedge	WE	创建三维实体楔体
Wmfin		输入 Windows 图元文件
Wmfout		将对象保存为 Windows 图元文件
X		
Xattach	XA	插入 DWG 文件作为外部参照
Xbind	XB	将外部参照中命名对象的一个或多个定义绑定到当前图形

命令	命令别名	命令说明
Xclip	XC	根据指定边界修剪选定外部参照或块参照的显示
Xedges		从三维实体、曲面、网格、面域或子对象的边创建线框几何图形
Xline	XL	创建无限长的直线
Xref	XR	启动 EXTERNALREFERENCES 命令
Z		
Zoom	Z	控制当前视口的显示缩放

参考文献

［1］华红芳,孙燕华.机械制图与零部件测绘[M].北京:电子工业出版社,2012.

［2］姚民雄.机械制图[M].北京:电子工业出版社,2009.

［3］胡建生.机械制图(多学时)[M].4版.北京:机械工业出版社,2019.

［4］唐卫东.机械制图[M].北京:高等教育出版社,2019.

［5］吴慧媛.零件制造工艺与装备[M].北京:电子工业出版社,2010.

［6］华红芳等.AutoCAD工程制图实训教程[M].北京:机械工业出版社,2009.

［7］张小红.机械制图与识图职业技能训练教程[M].北京:高等教育出版社,2009.

［8］孙燕华等.AutoCAD机械制图[M].2版.北京:机械工业出版社,2015.

［9］麓山文化.AutoCAD2020从入门到精通[M].北京:人民邮电出版社,2020.